Jugendlexikon

Astronomie

D1865250

Klaus Lindner

Jugendlexikon
Astronomie

VEB Bibliographisches Institut Leipzig

Das Buch erscheint innerhalb der Reihe Jugendlexikon.
Diese Reihe wird betreut vom Herausgeberkollektiv des
„Jugendlexikons a – z“:
Gerhard Butzmann,
Jonny Gottschalg,
Günter Gurst,
Annelies Müller-Hegemann

Die Gutachter des Manuskripts waren
Hans Joachim Nitschmann, Bautzen
Günter Wolf, Leipzig

Die Zeichnungen sind von
Jens Borleis, Leipzig
Gerd Ohnesorge, Magdeburg
Matthias Weis, Leipzig

Lindner, Klaus:
Jugendlexikon Astronomie / Klaus Lindner. –
1. Aufl. – Leipzig : Bibliographisches Institut,
1986. – 192 S. : 143 Ill.
(Jugendlexikon)
NE: GT

ISBN 3-323-00059-5

1. Auflage
© VEB Bibliographisches Institut Leipzig, 1986
Verlagslizenz-Nr. 443-130/217/86
Printed in the German Democratic Republic
Gesamtherstellung: Karl-Marx-Werk, Graphischer Großbetrieb, Pößneck V 15/30
Verlagslektor: Mario Drews
Bildredakteur: Ingeborg Riemer
Schlußredaktion: Rita Busch
Technische Redaktion: Annemarie Franz
Herstellung: Karin Fleischer
Umschlagentwurf: Ludwig Winkler, Steinach
Redaktionsschluß: 10. 5. 1985
LSV 1497
Best.-Nr. 577 853 7
00650

Benutzungshinweise

Wie jedes Lexikon ist auch das vorliegende nach bestimmten Grundsätzen aufgebaut. Diese entsprechen denen der anderen Bücher aus der Reihe *Jugendlexikon*. Die meisten der Grundsätze werden nach kurzer Benutzung dem Leser offenkundig. Einige aber sind besonders hervorzuheben:

1. Die **Reihenfolge der Stichwörter (Alphabetisierung)** erfolgt streng nach der Buchstabenfolge des oder der *fettgedruckten Stichwörter*. Dabei werden die Umlaute ä, ö, ü wie a, o, u und ß wie ss behandelt. – Wenn ein Begriff, zu dem Ihr Informationen sucht, nicht als Stichwort enthalten ist, so bitten wir zu überlegen, unter welchem anderen Stichwort noch nachgeschlagen werden könnte.

2. Der **Pfeil** (↑) vor einem Begriff oder Namen weist auf ein Stichwort hin, unter dem notwendige oder empfehlenswerte weitere Informationen zu finden sind. Pfeile vor Begriffen am Ende eines Artikels weisen auf weiterführende Informationen hin. Wir wollten mit Verweisungen sparsam umgehen; es können auch viele Stichwörter nachgeschlagen werden, vor denen kein Pfeil steht.

3. Die **Betonung** wird, wenn sie nicht allgemein bekannt ist, durch einen Strich unter dem zu betonenden Laut bzw. der Lautverbindung angegeben.

4. Die **Angaben zur sprachlichen Herkunft der Wörter (etymologische Angaben)** stehen in eckigen Klammern hinter den Stichwörtern, die aus fremden Sprachen zu uns gelangt sind. Am häufigsten gehören dazu Herkunftsangaben (lat. = lateinisch, griech. = griechisch, franz. = französisch usw.). Zum Beispiel bedeutet „⟨lat. ⟨griech.“, daß das Wort über das Lateinische aus dem Griechischen kam; „⟨lat. + ⟨griech.“ besagt, daß es sich um ein zusammengesetztes Wort handelt, dessen Bestandteile aus dem Lateinischen und Griechischen stammen. Wenn es zur Klärung der heutigen Bedeutung des Stichwortes beiträgt, wird das Stichwort bzw. die Form, von der es hergeleitet wird, noch sinngemäß oder wörtlich ins Deutsche übersetzt. Die deutsche Entsprechung steht dann in Anführungsstrichen. Sind die Angaben zur sprachlichen Herkunft bei dem oder bei den voranstehenden Stichwörtern enthalten, so wird mit [s. o.] auf die dort befindlichen etymologischen Angaben verwiesen, stehen diese Angaben jedoch nicht beim ersten Stichwort, sondern bei einem der nachfolgenden Stichwörter, dann wird mit [s. u.] auf diese hingewiesen.
   Schließlich finden sich bei einigen Stichwörtern, deren Aussprache nicht allgemein bekannt ist, noch **Ausspracheangaben** in einer vereinfachten und jedem verständlichen Form. Dabei sind ã, ẽ, õ die die französische Sprache kennzeichnenden Nasallaute, die ungefähr wie ang, eng, ong, aber viel leichter, ausgesprochen werden müssen. Das durchgestrichene ~~sch~~ ist ein stimmhaftes sch wie j in Journalist. Das ə ist ein sehr kurzes, dumpfes e wie in Mitte. Das θ ist ein stimmloser Lispellaut zwischen f und s, die Zunge berührt dabei die Schneidezähne. Das kursive *ch* hat den Aussprachewert wie in Bach.

5. Folgende **Abkürzungen** und Zeichen werden verwendet:

Abb.	= Abbildung(en)	geb.	= geboren
Abk.	= Abkürzung(en); wissenschaftliche Kurzbezeichnung (bei Sternnamen)	gest.	= gestorben
		Jh.	= Jahrhundert
		Jt.	= Jahrtausend
		Md.	= Milliarde(n)
bzw.	= beziehungsweise	Mill.	= Million(en)
d. h.	= das heißt	s. o.	= siehe oben
dt.	= deutsch	s. u.	= siehe unten

Tab.	= Tabelle	v. u. Z.	= vor unserer Zeitrechnung
u. a.	= unter anderem; und anderes	z. B.	= zum Beispiel
u. ä.	= und ähnliches	%	= Prozent
usw.	= und so weiter	°	= Grad
vgl.	= vergleiche	′	= Bogenminute
		″	= Bogensekunde

sowie eine Reihe von Kurzwörtern und Abkürzungen, die im Lexikon selbst Stichwort sind, z. B. HRD, MEZ.

6. Folgende **Maßeinheiten** werden verwendet:

Länge	m, cm, mm, nm 1 nm = 10^{-6} mm °, ′, ″ 1° = 60′ = 3 600″	Energie (Kernphysik)	eV Elektronenvolt keV 1 keV = 1,6·10^{-16} J (Joule)
Länge, Höhe	km; pc, kpc, Mpc; AE, ly	Leistung	W, kW
Volumen	cm^3	magnetische Induktion	T Tesla 1 T = 1 V·s·m^{-2}
Masse	kg, t 1 t = 1 000 kg		
Zeit	h, min, s h Stunde (Zeitdauer bzw. Zeitpunkt) d Tag 1 d = 24 h = 1 440 min	Frequenz	Hz Hertz 1 Hz = 1 Schwingung je Sekunde kHz, MHz, GHz 1 MHz = 10^3 kHz = 10^6 Hz 1 GHz = 10^3 MHz = 10^9 Hz
Temperatur	K Kelvin 0 K = −273,15 °C		
Druck	Pa Pascal 1 at = 100 kPa = 0,1 MPa mbar Millibar 1 mbar = 100 Pa	Helligkeit Leuchtkraft	m Größenklasse W Watt, kW L_s (↑ Leuchtkraft)

Folgende Maßeinheiten aus der Astronomie werden als Stichwörter erklärt: astronomische Einheit (AE), Parsek (pc), Lichtjahr (ly), Größenklassen (M, m; ↑ Helligkeit).

Die *Kurzformen aller Sternbilder* sind in der Tab. Sternbilder aufgeführt.

Sternkartenverzeichnis

Im Jugendlexikon Astronomie sind folgende *Sternkarten* enthalten:

Bildquellen

Amerika Dienst, USIS, Bad Godesberg · Anglo-Australian Observatory, Canberra · Archiv des VEB Bibliographisches Institut Leipzig · VEB Carl Zeiss JENA · Dominion Astrophysikalisches Observatorium, Victoria · Dr. C. FRIEDEMANN, Jena · M. GEORGES, Quedlinburg · Hamburger Sternwarte · Dr. D. B. HERRMANN, Berlin · Karl-Schwarzschild-Observatorium Tautenburg · Kitt Peak National Observatory, Tucson · Mineralogisches Museum, Berlin · K. MÜLLER, Drebach · H. J. NITSCHMANN, Bautzen · Nowosti, Moskau · Redaktion „Astronomie in der Schule", Bautzen · J. ROSE, Jena · W. SCHWINGE, Bautzen · M. SEIFFERT, Taubenheim · Sonnenobservatorium Einsteinturm, Potsdam · Sternwarte Babelsberg des Zentralinstituts für Astrophysik, Potsdam-Babelsberg · Sternwarte Sonneberg · Urania-Verlag Leipzig · Zentralbild, Berlin
HENKEL/WENZEL: Bildmappe „Ausgewählte astronomische Objekte". Berlin: Volk und Wissen, 1974 · A. ZENKERT: Anschauungstafel für den Astronomieunterricht „Spektralklassen der Fixsterne"

A

Die **Abbildungsfehler** eines optischen Systems bewirken, daß die von einem Punkt der Lichtquelle ausgehenden Lichtstrahlen nicht genau zu einem Bildpunkt vereinigt werden. Man unterscheidet *chromatische* (farbverändernde) und *geometrische* Abbildungsfehler. Bei Hohlspiegeln treten keine chromatischen Fehler auf, u. a. deshalb werden in der modernen Astronomie Spiegelteleskope bevorzugt. Zur weitgehenden Beseitigung der Abbildungsfehler werden Linsen und Spiegel in optischen Instrumenten in geeigneter Weise kombiniert. In der Nähe der optischen Achse, also in der Mitte des Gesichtsfeldes, sind die Abbildungsfehler am kleinsten. ↑ Fernrohr. *Tab.*

Abbildungsfehler

1. *chromatische Abbildungsfehler*
1.1. *chromatische Aberration*
Ursache: Zerlegung des weißen Lichtes in seine Bestandteile *(Spektralfarben).* Für blaues Licht liegt der Brennpunkt näher an der Linse als für rotes Licht.
Wirkung: farbiger Saum um das Bild des Objektes

2. *geometrische Abbildungsfehler*
2.1. *sphärische Aberration*
Ursache: Randzone und achsennaher Bereich des Objektivs haben unterschiedliche Brennweiten.
Wirkung: Unschärfe
2.2. der *Astigmatismus*
Ursache: Gegen die optische Achse geneigte Strahlenbündel bilden einen Gegenstandspunkt nicht als Punkt ab.
Wirkung: unscharfe Striche anstatt punktförmiger Bilder
2.3. die *Koma*
Ursache: Gegen die optische Achse geneigte Strahlenbündel mit großem Öffnungswinkel bilden einen Gegenstandspunkt nicht als Punkt ab.
Wirkung: Figuren sind kometenschweifartig statt punktförmig
2.4. *Bildfeldwölbung*
Ursache: Das Bild einer ebenen Fläche ist nicht eben, sondern gewölbt.
Wirkung: Unschärfe in einzelnen Bereichen des Bildes
2.5. *Verzeichnung*
Ursache: Der Abbildungsmaßstab ist nicht über die gesamte Fläche gleich.
Wirkung: Verzerrungen am Rande des Gesichtsfeldes

Der **Abendstern** ↑ Venus.

Als **Abendweite** wird der Winkel zwischen dem Untergangspunkt eines Gestirns im Horizont und dem Westpunkt bezeichnet. Sie wird in Winkelgrad (°) mit dem Zusatz „nördlich" bzw. „südlich" ausgedrückt. Die Abendweite der Sonne pendelt zwischen 41° nördlich und 41° südlich; d. h. der Untergangspunkt der Sonne beschreibt am westlichen Horizont einen Winkel von 82°. ↑ Morgenweite.

Die **Aberration [⟨lat.] ist 1.** eine scheinbare Verschiebung der Gestirne an der Himmelshalbkugel. Sie entsteht, weil die Bewegungsgeschwindigkeit der Erde in ihrer Bahn gegenüber der Lichtgeschwindigkeit nicht vernachlässigt werden kann. In der Zeit, in der das auf die Mitte des Fernrohrobjektivs treffende Licht den Weg bis zum Okular zurücklegt, bewegt sich das Fernrohr mit der Erde weiter. Das Licht trifft daher nicht auf die Okularmitte; das Gestirn hat sich scheinbar verschoben. Ein Ausgleich ist möglich, indem das Fernrohr um einen

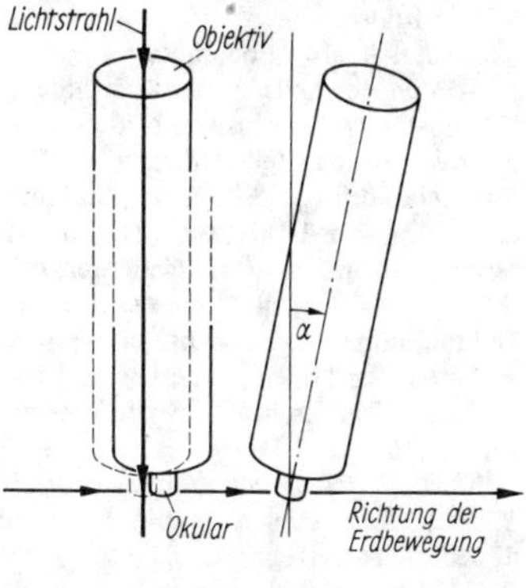

Aberration: Strahlengang des Lichts im Fernrohr

kleinen Winkel α in die Richtung der Erdbewegung geneigt wird. *Abb.* – Außer der hier beschriebenen *jährlichen Aberration* muß die *tägliche Aberration* (bewirkt durch die Rotation der Erde) und die *säkulare Aberration* (durch die Bewegung der Sonne im Sternsystem) berücksichtigt werden. ↑ Bradley.
2. Die Aberration ist ein ↑ Abbildungsfehler beim Fernrohr.
Abkürzungen der Sternbilder und ↑ Sternnamen: ↑ Tab. Sternbilder.
Die **Abplattung** eines Himmelskörpers ist dessen Abweichung von der Kugelgestalt. Sie wird durch die bei der Rotation auftretende Fliehkraft bewirkt und durch den Quotienten a-b/b ausgedrückt. Dabei bedeutet a den Äquatorradius und b den Polradius. Die Abplattung der Erde beträgt rund 1/300; d. h. der Polradius der Erde ist um etwa 1/300 kürzer als ihr Äquatorradius. ↑ Tab. Planeten.
Die **absolute Helligkeit** [⟨lat.] ↑ Helligkeit.
Die **Absorption** [⟨lat.] ist die Schwächung einer Strahlung beim Durchgang durch eine Substanz. Sowohl elektromagnetische Wellen als auch Teilchenstrahlungen können Absorption erleiden. Dabei wird ihre Energie in andere Energieformen, z. B. Wärmeenergie, Energie angeregter Atome, Ionisierungsenergie, umgewandelt.
Das **Absorptionsspektrum** [s. o. + ⟨lat.] ist ein ↑ Spektrum, in dem Absorptionslinien auftreten.
Achernar [⟨arab.; „Ende des Flusses"] ist der Name des hellsten Sterns im Sternbild Eridanus. Er kann von Mitteleuropa aus nicht beobachtet werden.
Der **Achondrit** [⟨griech.] ist ein Steinmeteorit mit einer bestimmten Zusammensetzung. In ihm sind die Chondren (die für die ↑ Chondrite kennzeichnenden kleinen, mineralischen Kügelchen) nicht enthalten; er ähnelt aufgeschmolzenem Gestein. Die meisten Steinmeteorite sind Chondrite. ↑ Meteorit.
Achterdeck oder lat. *Puppis* (Genitiv *Puppis*), Abk. *Pup*, heißt ein Sternbild des südlichen Himmels, das zu einem Teil Mitte Januar gegen Mitternacht knapp über dem Südhorizont beobachtet werden kann.
John Couch **Adams** [sprich: ädəms], geb. 5. 6. 1819, gest. 21. 1. 1892, war ein englischer Astronom, der durch seine Untersuchungen über die Bewegung des Planeten Uranus (1845) berühmt wurde. Er berechnete daraus gleichzeitig mit U. ↑ Leverrier die Stellung des noch unbekannten Planeten Neptun.
Der **Adler** oder lat. *Aquila* (Genitiv *Aquilae*), Abk. *Aql*, ist ein Sternbild am sommerlichen und herbstlichen Abendhimmel. Es befindet sich im Zuge der Milchstraße; sein Hauptstern Atair gehört zum ↑ Sommerdreieck. Das Sternbild wird vom Himmelsäquator durchzogen.
Adrastea [⟨lat.] heißt ein Mond des Jupiter. ↑ Tab. Satelliten.
AE: Kurzzeichen für ↑ astronomische Einheit.
Die **Aktivitätszentren** [⟨lat. + ⟨lat.] auf der Sonne sind die Bereiche, von denen aus sich die Erscheinungen der ↑ Sonnenaktivität entwickeln. Sie umfassen jeweils nur kleine Gebiete der Sonnenoberfläche und existieren wenige Tage bis viele Monate lang, in ihnen werden stets verstärkte Gasbewegungen, überhitzte Gebiete (↑ Fackeln, ↑ Eruptionen), lokale Magnetfelder u. a. beobachtet.
Die **Albedo** [⟨lat.; „die Weiße"] ist die Maßzahl für das Rückstrahlungsvermögen einer (nicht spiegelnden) Fläche. Ist sie hoch, so wird ein großer Prozentsatz der einfallenden Energie zurückgeworfen und die Fläche erscheint hell; im entgegengesetzten Falle absorbiert die Fläche einen großen Teil der Strahlung. Die Albedo wird in Prozenten oder als Dezimalbruch angegeben. So hat z.B. der Planet Merkur eine Albedo von 0,06; d. h., er strahlt nur 6 % des einfallenden Lichtes in den Raum zurück. Die Albedo der Erde liegt bei 39 %, die des Erdmondes bei 7 %. Aus der Albedo eines Himmelskörpers kann man auf dessen Oberflächenbeschaffenheit bzw. Atmosphäre schließen.
Albireo [⟨arab.; „Vogel"], Abk. β *Cyg*, ist der Name des Sterns β im Sternbild Schwan, eines Doppelsterns mit deutlich unterschiedlich gefärbten Komponenten. Der rötliche Hauptstern (Spektraltyp K 0) hat eine scheinbare Helligkeit von 3 Größenklassen, der bläulichweiße Be-

gleiter (B 9) ist 5. Größenklasse. Die Komponenten sind 34″ voneinander entfernt. Albireo kann bereits mit einem Fernglas beobachtet werden.

Alcyone ↑ Alkyone.

Aldebaran [⟨arab.; „der (den Plejaden) folgende“] Abk. α *Tau*, heißt der Hauptstern des Sternbildes Stier. Der rötliche Riesenstern, inmitten des offenen Sternhaufens *Hyaden* gelegen, gehört zur Spektralklasse K 5 und ist 68 ly von der Erde entfernt. Er bildet mit einem M-Stern 11. Größe ein Doppelsternsystem.

Algol [⟨arab.; „Teufelskopf“, „Berggeist“], Abk. β *Per*, ist ein auffälliger ↑ Bedeckungsstern im Sternbild Perseus. Seine scheinbare Gesamthelligkeit schwankt mit einer Periode von 2,87 Tagen zwischen 2,2 und 3,5 Größenklassen. Das Hauptminimum dauert rund 10 Stunden. Die beiden sich bedeckenden Sterne werden von einem dritten und wahrscheinlich auch noch von einem vierten Stern umlaufen, ohne daß es dabei zu weiteren Bedeckungen kommt.

Alkor [⟨arab.] oder *Reiterlein* heißt der Stern 80 g im Sternbild Großer Bär. Er bildet mit ↑ *Mizar* einen optischen, also scheinbaren Doppelstern. Wegen seines geringen Abstandes von 12′ und seiner geringen Helligkeit (4. Größenklasse) wird er auch *Augenprüfer* genannt.

Alkyone [⟨griech.] oder *Alcyone*, Abk. η *Tau*, ist der Name des hellsten Sterns in den ↑ Plejaden. Alkyone ist ein weißer Unterriese der Spektralklasse B 7. Die scheinbare (visuelle) Helligkeit beträgt 2,86 Größenklassen.

Der **Almagest** [⟨arab.; „der Größte“] ist ein von ↑ Ptolemäus um 150 u. Z. verfaßtes Handbuch der Astronomie. Es galt fast anderthalb Jahrtausende lang als grundlegendes Werk der Astronomie. Ursprünglich hieß sein (griechischer) Titel „Große Zusammenstellung (des astronomischen Wissens)“. Das Buch wurde später ins Arabische übersetzt und erhielt dabei den verstümmelten arabisch-griechischen Titel „Almagest“. In diesem Werk ist das geozentrische Weltbild dargelegt. Es enthält einen im Altertum viel benutzten Sternkatalog.

Der **Almukantarat** [⟨arab.] ↑ Azimutalkreis.

Alpha Centauri [⟨griech. + ⟨lat.], Abk. α *Cen*: ↑ Proxima Centauri.

Alphard [⟨arab.; der „vereinzelt dastehende Stern“], Abk. α *Hya*, ist der Hauptstern des Sternbildes Wasserschlange, ein rötlicher Riesenstern der Spektralklasse K 4 mit einer scheinbaren Helligkeit von 2,05 Größenklassen.

Der **Altar** [⟨lat.] oder *Ara* (Genitiv *Arae*), Abk. *Ara*, heißt ein Sternbild am südlichen Sternhimmel, das in Mitteleuropa unsichtbar bleibt.

Der oder das **Altazimut** [⟨lat. + ⟨arab.] ist ein Winkelmeßinstrument zur Bestimmung der Koordinaten eines Gestirns im ↑ Horizontsystem. Es besitzt an beiden Achsen Kreisteilungen. Kleine transportable Altazimute heißen *Universalinstrumente.*

Die **Altersbestimmung** an Himmelskörpern erfolgt auf sehr unterschiedlichen Wegen. Direkt untersuchbares Material (Erd- und Mondgestein, Meteoriten) erlaubt eine Altersbestimmung, indem bestimmte Zerfallsprodukte radioaktiver Elemente in dem Gestein nachgewiesen und mengenmäßig mit den Ausgangselementen verglichen werden. Mit dieser Methode erwiesen sich die ältesten Gesteine der Erdrinde zwischen 3,6 und 4,6 Md. Jahre alt. Die Minerale, aus denen die Meteoriten bestehen, wurden vor rund 4,5 Md. Jahren gebildet, das Mondgestein ist zwischen 3,0 und 4,7 Md. Jahre alt.

Das *Alter von Sternen* erhält man entweder aus Überlegungen über ihren Energievorrat oder – für Sternhaufen – aus dem ↑ Hertzsprung-Russell-Diagramm des betreffenden Haufens. Da ein Stern die ↑ Hauptreihe um so eher verläßt, je größer seine Masse ist, löst sich im Laufe der Zeit die Hauptreihe eines solchen Diagramms von oben her auf. Der Auflösungspunkt gibt Auskunft über das Alter des betreffenden Sternhaufens und – da alle Mitgliedssterne praktisch gleichzeitig entstanden sind – über das Alter jedes Mitgliedssterns. Es beträgt bei den jüngeren Haufen 2 bis 3 Mill., bei den ältesten bis 12 Md. Jahre. ↑ Sternentwicklung.

Der **Amalthea** ist ein Mond des Jupiter. ↑ Tab. Satelliten.

Die **Amateurastronomie** ist eine Freizeittätigkeit – ein Hobby – mit hohem bildendem Wert. Amateurastronomen (Sternfreunde, Liebhaberastronomen) beobachten den Sternhimmel und die Sonne, um sich am Anblick der kosmischen Objekte zu erfreuen und ihr Wissen über das Weltall zu erweitern; sie benutzen dabei eigene, oft selbst gebaute ↑ Fernrohre oder die optische Ausrüstung einer ↑ Volkssternwarte. Amateurastronomen können aber in bestimmten Bereichen der Astronomie auch Teilaufgaben für die Forschung übernehmen. Dazu ist die Zusammenarbeit mit einer ↑ Sternwarte Bedingung. Solche Teilaufgaben sind z. B. die Überwachung Veränderlicher, die Beobachtung von Sternbedeckungen und die Registrierung von Meteorströmen.

Der **Andromedanebel** [s. o.], Bezeichnung *M 31* oder *NGC 224*, ist das einzige ↑ außergalaktische Sternsystem, das in Mitteleuropa mit dem bloßen Auge gesehen werden kann. Er befindet sich im Sternbild ↑ Andromeda, ist 690 kpc entfernt und vereinigt in sich eine Gesamtmasse von rund 300 Md. Sonnenmassen. Er gehört zu den spiralförmigen Sternsystemen (↑ Spiralnebeln) und ist an Größe und Masse und Gestalt unserem Sternsystem, dem Milchstraßensystem, vergleichbar. Sein scheinbarer Durchmesser beträgt 4°; in kleineren Fernrohren sind jedoch nur die hellen Zentralbereiche zu erkennen, so daß der Nebel sehr viel kleiner wirkt. Der wahre Durchmesser liegt bei 50 kpc.
Der Kern des Andromedanebels ist sternähnlich und rotiert wie ein starrer Körper, die äußeren Bereiche weisen unterschiedliche Rotationsgeschwindigkeiten auf. Im Andromedanebel wurden außer Einzelsternen auch Sternhaufen und interstellare Materie nachgewiesen. Er sendet auch Radiofrequenzstrahlung aus. *Abb.*

Andromedanebel

Der **Ananke** heißt ein Mond des Jupiter. ↑ Tab. Satelliten.

Die **Andromeda** [nach einer Gestalt der griech. Sage], lat. Genitiv *Andromedae*, Abk. *And*, heißt ein Sternbild des nördlichen Sternhimmels, das am herbstlichen und winterlichen Abendhimmel gesehen werden kann. Im Bereich des Sternbildes befindet sich der ↑ Andromedanebel.

Die **Andromediden** [s. o.] sind ein ↑ Meteorstrom.

Anguis [⟨lat.] nennt man gewundene ↑ Rillen auf der Mondoberfläche.

Die **Anomalie** [⟨griech.; „Ungleichheit", „Abweichung"] ist ein Winkel, der den Ort eines Himmelskörpers in seiner Bahn angibt. Für die Planetenbewegung ist der Winkel Perihel – Sonne – Planet die *wahre Anomalie.* Sie ändert sich wegen der unterschiedlich schnellen Planetenbewegung ungleichförmig. Denkt man sich einen Hilfspunkt, der die Sonne auf einer Kreisbahn mit gleichbleibender Geschwindigkeit umläuft und die gleiche Umlaufzeit hat wie der Planet, so ist der Winkel Perihel – Sonne – Hilfspunkt die *mittlere Anomalie.* ↑ *anomalistisch.*

anomalistisch [s. o.]: auf die gleiche ↑ Anomalie bezogen. Das *anomalistische Jahr* ist die Zeit zwischen 2 aufeinanderfolgenden Durchgängen der Sonne durch den sonnennächsten Punkt ihrer Bahn (das Perihel), es dauert 365 Tage 6 h 13 min 53 s. Der *anomalistische Monat* ist die Zeitspanne zwischen 2 aufeinanderfolgenden Durchgängen des Mondes durch sein Perigäum. Seine Länge beträgt 27 Tage 13 h 18 min 33 s.

Die **Anregung** ist der Übergang eines Atoms, Ions oder Moleküls aus dem Zustand geringster Energie *(Grundzustand)* in einen Zustand höherer Energie *(angeregter Zustand).* Die Energiedifferenz muß dem Teilchen dabei als *Anregungsenergie* zugeführt werden; das kann z. B. durch Stöße mit anderen Teilchen oder durch Aufnahme geeigneter Strahlung (Absorption) geschehen. Die angeregten Zustände sind meistens nicht stabil; das angeregte Teilchen kehrt im allgemeinen nach sehr kurzer Zeit (10^{-8} s) in den Grundzustand zurück. Dabei wird die aufgenommene Energie wieder abgegeben, häufig stufenweise. Bei Energieabgabe in Form von Lichstrahlung spricht man von *Anregungsleuchten.*

Der **Antapex** [⟨griech. + ⟨lat.; Plural: Antapizes] ist der Punkt an der scheinbaren Himmelskugel, der dem Zielpunkt der ↑ Pekuliarbewegung der Sonne im Raum, dem ↑ *Apex*, gegenüberliegt. Er befindet sich im Sternbild Taube, südlich der Sternbilder Großer Hund und Hase.

Der **Antares** [⟨griech.; „Gegenmars"], Abk. α *Sco*, ist der Name des hellsten Sterns im Sternbild Skorpion, eines engen Doppelsterns, dessen hellere Komponente zwischen 0,9 und 1,8 Größenklassen veränderlich ist. Antares leuchtet auffallend rötlich.

Die **Antlia** [⟨lat.] ↑ Luftpumpe.

Das **Apastron** [⟨griech.] ist der Punkt auf der Bahn des Begleiters um den Hauptstern in einem ↑ Doppelstern, in dem der Begleiter am weitesten von dem Hauptstern entfernt ist.

Die **Apertur** [⟨lat.] ist der durch die Öffnungsblende eines optischen Instruments, z. B. eines Fernrohrs, begrenzte (halbe) Öffnungswinkel. Sie ist ein Maß für die Öffnung, durch die das Licht in das Instrument eintritt.

Die **Apertursynthese** [s. o. + ⟨lat.] ist ein in der ↑ Radioastronomie gebräuchliches Verfahren, bei dem durch die Zusammenschaltung mehrerer ↑ Radioteleskope ein größeres ↑ Auflösungsvermögen und eine Vergrößerung der empfangenen Intensität erzielt werden.

Der **Apex** [⟨lat.; „Gipfel", „Spitze"; Plural: Apizes] ist der Zielpunkt, auf den die ↑ Pekuliarbewegung der Sonne (und mit ihr des Sonnensystems) gerichtet ist. Er ist daran erkennbar, daß die Sterne in seiner unmittelbaren Umgebung im statistischen Mittel keine ↑ Eigenbewegungen, aber merkliche ↑ Radialgeschwindigkeiten besitzen. Der Apex befindet sich im Sternbild Herkules; die Sonne bewegt sich relativ zu den Sternen ihrer Umgebung mit einer Geschwindigkeit von 19,5 km/s auf ihn zu. ↑ Antapex.

Das **Aphel** [sprich: afehl; ⟨griech.; „Sonnenferne"], eine ↑ Apside, ist der sonnenfernste Punkt in der Bahn eines die Sonne umlaufenden Himmelskörpers (z. B. Planeten). Im Aphel bewegen sich die Planeten, Kometen usw. am langsamsten (↑ Keplersche Gesetze); die Erde durchläuft das Aphel ihrer Bahn jährlich in den ersten Julitagen. – Gegensatz: das *Perihel* (sonnennächster Punkt in der Bahn). Planeten haben im Perihel ihre größte Bahngeschwindigkeit; die Erde durchläuft das Perihel ihrer Bahn jährlich in den ersten Tagen des Januar.

Das **Apogäum** [⟨lat. ⟨griech.; „Erdferne"],

eine ↑ Apside, ist der erdfernste Punkt in der elliptischen Bahn eines die Erde umlaufenden Himmelskörpers (des Mondes oder eines künstlichen Erdsatelliten bzw. einer Raumstation) vom Erdmittelpunkt gemessen. – Gegensatz: das *Perigäum* (der erdnächste Punkt in der Bahn). – Zweckmäßigerweise rechnet man meistens mit der *Apogäumshöhe* und der *Perigäumshöhe*, also den Höhen der Punkte über der Erdoberfläche. Etwas ungenau sagt man auch dann nur Apogäum bzw. Perigäum. – Bei Kreisbahnen sind Apogäum und Perigäum gleich.

Das **Aposelen(um)** [⟨griech.] oder *Apolunum, Apoluneum,* eine Apside, ist der mondfernste Punkt einer Satellitenbahn um den Mond. – Gegensatz: ↑ Periselen(um).

Die **Apsiden** [⟨griech.] sind die beiden Punkte auf der elliptischen Bahn eines Himmelskörpers, in denen er seinem Zentralkörper am nächsten bzw. am fernsten ist. Bei der Mondbahn heißen die Apsiden Perigäum und ↑ Apogäum, bei den Planetenbahnen Perihel und ↑ Aphel. Die Verbindungslinie der Apsiden, die *Apsidenlinie*, ist gleich der großen Achse der Bahn.

Apus [⟨griech.] ↑ Paradiesvogel.

Die **Aquariden** [⟨lat.] sind ein ↑ Meteorstrom.

Der **Aquarius** [⟨lat.] ↑ Wassermann.

Der **Äquator** [⟨lat.; „Gleicher"] ist derjenige größte Kreis auf einer Kugel, dessen Ebene senkrecht zur Verbindungslinie der beiden Pole (Kugelachse) steht. Der Äquator der Erde *(Erdäquator)* ist der größte Breitenkreis auf der Erde; sein Umfang beträgt 40076,6 km. Seine Projektion an die scheinbare Himmelskugel ist der *Himmelsäquator*, der in Mitteleuropa als ein etwa 40° gegen den Horizont geneigter Halbkreis vorzustellen ist. Er erreicht im Süden seine größte Höhe und schneidet den Horizont im Ostpunkt und im Westpunkt. Zu Frühlings- und Herbstanfang überschreitet die Sonne den Himmelsäquator. Seine Ebene dient als Grundebene des ↑ Äquatorsystems. Der *galaktische Äquator*, der Äquator des Milchstraßensystems, ist festgelegt durch die Symmetrieebene der Galaxis und verläuft als Großkreis an der Himmelskugel nahezu in der Mitte des Milchstraßenbandes. Seine Ebene ist die Grundebene der ↑ galaktischen Koordinaten.

Die **Äquatorialhorizontalparallaxe** [s. o. + ⟨griech.] ist eine scheinbare Ortsveränderung des Mondes oder eines künstlichen Erdsatelliten an der Himmelskugel für einen Beobachter auf dem Erdäquator. Sie wird durch die Erdrotation bewirkt und ist gleich dem Winkel Erdmittelpunkt – Gestirnsmittelpunkt – Beobachter; sie tritt auf, wenn das Objekt im Horizont steht. Ihr Betrag ist beim Mond rund 57'. ↑ Parallaxe.

Die **Äquatorsysteme** [s. o. + ⟨lat. ⟨griech.] sind 2 Koordinatensysteme an der scheinbaren Himmelskugel; für beide bildet der Himmelsäquator die Grundebene.

ruhendes Äquatorsystem: Die beiden Koordinaten heißen ↑ Deklination und ↑ Stundenwinkel. Während sich die Deklination bei der täglichen scheinbaren Drehung der Himmelskugel nicht ändert, durchläuft der Stundenwinkel in einem Sterntag alle Werte von 0° bis 360°. Er wird daher im Zeitmaß gemessen (1 h ≙ 15°; 24 h ≙ 360°). Das ruhende Äquatorsystem ist also mit der Erde fest verbunden, daher müssen außer Stundenwinkel und Deklination stets auch Beobachtungsort und -zeit angegeben werden.

rotierendes Äquatorsystem: Die beiden Koordinaten sind ↑ Deklination und ↑ Rektaszension; sie werden durch die scheinbare tägliche Bewegung der Ge-

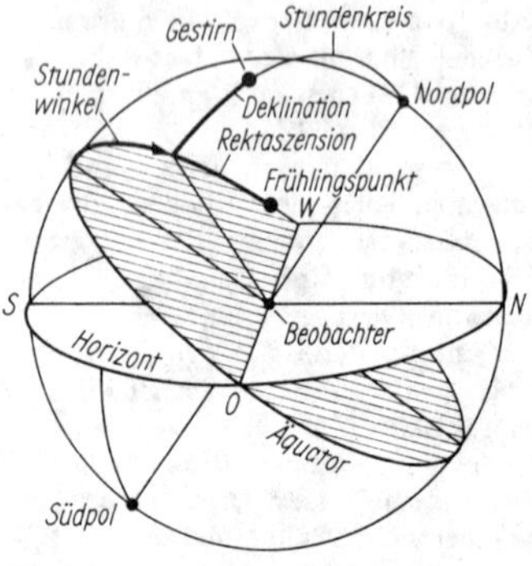

ruhendes und rotierendes Äquatorsystem

Äquidensitenbild des Kometen Morehouse

stirne nicht verändert. Das System ist mit der scheinbaren Himmelskugel fest verbunden und demzufolge unabhängig von Zeit und Ort der Beobachtung (wenn man von der Wirkung der ↑ Präzession absieht). Deshalb kann das Gradnetz des rotierenden Äquatorsystems zur Eintragung von Gestirnspositionen, z. B. in Ephemeridensammlungen, Sternkatalogen und Sternkarten verwendet werden. *Abb.*

Äquidensiten [(lat.] sind Linien gleicher Schwärzung auf fotografischen Aufnahmen. Sie werden durch ein besonderes fotografisches oder elektronisches Verfahren gewonnen und ermöglichen genaue Untersuchungen vor allem an flächenhaften astronomischen Objekten, z. B. an der Sonnenkorona, an Kometen, Nebeln und Sternsystemen. *Abb.*

Die **Aquila** [(lat.] ↑ Adler.

Das **Äquinoktium** [(lat.] ↑ Tagundnachtgleiche.

AR: Abk. für ↑ Rektaszension.

Die **Ara** [(lat.] ↑ Altar.

Arctur ↑ Arktur.

Arecibo (auf Puerto Rico) ↑ Radioteleskop.

Die **Argo** [(griech.], *Schiff Argo* oder *Argo Navis* nannte man früher ein sehr großes Sternbild am südlichen Sternhimmel. Heute gelten seine Bestandteile *Achterdeck, Kompaß, Schiffskiel* und *Segel* als selbständige Sternbilder.

Der **Ariel** [sprich: ari-el; (lat.] heißt ein Mond des Uranus. ↑ Tab. Satelliten.

Aries [sprich: ari-es; (lat.] ↑ Widder.

Aristarch ↑ heliozentrisches Weltbild.

Arktur oder *Arctur* [(griech.; „Bärenhüter"], Abk. α *Boo,* heißt der Hauptstern des Sternbildes Bootes. Er ist ein rötlicher Riesenstern mit der scheinbaren Helligkeit −0,06 Größenklassen. Seine Entfernung von der Erde beträgt 36 ly.

Die **Armillarsphäre** [(lat. + (griech.] ist ein Visiergerät zur Bestimmung von Gestirnskoordinaten, das in der Antike und im Mittelalter verwendet wurde. Ein z. T. bewegliches Modell der Hauptkreise der scheinbaren Himmelskugel wurde so aufgestellt, daß die Kreise des Instruments mit den entsprechenden Ebenen am Himmel (Meridian, Äquator, Ekliptik) zusammenfielen. Visiereinrichtungen dienten zum Einstellen der Gestirne, de-

Armillarsphäre von Johannes Möller, Gotha, 1687. Staatlicher Mathematisch-Physikalischer Salon Dresden

ren Koordinaten an den Kreisteilungen abgelesen werden konnten. *Abb.*

Das **aschgraue Mondlicht** tritt auf, wenn der Mond als schmale Sichel am Himmel steht. Man sieht dann auch den übrigen Teil (die Nachtseite) der Mondscheibe schwach beleuchtet. Die Ursache dafür ist Sonnenlicht, das von der Erde zum Mond reflektiert wird.

Ein **A-Stern** ist ein Stern der ↑ Spektralklasse A.

Der **Asteroid** [(griech.] ↑ Planetoid.

Die **Astrobiologie** [s. u. + griech. bios „leben"] oder *Kosmobiologie* ist ein Teilgebiet der Biologie, das die Bedingungen für die Entstehung und Existenz von ↑ Leben auf anderen Himmelskörpern erforscht und nach Spuren solchen außerirdischen Lebens sucht.

Die **Astrofotografie** [s. u. + (griech.] ist die Himmelsfotografie, die fotografische Aufnahme von Teilen des Sternhimmels. Sie ist eine der wichtigsten Arbeitstechniken der Astronomie. Gegenüber der visuellen Beobachtung hat sie wesentliche Vorteile: Die fotografische Schicht kann Strahlungseinwirkungen summieren (dadurch werden lichtschwache Objekte erkennbar); sie kann auch Wellenlängen erfassen, für die das Auge nicht empfindlich ist. Jede fotografische Aufnahme ist ein Dokument, auf dem jederzeit Kontrollmessungen angestellt werden können. Außerdem lassen sich auf einer Aufnahme viele Objekte gleichzeitig registrieren, dadurch ist die Astrofotografie sehr ökonomisch.

Auf Himmelsfotografien werden die Sterne – obwohl sie wegen ihrer großen Entfernungen punktförmige Lichtquellen sind – als Scheibchen abgebildet. Ursache dafür ist die ↑ Szintillation, die Strahlenbeugung an der Objektfassung und an anderen Bauteilen und die Streuung des Lichtes innerhalb der fotografischen Schicht.

Die Belichtungszeiten bei fotografischen Himmelsaufnahmen reichen von Sekundenbruchteilen (für die Sonne) bis zu vielen Stunden (für schwächste Sterne und Galaxien). In der Regel wird nicht mit Filmen, sondern mit Fotoplatten gearbeitet.

Die **Astrognosie** [s. u. + (griech.] oder *Sternbildkunde* beschäftigt sich mit der Orientierung am Sternhimmel und der Anordnung gedachter Verbindungslinien in und zwischen den Sternbildern.

Der **Astrograph** [s. u. + (griech.] ist ein Linsenfernrohr (↑Fernrohr) mit einem speziell für fotografische Himmelsbeobachtungen berechneten mehrlinsigen Objektiv.

Das **Astrolabium** (s. u. + (lat.] oder *Astrolab* war ein in früheren Jahrhunderten verwendetes astronomisches Beobachtungs- und Recheninstrument. Man kann es als Vorform der heutigen drehbaren ↑ Sternkarte ansehen, ergänzt durch Visier- und Winkelmeßeinrichtungen. Das Astrolabium wurde zur Bestimmung von Gestirnskoordinaten benutzt. ↑ Prismenastrolabium.

Die **Astrologie** [s.u. + (griech. légo „auslegen"] oder *Sterndeutung* ist eine unwissenschaftliche, eine Irrlehre, die vorgibt, aus der Stellung der Gestirne den Charakter und das Lebensschicksal eines Menschen erkennen zu können. Dazu bedient sie sich eines *Horoskops*, das die Stellungen (Positionen) der Sonne, des

astrologische Symbole an der Siegesstele des Königs Asarhaddon von Assyrien (Regierungszeit 680–669 v. u. Z.). Staatliche Museen zu Berlin

Mondes und der Planeten relativ zu den Tierkreiszeichen (↑ Tierkreis) graphisch darstellt. Die Astrologie entstand im Alten Orient aus den Sternreligionen. Sie beruht auf Vorstellungen, nach denen das Geschehen auf der Erde und das Leben der Menschen mit den Erscheinungen am Sternhimmel verbunden sei. *Abb.*

Die **Astrometrie** [s. u. + ⟨griech.] oder *Positionsastronomie, sphärische Astronomie,* ist ein Teilgebiet der ↑ Astronomie. Ihr Arbeitsbereich sind die Bestimmung der Örter der Gestirne an der scheinbaren Himmelskugel, die Berücksichtigung der scheinbaren Ortsveränderungen (z. B. durch atmosphärische Einflüsse oder durch die Rotation der Erde) und die theoretischen Grundlagen für den Bau astronomischer Winkelmeßinstrumente. Bei astrometrischen Messungen und Rechnungen werden die Gestirne stets als punktförmig betrachtet. Die Astrometrie stellt die Koordinaten der Gestirne fest und überwacht deren Veränderungen. Auch die Erde wird durch die Astrometrie untersucht. Sie leistet wesentliche Vorarbeiten für die ↑ geographische Ortsbestimmung und für die ↑ Zeitbestimmung. ↑ Radioastrometrie.

Die **Astronomie** [⟨griech.; ástron „Stern", némo „ordnen"] ist die Wissenschaft von den Eigenschaften, dem Bau, den Bewegungen, der Entstehung und der Entwicklung der Himmelskörper und ihrer Systeme. Sie steht in engem Zusammenhang mit vielen Natur- und Gesellschaftswissenschaften, besonders mit Mathematik, Physik, Chemie, Philosophie sowie mit den technischen Wissenschaften.

Die *Hauptaufgaben* der Astronomie sind: 1. die Untersuchung der scheinbaren und der wahren Örter und der Bewegungen der Himmelskörper im Raum; 2. die Untersuchung des physikalischen Zustandes und der chemischen Zusammensetzung der Himmelskörper; 3. die Untersuchung der Entstehung und Entwicklung der Himmelskörper und des gesamten Weltalls.

Die Astronomie ist eine der ältesten Wissenschaften. Alle alten Hochkulturen haben in ihr bemerkenswerte Leistungen vollbracht, besonders die Babylonier, Ägypter, Griechen, Chinesen, Maya. Sie hat sich in einer mehrtausendjährigen Geschichte zu einer modernen Naturwissenschaft entwickelt.

Die Astronomie wird in mehrere *Teilgebiete* untergliedert.

Die Messung der Gestirnsörter und der Zeit ist Aufgabe der ↑ *Astrometrie.*

Die ↑ *Himmelsmechanik* erforscht die Bewegungsgesetze der Himmelskörper, ihre Massen und Formen und den Bau ihrer Systeme.

Der physikalische Aufbau, die chemische Zusammensetzung und die Eigenschaften der Himmelskörper werden von der ↑ *Astrophysik* untersucht.

Das Arbeitsgebiet der ↑ *Stellarastronomie* sind Untersuchungen über die räumliche Verteilung und die Bewegungen der Sterne und Sternsysteme und der interstellaren Materie.

Die ↑ *Kosmogonie* erforscht die Entstehung und Entwicklung der Himmelskörper; die ↑ *Kosmologie* erkundet die allgemeinen Gesetze des Baus und der Entwicklung des Weltalls als Ganzes.

Die entscheidende *Methode* zur Gewinnung astronomischer Erkenntnisse besteht in der *Beobachtung.* (Experimente sind in der Astronomie nur in sehr geringem Umfange möglich.) Beobachtungsinstrumente und -verfahren sind das Arbeitsgebiet der *praktischen Astronomie.* Jahrtausende hindurch war die Beobachtung auf das *sichtbare Licht* beschränkt. Erst in der zweiten Hälfte unseres Jahrhunderts wurden Methoden entwickelt, auch andere (unsichtbare) Strahlungen aus dem Weltall zu untersuchen und daraus Informationen zu gewinnen. So entstanden z. B. die *Radioastronomie,* die *Röntgenastronomie,* die *Infrarotastronomie.* Da die Erdatmosphäre für Röntgenstrahlung gar nicht und für Infrarot- und Radiowellen nur teilweise durchlässig ist, müssen die Strahlungsempfänger z. T. außerhalb der Erdatmosphäre betrieben werden. Das geschieht mit Hilfe künstlicher Erdsatelliten und Raumstationen; man spricht von *extraterrestrischer Astronomie.* Durch direkte Untersuchungen des erdnahen Raumes, des Mondes und einzelner Planeten haben Raumsonden auch unmittelbaren Anteil an der astronomischen Forschung. ↑ Geschichte der Astronomie.

Die **astronomische Einheit,** Kurzzeichen *AE*, ist eine Längeneinheit in der Astronomie. Sie beträgt 149,6 Mill. km und ist nahezu gleich der mittleren Entfernung Erde – Sonne bzw. der Länge der großen Halbachse der Erdbahn. Die astronomische Einheit dient als grundlegendes Maß für alle Entfernungen im Weltall. Sie wurde auf optischem Wege über die ↑ Horizontalparallaxe der Sonne und – mit erheblich größerer Genauigkeit – nach dem ↑ Radio-Echo-Verfahren ermittelt.

Die **astronomischen Beobachtungsinstrumente** [s. o. bzw. ⟨dt. + ⟨lat.] dienen der Beobachtung der Objekte im Weltall und der Auswertung dieser Beobachtungen.

Es gibt 1. die *optischen Beobachtungsinstrumente* oder ↑ Fernrohre (auch Teleskope genannt), sie besitzen Linsen oder Spiegel. Zu ihnen gehören auch Astrograph (↑ Astrofotografie), ↑ Kometensucher, ↑ Cassegrain-, ↑ Coudé-, ↑ Newton-, ↑ Schmidt-, ↑ Maksutowteleskope. – 2. Instrumente für die *nichtoptische Astronomie* (vor allem ↑ Radioastronomie). Sie untersuchen nicht das sichtbare Licht, sondern die anderen Teile der elektromagnetischen Wellen (↑ Radiofrequenzstrahlung, Röntgenstrahlung u. a.). In den letzten Jahrzehnten ist ihre Bedeutung für die Erforschung von Sternen, Radioquellen (z. B. ↑ Pulsaren, ↑ Quasaren, ↑ Radiogalaxien) und interstellarem Gas enorm gewachsen. Zu diesen Instrumenten gehören u. a. ↑ Radioteleskop und Röntgenempfänger (↑ Röntgenastronomie). – 3. *Winkelmeßinstrumente*, zu ihnen gehören u. a. ↑ Meridiankreis, ↑ Passageinstrument, ↑ Altazimut und Universalinstrument. – 4. *Instrumente zur Sonnenbeobachtung* (an der sehr nahen Sonne können viele Erscheinungen der Sterne überhaupt oder besonders gut beobachtet werden). Sie weisen oft eine besondere Bauart auf und haben abweichende Optik; z. B. ↑ Coelostat, ↑ Heliostat, ↑ Turmteleskop, ↑ Koronograph, ↑ Protuberanzenspektroskop, ↑ Spektroheliograph. – 5. Wichtige *historische Instrumente*, die also vor Galileis Fernrohr (terrestrisches Fernrohr) und vor den Radioteleskopen benutzt wurden, sind ↑ Astrolabium, ↑ Jakobstab, ↑ Mauerquadrant, ↑ Armillarsphäre. – 6. Oftmals werden an Fernrohren *Zusatzgeräte* verwendet, wie lichtelektrische ↑ Fotometer oder Spektralapparate. – 7. Zur *Auswertung* der Beobachtungen dienen u. a. ↑ Chronograph, ↑ Komparator, ↑ Koordinatenmeßgerät, ↑ Mikrofotometer. – ↑ Weltraumteleskop.

astronomisches Observatorium [s. o. bzw. ⟨lat.] ↑ Sternwarte.

Astronomische Zeichen [s. o. bzw. ⟨dt.] sind graphische Symbole für einzelne Himmelskörper oder bestimmte astronomische Begriffe. Sie gehen in ihrer Gestaltung vielfach auf die ↑ Astrologie zurück und wurden seit dem Mittelalter benutzt. Heute werden sie nur noch vereinzelt als Abkürzungen verwendet. *Abb.*

Die **Astrophysik** [s. o. + ⟨griech.] ist das Teilgebiet der Astronomie, in dem der physikalische Aufbau, die chemische Zusammensetzung und die Eigenschaften der Himmelskörper untersucht werden. Auch deren Atmosphäre, die staub- und gasförmige Materie im Weltall (↑ interplanetare und interstellare Materie) und die verschiedenen Arten physikalischer Felder gehören zu den Forschungsgegenständen der Astrophysik.

In der astrophysikalischen Forschung werden vorwiegend Menge und Zusammensetzung der Strahlung untersucht, die von den Himmelskörpern und aus dem Raum zwischen ihnen zur Erde gelangt. Dabei werden neben dem sichtbaren Licht in zunehmendem Maße die unsichtbaren Wellen (Röntgen- und Gammastrahlung, Infrarot- und Ultraviolettbereich, Radiowellen) genutzt. Daraus sind in den letzten Jahrzehnten neue Teilgebiete entstanden wie z. B. die ↑ Röntgen-, ↑ Gamma-, ↑ Radioastronomie. Eine wichtige Aufgabe der Astrophysik ist die Erforschung der Energieumwandlungs- und -freisetzungsprozesse (↑ Energiefreisetzung) im Weltall.

Die *praktische Astrophysik* gewinnt die Beobachtungsdaten, die *theoretische Astrophysik* verarbeitet und deutet diese

	Himmelskörper		*Tierkreiszeichen*		*Mondphasen*
☉	Sonne	♓	Fische	🌑	Neumond
☾	Mond	♈	Widder	☽	erstes Viertel
☿	Merkur	♉	Stier	🌕	Vollmond
♀	Venus	♊	Zwillinge	☾	letztes Viertel
♁	Erde	♋	Krebs		*Konstellationen*
♂	Mars	♌	Löwe	☌	Konjunktion
♃	Jupiter	♍	Jungfrau	☍	Opposition
♄	Saturn	♎	Waage		*Punkte an der Himmelskugel*
♅	Uranus	♏	Skorpion	☊	aufsteigender Knoten
♆	Neptun	♐	Schütze	☋	absteigender Knoten
♇	Pluto	♑	Steinbock	♈	Frühlingspunkt
		♒	Wassermann		

astronomische Zeichen

Ergebnisse durch die Anwendung physikalischer Gesetze. Sie berechnet die Sternmodelle und die theoretischen Modelle der Sternatmosphären und der Magnetfelder im Weltraum, die dann durch erneute Beobachtungen geprüft werden.

Durch die Entwicklung der Raumfahrt wurde die – zunächst weitgehend auf die Sterne beschränkte – astrophysikalische Forschung verstärkt auf die Körper des Planetensystems ausgedehnt. So entstand die *Planetenphysik*, die sich mit den Atmosphären, den Oberflächen und dem inneren Aufbau dieser Körper beschäftigt.

Die Astrophysik konnte sich erst entwikkeln nachdem die spektrale Zerlegung des Lichtes entdeckt und die Grundlage der ↑ Spektralanalyse geschaffen worden war. Wichtige Arbeitsmethode der Astrophysik ist die ↑ Fotometrie. Wesentliche physikalische Entdeckungen und Theorien, wie z. B. in der Thermodynamik, in der Atom- und Kernphysik und auf den Gebieten der Relativitätstheorie, Quantentheorie und Magnetohydrodynamik, wurden und werden für die Astrophysik nutzbar gemacht.

Der **Atair** [(arab.; „der Fliegende"], Abk. α *Aql*, wird der Hauptstern des Sternbildes Adler genannt. Dieser helle, weißliche Stern (Spektralklasse A 7; 0,8 Größenklassen) bildet die Südspitze des ↑ Sommerdreiecks. Seine Entfernung beträgt nur 16 ly.

Der **Atlas** [nach der griech. Sagengestalt] heißt ein Mond des Saturn. ↑ Tab. Satelliten.

Die **Atmosphäre der Erde** ↑ Erdatmosphäre.

Die **Atmosphäre der Sterne** ↑ Sternatmosphäre.

Die **Atomuhr** ↑ Uhr.

Der **Aufbau der Sonne** ↑ Sonne.

Der **Aufbau der Sterne** ↑ Stern.

Der **Aufbau des Weltalls** läßt im von der Erde aus beobachtbaren Bereich eine deutliche Gliederung in Systeme unterschiedlicher Größe und Zusammensetzung erkennen. Die einfachsten und kleinsten Systeme (Systeme 1. Ordnung) werden von jeweils einem ↑ Planeten und seinen Monden gebildet. Das ↑ Planetensystem eines Sterns, z. B. der Sonne (das Sonnensystem), ist ein System 2. Ordnung. Eine sehr große Anzahl von Sternen mit und ohne Planetensysteme bildet ein ↑ Sternsystem (Galaxie; System 3. Ordnung); als System 4. Ordnung wäre ein ↑ Galaxienhaufen anzusehen. Systeme höherer Ordnung sind noch nicht bekannt. ↑ Metagalaxis.

Der **Aufgang** ist der Zeitpunkt, in dem

ein Gestirn über dem Horizont erscheint, seine Höhe also 0° beträgt. Da die atmosphärische ↑ Refraktion die Höhe eines Gestirns vergrößert (im Horizont um 35'), erfolgt der *scheinbare Aufgang* eher als der *wahre Aufgang*. Die jährliche Sichtbarkeit eines Sterns beginnt mit dem heliakischen Aufgang (↑ heliakisch).

Das **Auflösungsvermögen** eines Fernrohres gibt den kleinstmöglichen Winkelabstand zweier punktförmiger Lichtquellen an, die mit dem befreffenden Instrument gerade noch getrennt gesehen werden können. Das theoretische Auflösungsvermögen bei sichtbarem Licht ist d = 115/D (Angabe in Bogensekunden), wenn D der Durchmesser des Objektivs in Millimetern ist. Bei *Spektrographen* und *Spektrometern* ist das Auflösungsvermögen ein Maß für die Trennbarkeit zweier nahe beieinanderstehender Spektrallinien.

Der **Augenprüfer** ↑ Alkor.

Der **Auriga** [⟨lat.; „Wagenlenker"] ↑ Fuhrmann.

Die **Ausdehnung des Weltalls** ↑ Expansion des Weltalls.

außergalaktisch [⟨griech.] oder *extragalaktisch:* außerhalb der Galaxis (des Milchstraßensystems) befindlich. Außergalaktische Sternsysteme sind ferne, dem Milchstraßensystem z. T. ähnliche Anhäufungen von Sternen (↑ Sternsystem).

Die **Austrittspupille** eines optischen Instruments ist das aus dem Okular austretende Lichtbündel. Bei visueller Beobachtung sollte der Durchmesser der Austrittspupille nicht größer als der der Augenpupille des Beobachters sein, damit das gesamte Lichtbündel vom Auge aufgenommen werden kann. Die Austrittspupille eines Fernrohrs hat den Durchmesser $d_a = d/N$ (d = Durchmesser des Objektivs; N = Vergrößerung).

Der oder das **Azimut** [⟨arab.; „Wege (der Sterne)"] ist eine Koordinate des ↑ Horizontsystems; es ist der Winkel zwischen der Südrichtung und der Richtung nach dem Schnittpunkt des durch den Stern verlaufenden Vertikalkreises mit dem mathematischen Horizont. Das Azimut gibt also die Himmelsrichtung an. Es wird in der Astronomie von Süden über Westen, in der Astronautik und in der Geodäsie von Norden über Osten, jeweils von 0° bis 360° gezählt. ↑ Tab. Koordinaten.

Azimutalkreise [s. o. + ⟨dt.] oder *Almukantarate* heißen alle parallel zum Horizont verlaufenden Kreise an der scheinbaren Himmelskugel. Der größte Azimutalkreis ist der Horizont selbst.

B

Walter **Baade**, geb. 24. 3. 1893, gest. 25. 6. 1960, war ein in Deutschland, später in den USA tätiger Astronom. Im Jahre 1944 gelang es ihm, mit Hilfe des 2,5-m-Spiegelteleskops auf dem Mount Wilson die Zentralgebiete des ↑ Andromedanebels in einzelne Sterne aufzulösen. Er erkannte, daß in dem Sternsystem unterschiedliche ↑ Sternpopulationen vorhanden sind, und präzisierte die für die Galaxien bestimmten Entfernungen. ↑ Icarus.

Die **Bahn** ist der Weg, den ein Himmelskörper zurücklegt. Er ist durch die ↑ Bahnelemente festgelegt.

Die **Bahn der Erde** ↑ Erdbahn.

Die **Bahn der Planeten** ↑ Planeten (Tab.).

Die **Bahnbestimmung** ist die Ermittlung der wahren Bahn eines Himmelskörpers aus der beobachteten scheinbaren Bahn. Sie gehört zu den wichtigsten Aufgaben der ↑ Himmelsmechanik. Die Bahn eines neuentdeckten Himmelskörpers, z. B. eines Planetoiden, kann bestimmt werden, wenn drei zu unterschiedlichen Zeiten ermittelte Örter des Objekts bekannt sind. Ziel der Bahnbestimmung ist die Berechnung der ↑ Bahnelemente.

Die **Bahnebene** ist die (gedachte) Ebene, in der die Umlaufbahn eines Planeten bzw. Satelliten liegt.

Die **Bahnelemente** eines Himmelskörpers oder eines künstlichen Satelliten sind 6 Zahlenangaben, durch die die elliptische Bahn des Himmelskörpers bzw.

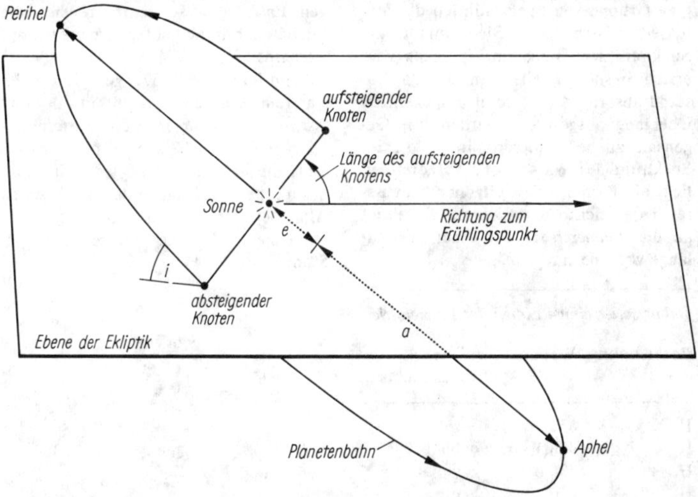

Bahnelemente eines Planeten (e = lineare Exzentrizität)

Satelliten im Raum hinsichtlich ihrer Form, ihrer Größe und ihrer Lage eindeutig bestimmt ist. Außerdem gehört dazu eine Angabe über den Ort des Himmelskörpers bzw. Satelliten auf seiner Bahn.

Die Größe der Bahn wird durch die *Länge der ↑ großen Halbachse a* angegeben, die Form der Bahn durch die *numerische ↑ Exzentrität* ε. Um die Lage der Bahn zu beschreiben, sind 2 Angaben nötig: der *Neigungswinkel i* (Bahnneigung) der Bahnebene gegen die Ebene der Ekliptik und die *Länge des aufsteigenden ↑ Knotens* Ω. Letztere ist der Winkel zwischen der Richtung Brennpunkt (Sonne) – Frühlingspunkt und der Richtung von der Sonne zu dem Punkt, in dem der Himmelskörper bzw. Satellit bei seiner Bahnbewegung die Ekliptikebene in nördlicher Richtung durchstößt. Ein weiteres Bahnelement ist der *Abstand* ω *des Perihels vom aufsteigenden Knoten*, er gibt an, wie die Ellipse in der so beschriebenen Bahnebene orientiert ist und wird als Winkel in der Bahn des Himmelskörpers gemessen. Der augenblickliche Ort des Himmelskörpers in seiner Bahn kann berechnet werden, wenn eine 6. Größe bekannt ist: *die Zeit T des Durchgangs durch das Perihel* (Perihelzeit). *Abb.*

Die **Bahnneigung** ist eines der ↑ Bahnelemente eines Himmelskörpers oder Satelliten; sie gibt den Winkel an, um den die Bahn gegen die Ebene der Ekliptik (Ebene der Erdbahn) geneigt ist. Sie wird in Grad (°) gemessen. Im Sonnensystem hat Uranus mit 0°46′ die kleinste, Pluto mit 17°8′ die größte Bahnneigung aller Planeten (↑ Tab. Planeten). Künstliche Erdsatelliten auf Polarbahnen haben eine Bahnneigung von (rund) 90°.

Die **Baker-Schmidt-Kamera** [sprich: behkər-] ist ein Spiegelteleskop zum fotografischen Einsatz bei der Beobachtung von Meteoren und künstlichen Erdsatelliten. Seine optische Konstruktion ist von der des ↑ Schmidtspiegels abgeleitet.

Balkenspiralen [⟨lat. ⟨griech.], Zeichen *SB*, sind besonders geformte ↑ Sternsysteme. Im Gegensatz zum ↑ Spiralnebel beginnen bei der Balkenspirale die Spiralarme nicht direkt am Kerngebiet, sondern an den Enden eines den Kern durchquerenden Balkens von 5 bis 10 kpc Länge.

Die **Balmerserie** [nach dem schweiz. Physiker J. J. Balmer (1825–1898)] ist eine Gruppe von Spektrallinien des atomaren Wasserstoffs. Sie umfaßt die Spektrallinien, die beim Übergang vom ersten in den zweiten angeregten Zustand absorbiert und beim umgekehrten Übergang ausgestrahlt werden. Im Gegensatz zu den anderen Linien, die im Spektrum des Wasserstoffs vorkommen, liegt die Balmerserie weitgehend im Bereich des sichtbaren Lichtes. Sie endet an der *Balmergrenze* bei einer Wellenlänge von 365 nm. *Tab.*

Balmerserie: einige Linien der Balmerserie

Bezeichnung	Wellenlänge	Farbe des Lichts
H_α	656,2 nm	rot
H_β	486,1 nm	blau
H_γ	434,0 nm	violett
H_δ	410,1 nm	ultraviolett

Die **Bande** [⟨franz. ⟨german.; „Binde"] ist ein System sehr eng benachbarter, zusammengehörender Spektrallinien. Sie erscheinen im Spektrum als verhältnismäßig breite Bereiche (nicht als einzelne Linien). *Bandenspektren* werden beobachtet, wenn Licht von Molekülen ausgesendet (emittiert) oder verschluckt (absorbiert) wird.

Bärenhüter ↑ Bootes.

Barnards Stern [sprich: bahnəd-; nach dem amerikan. Astronomen E. Barnard (1857–1923)] oder *(Barnardscher) Pfeilstern* im Sternbild Schlangenträger ist nach Proxima und Alpha Centauri der drittnächste Nachbarstern der Sonne. Seine ↑ Eigenbewegung besitzt mit 10,3″ je Jahr den größten aller bisher bekannten Werte. Er ist 5,9 ly entfernt und bewegt sich nicht gradlinig durch den Raum, sondern beschreibt eine Schlangenlinie. Daraus wurde auf das Vorhandensein mehrerer unsichtbarer Begleiter geschlossen, deren Massen der des Jupiter vergleichbar sind und die sich mit Umlaufzeiten von 26 bzw. 12 Jahren um den Stern bewegen. Wegen der Möglichkeit des Vorhandenseins eines Planetensystems und der verhältnismäßig geringen Entfernung konzentrierte sich die Suche nach intelligenten Lebewesen auf Barnards Stern (1974; ↑ CETI).

Johann **Bayer**, geb. 1572, gest. 7. 3. 1625, war ein deutscher Rechtsanwalt und Astronom und gab 1603 einen Sternatlas („Uranometria") heraus, in dem er erstmals die helleren Sterne jedes Sternbildes mit den Buchstaben des griechischen Alphabets bezeichnete. Auf ihn geht die noch heute übliche Bezeichnung der Sterne zurück. *Abb.*

Sternbild Herkules von 1603 nach Johann Bayer

BD: Abk. für Bonner ↑ Durchmusterung.

Der **Becher** oder lat. *Crater* (Genitiv *Crateris*), Abk. *Crt*, ist ein kleines Sternbild an der südlichen Himmelshalbkugel. Es kulminiert Mitte März um Mitternacht.

Als **Becklin-Neugebauer-Objekt** [nach beiden Entdeckern] bezeichnet man eine punktförmige Quelle starker Infrarotstrahlung im Sternbild Orion, die 1966 entdeckt worden ist. Seine Temperatur liegt bei 600 K. Wahrscheinlich handelt es sich um einen ↑ Protostern.

Ein **Bedeckungsstern** oder *Bedeckungsveränderlicher* ist ein ↑ Doppelstern, dessen beide Teile (Komponenten) sich, von der Erde aus gesehen, periodisch verdekken. Beim Vorübergang des lichtschwächeren vor dem helleren Stern nimmt die Gesamthelligkeit des Systems deutlich ab; verdeckt dagegen der hellere Stern den schwächeren, so ergibt sich eine geringere Helligkeitsminderung. Die Komponenten können nicht einzeln gesehen werden. Bedeckungssterne haben also ganz bestimmte ↑ Lichtkurven. - Aus ihnen können die ↑ Durchmesser der Komponenten verhältnismäßig genau ermittelt werden. Auch die Massen und das Rotationsverhalten der beteiligten Sterne sind bestimmbar. Der bekannteste Bedeckungsstern ist ↑ Algol im Sternbild Perseus. ↑ Beta-Lyrae-Stern. – *Abb.*

Bellatrix [⟨lat.; „Kriegerin"], Abk. γ *Ori*, ist der rechte Schulterstern des Wintersternbildes Orion, ein bläulicher Riesenstern mit 1,6 Größenklassen scheinbarer Helligkeit.

Benetnasch [⟨arab.], Abk. η *UMa*, heißt der Schlußstern im Schweif des Sternbildes Großer Bär (bzw. der letzte Deichselstern im Großen Wagen). Er ist ein bläulicher, heißer Stern der Spektralklasse B 3.

Beobachtung ↑ Astronomie.

Beobachtungsinstrumente ↑ astronomische Beobachtungsinstrumente.

Friedrich Wilhelm **Bessel**, geb. 22. 7. 1784, gest. 17. 3. 1846, war ein deutscher Astronom und Mathematiker. Als Direktor der Sternwarte in Königsberg (jetzt Kaliningrad, UdSSR) wurde er durch die erste Messung einer Sternparallaxe bekannt. Viele Jahre lang arbeitete er an grundlegenden astronomischen Messungen. Seine Untersuchungen über die veränderlichen Eigenbewegungen des Sirius und des Prokyon führten zur Erkenntnis der Doppelsternnatur dieser Objekte.

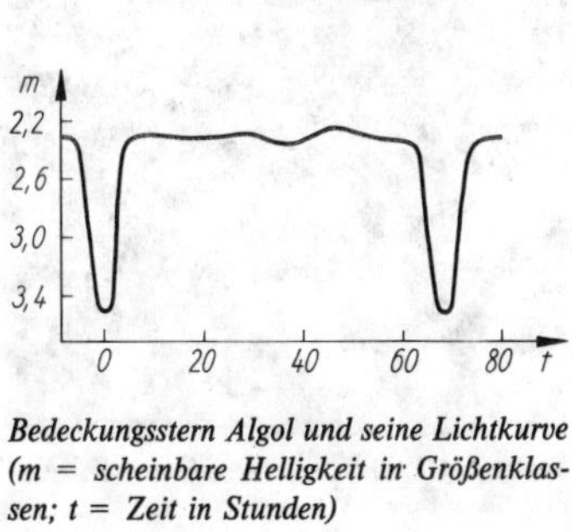

Bedeckungsstern Algol und seine Lichtkurve (m = scheinbare Helligkeit in Größenklassen; t = Zeit in Stunden)

Das **Besselsche Jahr** [nach F. W. ↑ Bessel] ↑ tropisches Jahr.

Ein **Be-Stern** [sprich: be-e stern] gehört zu den Sternen der ↑ Spektralklasse B. Er unterscheidet sich von den (normalen) ↑ B-Sternen dadurch, daß in seinem Spektrum Emissionslinien auftreten. Physikalisch sind die Be-Sterne ↑ Hüllensterne.

Beta Lyrae [⟨griech.] oder β *Lyrae* ↑ Leier.

Ein **Beta-Lyrae-Stern** [s. o. bzw. ⟨dt.] oder β *Lyrae-Stern* ist ein ↑ Bedeckungsstern, dessen Komponenten einen sehr geringen Abstand voneinander haben. Durch die gegenseitige Gravitationswirkung haben beide Komponenten ellipsoidische Gestalt angenommen. Dies hat einen Rotationslichtwechsel zur Folge, der sich dem Bedeckungslichtwechsel überlagert. Zwischen den Komponenten und um sie herum treten in vielen Fällen spektroskopisch nachweisbare Gasströme auf.

Der **Beteigeuze** [⟨arab.; „Schulter des Orion"] oder *Betelgeuse*, Abk. α *Ori*, heißt der linke Schulterstern im Sternbild Orion. Er ist ein roter Überriese der Spektralklasse M 2, dessen Durchmesser den der Sonne um das 700fache übertrifft. Die effektive Temperatur an der Oberfläche beträgt rund 3000 K, er hat mehr als 10000fache Sonnenleuchtkraft. Die scheinbare Helligkeit schwankt zwischen 0,1 und 1,2 Größenklassen. Das Helligkeitsmaximum wird aller 5 Jahre 8 Monate erreicht.

Der **Bethe-Weizsäcker-Zyklus** ↑ C-N-O-Zyklus.

Bei der **Bewegung der Gestirne** hat man *wahre* und *scheinbare* Bewegungen zu unterscheiden. Die *scheinbare Bewegung* eines Gestirns ergibt sich aus seiner wahren Bewegung und dem Einfluß der Erdbewegung. Durch die Rotation der Erde (tägliche Drehung um die eigene Achse)

Bewegung der Gestirne: scheinbare Sonnenbahn im Januar

entsteht die *scheinbare tägliche Bewegung,* in deren Folge das Gestirn einen Kreis um den Himmelspol beschreibt. Die Revolution der Erde (Umlauf um die Sonne innerhalb eines Jahres) widerspiegelt sich in der *scheinbaren jährlichen Bewegung der Sonne,* in der scheinbaren *Rückläufigkeit der Planeten* und in der jährlichen ↑ Parallaxe der Sterne.

Die *wahre Bewegung* eines Himmelskör-

Bewegung der Gestirne: scheinbare tägliche Bewegung während der Aufnahmedauer von 30 min

pers kann von der Erde aus nur unter Berücksichtigung der genannten scheinbaren Bewegungen ermittelt werden. So erhält man von der Erde aus Aussagen über die Drehung *(Rotation)* eines Himmelskörpers und über die *Umlaufbewegung* der Körper, die sich im Gravitationsfeld der Sonne befinden. – Auch die Bewegung der Sterne im Milchstraßensystem wird von der Erde aus bestimmt, und zwar als ↑ Eigenbewegung (in Bogensekunden je Jahr) und als ↑ Radialgeschwindigkeit (in km/s). Die Sonne führt eine ↑ Pekuliarbewegung in Richtung auf den ↑ Apex aus. – Weitere wichtige wahre Bewegungen sind die *Rotation der Sternsysteme* und deren Bewegung infolge der ↑ Expansion des Weltalls. *2 Abb.*

Die **Bewegungssternhaufen**, eine Untergruppe der ↑ Sternhaufen, bestehen aus Sternen, die im allgemeinen äußerlich nicht als zusammengehörend erkennbar sind. Sie verraten sich lediglich durch die gemeinsame Bewegungsrichtung und die gleiche Bewegungsgeschwindigkeit im Raum. Der lockerste Bewegungssternhaufen ist der Ursa-Major-Haufen. Zu ihm gehören 5 Sterne des Sternbildes Großer Bär.

Der Zielpunkt eines Bewegungssternhaufens ist der ↑ Vertex, die Geschwindigkeiten der Mitgliedssterne liegen zwischen 10 und 45 km/s. Bewegungssternhaufen sind als stark aufgelöste offene Sternhaufen zu betrachten.

Bezeichnung von Sternen ↑ Sternnamen.

Die **Bieliden** [nach dem dt. Astronomen W. Biela] sind ein ↑ Meteorstrom.

Der **Bildhauer**, auch *Bildhauerwerkstatt*, lat. *Sculptor* (Genitiv *Sculptoris*), Abk. *Scl*, ist ein Sternbild des Südhimmels. Es kulminiert Ende September um Mitternacht und steigt in Mitteleuropa nur wenige Grade über den Horizont.

Der **Bildwandler** ist eine Vorrichtung zur Umwandlung lichtschwacher oder mit unsichtbarem Licht (ultraviolette oder infrarote Strahlung) entworfener Bilder in lichtstarke, sichtbare *Elektronenbilder* auf einem Leuchtschirm. Bildwandler werden zunehmend auch bei der astronomischen Beobachtung eingesetzt.

In **Bjurakan** (Armenien, UdSSR) befindet sich das Astrophysikalische Observatorium der Akademie der Wissenschaften der Armenischen SSR. Hier wurden die ersten ↑ Sternassoziationen entdeckt.

Der **Bolid** [⟨lat. ⟨griech.] ↑ Feuerkugel.

Das **Bolometer** [⟨griech.] ist ein Strahlungsempfänger, mit dem die Menge der einfallenden Strahlung gemessen werden kann. Seine Wirkungsweise beruht auf der Abhängigkeit des elektrischen Widerstandes der Metalle von der Temperatur. Bolometer sind für elektromagnetische Strahlung fast aller Wellenlängen (auch außerhalb des sichtbaren Lichtes) empfindlich. – Adjektiv: *bolometrisch.*

bolometrische Helligkeit [s. o.] ↑ Helligkeit.

Der **Bootes** [⟨griech.; „Ochsentreiber"] oder auch *Rinderhirt, Bärenhüter, Stiertreiber* (Genitiv *Bootis*), Abk. *Boo*, ist ein Sternbild des nördlichen Sternhimmels. Sein Hauptstern ↑ Arktur kann vom Großen Wagen aus durch Fortsetzung der Deichsellinie leicht gefunden werden. Bootes kulminiert Ende April und Anfang Mai um Mitternacht.

James **Bradley** [sprich: brädli], geb. Ende März 1692, gest. 13. 7. 1762, war ein englischer Astronom. Er entdeckte die ↑ Aberration des Lichts und die ↑ Nutation. Bradley gehörte zu den genauesten Beobachtern seiner Zeit.

Tycho **Brahe**, geb. 14. 12. 1546, gest. 24. 10. 1601, war ein dänischer Astronom. Er gilt als der genaueste Beobachter in der Zeit vor der Erfindung des Fernrohrs. Bei den Ortsbestimmungen von Sternen und Planeten erreichte er eine Genauigkeit von 2′. Brahe arbeitete auf der Insel Hven (Dänemark) und ab 1599 als kaiserlicher Astronom in Prag. Seine Beobachtungen (vor allem über die Bewegung des Planeten Mars) ließen sich nicht in genaue Übereinstimmung mit der Ansicht Kopernikus' bringen, daß die Planeten sich auf Kreisbahnen um die Sonne bewegen, und dienten seinem Nachfolger J. ↑ Kepler als Grundlage bei der Auffindung der Gesetze der Planetenbewegung. Brahe erkannte das kopernikanische (heliozentrische) Weltbild nicht an, weil er die jährliche ↑ Parallaxe der Sterne nicht beobachten konnte. Er stellte ein eigenes Weltbild auf, in dem er zwar die Erde als Mittelpunkt der Welt beibehielt und der Sonne eine Bahn um die Erde zuwies; die damals bekannten Planeten sollten jedoch nach seiner Vorstellung die Sonne umlaufen und mit dieser um die Erde kreisen. Dieses Weltbild erlangte jedoch keine Bedeutung. ↑ Abb. Mauerquadrant.

Ein **brauner Zwerg** ist ein Himmelskörper, dessen Masse einerseits zu gering ist, um Kernfusionsreaktionen in seinem Zentralgebiet zu zünden, andererseits aber die Masse eines Planeten um ein Vielfaches übertrifft. Es handelt sich also um ein Mittelding zwischen einem Stern und einem Planeten. Die Beobachtung brauner Zwerge ist außerordentlich schwierig, da sie kein eigenes sichtbares Licht, sondern nur Infrarotstrahlung aussenden und sehr geringe Leuchtkräfte aufweisen.

Die **Breite** ist eine Koordinate in verschiedenen Koordinatensystemen. a) Im Gradnetz der Erde ist die *geographische Breite* der Winkelabstand auf der Erdoberfläche zwischen einem Punkt und dem Äquator, d. h. der *Winkel* Oberflächenpunkt – Erdmittelpunkt – Äquator. Sie ist gleich der Polhöhe an diesem Ort und wird vom Äquator aus nach Norden und nach Süden jeweils von 0° bis 90° gezählt. – b) Die *ekliptikale Breite* ist im ↑ Ekliptiksystem der Winkelabstand eines Gestirns von der Ekliptik. – c) Die *galaktische Breite* ist der Winkelabstand eines Gestirns vom galaktischen ↑ Äquator. Ekliptikale und galaktische Breite werden ebenfalls in Grad von 0° bis 90° gezählt, und zwar nach Norden positiv, nach Süden negativ. ↑ Tab. Koordinaten.

Breitenkreise sind im Gradnetz der Erde alle zum Erdäquator parallelen Kreise (auf der Erdoberfläche). In der Astronomie werden als Breitenkreise alle zur Ekliptik parallelen Kreise (Parallelkreise; als *ekliptikale Breite* gezählt) bzw. alle zum galaktischen Äquator parallelen Kreise (als *galaktische Breite* gezählt) bezeichnet. ↑ Breite.

Brennebene ↑ Brennpunkt.

Der **Brennpunkt** oder *Fokus* eines Objektivs befindet sich dort, wo die parallel zur optischen Achse einfallenden Strahlen einer unendlich weit entfernten punktförmigen Lichtquelle vereinigt werden. Sein Abstand von der Mitte des Objektivs (Linsensystem oder Spiegel) ist die *Brennweite.* Ist der leuchtende Gegenstand nicht punktförmig, so entsteht ein reelles Bild in der *Brennebene,* die senkrecht zur optischen Achse liegt und diese im Brennpunkt schneidet. *Abb.*

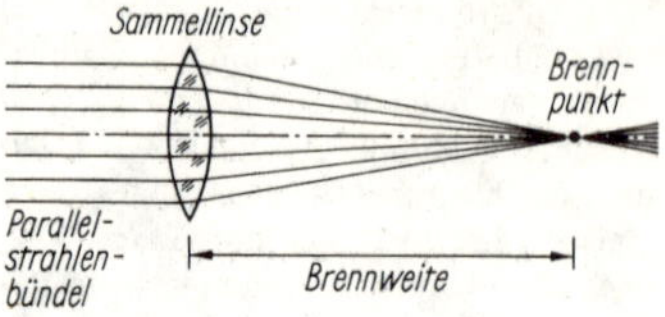

Brennpunkt: Strahlengang

Die **Brennweite** ↑ Brennpunkt.

Giordano **Bruno**, geb. 1548, hingerichtet 17. 2. 1600, war ein italienischer Philosoph, der die Unendlichkeit des Weltalls und das ↑ heliozentrische Weltbild lehrte. Er wurde deshalb 1593 der Inquisition ausgeliefert und nach 7 Jahren Haft auf dem Scheiterhaufen verbrannt.

Ein **B-Stern** ist ein Stern der ↑ Spektralklasse B. ↑ Be-Stern.

Bruno (Hans) **Bürgel**, geb. 14. 11. 1875, gest. 8. 7. 1948, war ein deutscher Schriftsteller, der in bedeutendem Maße und in verständlicher Weise astronomische Erkenntnisse verbreitete. Er wuchs als Adoptivkind armer Leute auf, wurde Fabrikarbeiter und später Gehilfe an der Berliner Sternwarte. Unter großen Entbehrungen und durch Selbststudium entwickelte er sich zu dem bekanntesten populärastronomischen Schriftsteller seiner Zeit. Seine Autobiographie „Vom Arbeiter zum Astronomen“ erschien 1919.

Der **Burst** [sprich: böst; ⟨engl.; „Ausbruch“] ist ein kurzzeitiges Anwachsen der Radiostrahlung der Sonne. Solche Ausbrüche stehen meistens in Verbindung zu ↑ chromosphärischen Eruptionen. Ihre Dauer schwankt zwischen einigen Sekunden und mehreren Stunden.

C

Das **Caelum** [sprich: tsehlum; ⟨lat.; „Stichel"], Abk. *Cae*, ↑ Grabstichel.
Calypso heißt ein Mond des Saturns. ↑ Tab. Satelliten.
Die **Camelopardalis** [⟨lat. ⟨griech.], Abk. *Cam*, ↑ Giraffe.
Der **Cancer** [⟨lat.] ↑ Krebs.
Die **Canes Venatici** [⟨lat.] ↑ Jagdhunde.
Der **Canis Major** [⟨lat.] ↑ Großer Hund.
Der **Canis Minor** [⟨lat.] ↑ Kleiner Hund.
Der **Canopus** [⟨griech.] ↑ Kanopus.
Die **Capella** [⟨lat.] ↑ Kapella.
Der **Capricornus** [⟨lat.] ↑ Steinbock.
Das **Caput** [⟨lat.; „Kopf"]: Teil des Sternbildes ↑ Schlange.
Die **Carina** [⟨lat.] ↑ Schiffskiel.
Der **Carme** heißt ein Mond des Jupiter. ↑ Tab. Satelliten.
Das **Cassegrain-Coudé-Teleskop** [sprich: kassegrẽkudeh-] ist ein Spiegelteleskop, bei dem das Licht vom Hauptspiegel auf den konvexen Hilfsspiegel und anschließend in die hohle Stundenachse geleitet wird. ↑ Cassegrainteleskop, ↑ Coudételeskop.
Das **Cassegrainteleskop** [s. o.] ist ein Spiegelteleskop, bei dem das Strahlenbündel zunächst von dem parabolischen Hauptspiegel reflektiert wird. Vor dessen Brennebene befindet sich ein konvexer

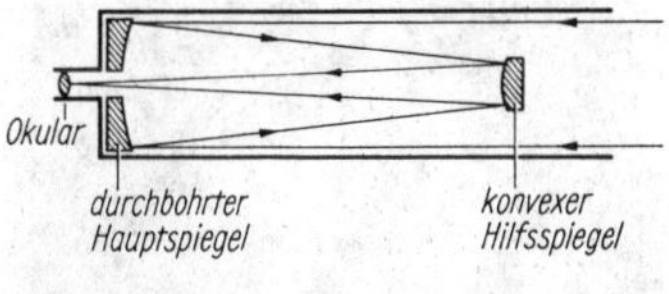

Cassegrainteleskop: Bauschema mit Strahlengang

(erhabener) Hilfsspiegel, der das Licht durch eine Bohrung in der Mitte des Hauptspiegels im *Cassegrainfokus* vereinigt. Die effektive Brennweite ist dabei größer als die des Hauptspiegels. *Abb.*
Die **Cassinische Teilung** [nach dem Entdecker, dem franz. Astronomen Giovanni D. Cassini (1625–1712)] trennt im Ringsystem des Planeten Saturn den äußeren A-Ring von dem nach innen folgenden B-Ring. ↑ Tab. Saturnring.
Die **Cassiopeia** [⟨lat.] ↑ Kassiopeia.
Der **Castor** [⟨lat.]: ↑ Kastor.
Die **Catena** [⟨lat.] ist eine Kraterkette auf der Mondoberfläche.
Die **Cauda** [⟨lat.; „Schwanz"]: Teil des Sternbildes ↑ Schlange.
Der **Centaurus** [⟨lat.] ↑ Kentaur.
Die **Cepheiden** [⟨lat.] ↑ Delta-Cephei-Sterne.
Der **Cepheus** [⟨lat.] ↑ Kepheus.
Die **Ceres** ist der größte ↑ Planetoid im Sonnensystem; sie wurde am 1. 1. 1801 von G. Piazzi (1746–1826) als erster Planetoid entdeckt. Ceres weist einen Durchmesser von etwa 1020 km auf und erreicht in der Opposition eine scheinbare Helligkeit von 7,4 Größenklassen. Sie ist im Mittel 2,77 AE von der Sonne entfernt und umläuft die Sonne einmal in 4,6 Jahren. Im Jahre 1972 wurde festgestellt, daß Ceres Radiofrequenzstrahlung aussendet.
CETI [Abk. für *C*ommunication with *E*xtra-*t*errestrial *I*ntelligences] ist ein Sammelbegriff für die Bemühungen, Kontakt mit hypothetischen außerirdischen intelligenten Lebewesen aufzunehmen. Bisher ist jedoch die Suche nach ersten Anzeichen der Existenz solcher Lebewesen, ja selbst nach niederen Formen des Lebens außerhalb der Erde, erfolglos geblieben. ↑ SETI, ↑ Ozma, ↑ Leben auf anderen Himmelskörpern.
Der **Cetus** [⟨lat.] ↑ Walfisch.
Das **Chamäleon** [sprich: ka-; ⟨lat. ⟨griech., benannt nach der Echsenart] oder lat. *Camaeleon* (Genitiv *Chamaeleontis*), Abk. *Cha*, ist ein unscheinbares Sternbild in der Nähe des Himmelssüdpols. Von Mitteleuropa aus ist es nicht zu sehen.
Der **Charon** [nach der griech. Sagengestalt] heißt der Mond des ↑ Pluto. ↑ Tab. Satelliten.
Das **Chasma** [⟨lat.; „Riß", „Kluft"] ist die Bezeichnung für ein cañonartiges Tal auf der Oberfläche des Planeten Mars.
Chemischer Ofen, auch *Ofen* oder lat. *Fornax* (Genitiv *Fornacis*), Abk. *For*, heißt ein unscheinbares Sternbild des Südhimmels, das in Mitteleuropa nur

knapp über dem südlichen Horizont zu sehen ist. Es kulminiert Anfang November gegen Mitternacht.

Die **chemische Zusammensetzung** *eines Sterns* gehört zu den für einen Stern charakteristischen ↑ Zustandsgrößen. Sie ergibt sich aus der Untersuchung des Spektrums des Sternlichtes. Die beobachteten Unterschiede im Aussehen der Sternspektren (die sich auch in den verschiedenen ↑ Spektralklassen ausdrücken) deuten nicht auf große Unterschiede in der chemischen Zusammensetzung hin, sie sind vielmehr die Folge unterschiedlicher Temperatur- und Druckverhältnisse in den Sternatmosphären; daher muß bei der Bestimmung der chemischen Zusammensetzung eines Sterns auch der Einfluß dieser Größen berücksichtigt werden.

Alle Sterne bestehen zum überwiegenden Teil aus Wasserstoff und Helium (und zwar im Verhältnis 100:6,3). Diese beiden Elemente nehmen 98 % der Massen der Sterne ein, alle anderen Elemente nur 2 %. Bei jüngeren Sternen ist die relative Häufigkeit der Metalle etwas größer als bei älteren. Dieses ist wahrscheinlich durch die unterschiedliche Zusammensetzung der interstellaren Materie bedingt, aus der sich die Sterne bildeten. Nach Milliarden Jahren ist sie mit schwereren Elementen angereichert worden, die in den Sternen entstanden und – z. B. durch ↑ Supernova-Ausbrüche – in den interstellaren Raum abgegeben wurden. – ↑ Elemententstehung, ↑ Elementenhäufigkeit. Andersartige chemische Zusammensetzungen wurden z. B. bei den ↑ Wolf-Rayet-Sternen, den ↑ Kohlenstoff-Sternen und den Helium-Sternen festgestellt. Diese Arten sind jedoch ziemlich selten. – Die chemische Zusammensetzung und die Masse eines Sterns sind nach Heinrich Vogt (1890–1968) und Henry Norris ↑ Russell für den Aufbau und die Entwicklung eines Sterns von entscheidender Bedeutung.

Der **Chiron** [⟨griech.] ist ein Körper des Sonnensystems, der sich keiner bekannten Gruppe von Körpern dieses Systems eindeutig zuordnen läßt. Er umläuft die Sonne auf einer Bahn, die zum größten Teil zwischen den Bahnen von Saturn und Uranus liegt, zu einem kleinen Teil aber innerhalb der Saturnbahn verläuft. Möglicherweise handelt es sich um einen äußerst weit von der Sonne entfernten ↑ Planetoiden.

Der **Chondrit** [⟨griech.] ist ein Steinmeteorit mit einer bestimmten Zusammensetzung. Er enthält kleine (mikroskopisch bis erbsengroße) mineralische Kügelchen, die *Chondren* oder Chondrulen, die in die Gesteinsmasse eingebettet sind. Die meisten Steinmeteorite gehören der Gruppe der Chondrite an. Eine Sonderstellung nehmen die *kohligen Chondrite* ein. In ihnen kommen organische Verbindungen vor. ↑ Meteorit.

Die **Chromosphäre** [sprich: kro-; ⟨griech.] ist eine Schicht der Sonnenatmosphäre. Sie schließt sich nach außen an die Photosphäre an und ist etwa 10000 km dick. Wegen ihrer geringen Eigenhelligkeit kann man sie normalerweise nicht sehen; lediglich bei totalen Sonnenfinsternissen erscheint sie, wenn der Mond die viel hellere Photosphäre bereits bedeckt hat, kurzzeitig als farbiger Saum am Sonnenrand.

Die Chromosphäre hat eine borstenartige Struktur. Sie besteht aus vielen flammenähnlichen Gebilden, den ↑ Spiculen, die wahrscheinlich mit den Elementen der Granulation in Verbindung stehen. Die Temperatur in der Chromosphäre nimmt von innen nach außen von

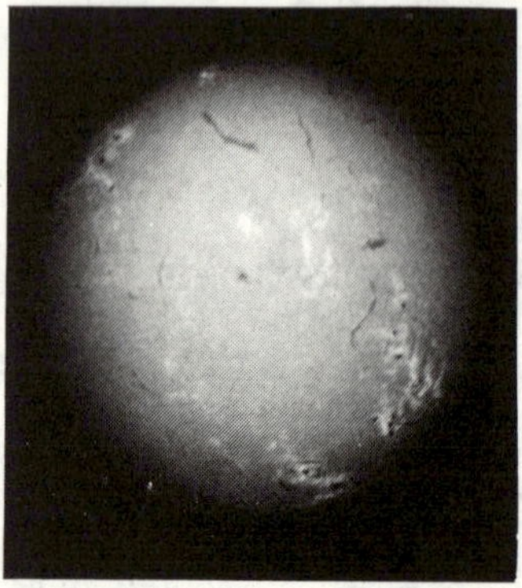

Chromosphäre

4000 K auf rund 1 Mill. K zu; diese Aufheizung wird sehr wahrscheinlich auf mechanischem Wege durch Überschall-Stoßwellen bewirkt.
In der Chromosphäre treten ↑ Protuberanzen und ↑ chromosphärische Eruptionen als Erscheinungsformen der ↑ Sonnenaktivität auf. Sie ist auch das Gebiet, in dem die Absorptionslinien im ↑ Spektrum der Sonne entstehen. *Abb.*

Die **chromosphärische Eruption** [s. o. bzw. ⟨lat.] oder das *Flare* auf der Sonne ist ein plötzlicher Anstieg der Strahlungsstärke in einem begrenzten Gebiet innerhalb einer ↑ Fackel in der ↑ Chromosphäre. Sie dauert einige Minuten bis mehrere Stunden, tritt bei hoher ↑ Sonnenaktivität besonders häufig und stark auf und ist vielfach mit anderen Erscheinungen in einem ↑ Aktivitätszentrum (Sonnenflecken, Protuberanzen) verknüpft. Bei chromosphärischen Eruptionen entstehen kräftige Strahlungsausbrüche im ultravioletten und im Röntgenwellenbereich sowie eine verstärkte Teilchenstrahlung. Diese Strahlungen rufen beim Eindringen in den erdnahen Raum verschiedene ↑ solar-terrestrische Erscheinungen hervor; für die bemannte Raumfahrt können sie eine erhebliche Gefährdung sein.

Der **Chronograph** [sprich: kro-; ⟨griech.] ist eine Vorrichtung zur genauen Bestimmung eines Zeitpunktes oder einer Zeitdauer. Eine genaue Uhr steuert ein elektrisch betätigtes Schreibwerk, das auf einem Papierstreifen die vom Beobachter oder einem Gerät auf elektrischem Wege übermittelten Zeitpunkte markiert bzw. ausdruckt.

Die **Chronologie** [s. o.; „Zeitkunde"] ist ein Teilgebiet der Astronomie, das sich mit der Zeit und der Festlegung einer Zeitskale (Zeitmessung) befaßt. Dazu gehört die Anpassung der astronomisch bestimmten Zeit an die physikalisch in Atomuhren (↑ Uhr) abgeleitete Zeit. Auch die Datierung geschichtlicher Ereignisse durch astronomische Angaben (z. B. durch Finsternisse, Stellung einzelner Planeten) ist eine Aufgabe der Chronologie. ↑ Kalender. – Adjektiv *chronologisch:* in der zeitlichen Reihenfolge, zeitlich geordnet.

Das **Chronometer** [s. o.; „Zeitmesser"] ist eine genau gehende ↑ Uhr.

Der **Chubb-Krater** [nach dem Entdekker] ist ein Meteoritenkrater in Kanada (Provinz Quebec). Er wurde 1950 auf Luftaufnahmen entdeckt und weist einen Durchmesser von 3,6 km auf.

CI: engl. Abk. für ↑ Farbenindex.

Der **Circinus** [⟨lat.] ↑ Zirkel.

Der **Cirrus-Nebel** [⟨lat. bzw. ⟨dt.] oder *Cygnus-Bogen* ist ein schwacher, andeutungsweise ringförmiger Nebel im Sternbild Schwan. Wahrscheinlich handelt es sich um die Überreste einer vor sehr langer Zeit ausgebrochenen ↑ Supernova.

21-**cm-Linie** ↑ Einundzwanzig-Zentimeter-Linie.

Cnc: Abk. für Cancer. ↑ Krebs, ↑ Tab. Sternbilder.

Der **C-N-O-Zyklus** oder *Kohlenstoff-Stickstoff-Zyklus*, auch *Bethe-Weizsäcker-Zyklus* [benannt nach 2 Physikern] ist eine thermonukleare Reaktionsreihe, ein Kernfusionsprozeß, der im Inneren der Sterne vor sich geht und bei dem Energie freigesetzt wird (↑ Energiefreisetzung). Er setzt Temperaturen über 10 Mill. K in den Zentralgebieten der Sterne voraus, aber erst ab etwa 16 Mill. K entsteht mehr Energie je Reaktionszyklus als bei der Proton-Proton-Reaktion. Massereiche Sterne setzen ihre Energie vorwiegend durch den C-N-O-Zyklus frei, während bei Sternen mit weniger als 2 Sonnenmassen die ↑ Proton-Proton-Reaktion vorherrscht.
Bei dem C-N-O-Zyklus tritt Kohlenstoff in der Funktion eines Katalysators auf; die Kohlenstoff-, Stickstoff- und Sauerstoffkerne werden ineinander überführt, stehen aber nach dem Zyklus unverändert wieder zur Verfügung. Aus 4 Wasserstoffkernen entsteht ein Heliumkern, wobei Strahlungsenergie, Neutrinos und Positronen abgestrahlt werden.
Die Reaktionsgleichungen lauten:

$^{12}C + {}^{1}H \rightarrow {}^{13}N + \gamma$
$^{13}N \rightarrow {}^{13}C + e^{+} + \nu$
$^{13}C + {}^{1}H \rightarrow {}^{14}N + \gamma$
$^{14}N + {}^{1}H \rightarrow {}^{15}O + \gamma$
$^{15}O \rightarrow {}^{15}N + e^{+} + \nu$
$^{15}N + {}^{1}H \rightarrow {}^{12}C + {}^{4}He$

Für das 12-C-Isotop beginnt der Zyklus erneut.

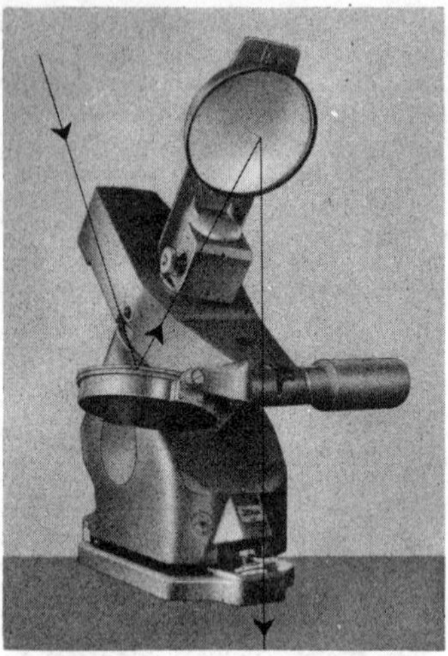

Coelostat

Dabei bedeuten ^1H ein Proton (Wasserstoffkern), e^+ ein Positron (Antiteilchen des Elektrons, positiv geladen), ν ein Neutrino, γ Strahlungsenergie. – Die beim einmaligen Durchlaufen dieses Zyklus freiwerdende Energie beträgt 25,0 MeV $= 4{,}0 \cdot 10^{-12}$ Nm.

Der **Coelostat** [⟨lat. + ⟨griech.] oder *Zölostat* ist ein Gerät, mit dem die Strahlung eines Gestirns ständig in die gleiche Richtung gelenkt werden kann. Coelostaten finden vor allem in ↑ Turmteleskopen Verwendung, um die Strahlung in das senkrecht ortsfest aufgestellte Fernrohr zu richten. Sie bestehen aus zwei Planspiegeln, von denen einer um eine zum Himmelspol weisende Achse drehbar ist. Coelostaten werden fast ausschließlich für die Beobachtung der Sonne verwendet. *Abb.*

Die **Columba** [⟨lat.] ↑ Taube.

Coma Berenices [⟨lat. ⟨griech.] ↑ Haar der Berenike.

Der **Comahaufen** [s. o. + ⟨dt.], ein ↑ Galaxienhaufen im Sternbild Coma Berenices (Haar der Berenike), enthält Tausende von Galaxien. Er ist etwa 80 Mpc entfernt. In dem Haufen befindet sich eine ausgedehnte Radiostrahlungsquelle und eine Quelle von Röntgenstrahlung. *Abb.*

N. **Copernikus** ↑ Kopernikus.

Corona Australis [⟨lat.] ↑ Südliche Krone.

Comahaufen

Corona Borealis [s. o.] ↑ Nördliche Krone.

Der **Corvus** [⟨lat.] ↑ Rabe.

Beim **Coudételeskop** [sprich: kudeh-] wird das Licht vom Objektiv (Linsensystem oder Spiegel) auf ein System teilweise drehbarer Hilfsspiegel gelenkt und dadurch in die hohle Stundenachse geleitet. Da diese ihre Lage im Raum stets beibehält, bleibt der *Coudé-Fokus* unabhängig von der Richtung des Fernrohrs immer an der gleichen Stelle. *Abb.*

Der **Crabnebel** [⟨lat.] ↑ Krebsnebel.

Der **Crater** [⟨lat.] ↑ Becher.

Die **Crux** [⟨lat.] ↑ Kreuz des Südens.

Der **C-Stern** ↑ Kohlenstoffsterne.

Der **Cygnus** [⟨lat.] ↑ Schwan.

Der **Cygnus-Bogen** [s. o. bzw. ⟨dt.] ↑ Cirrus-Nebel.

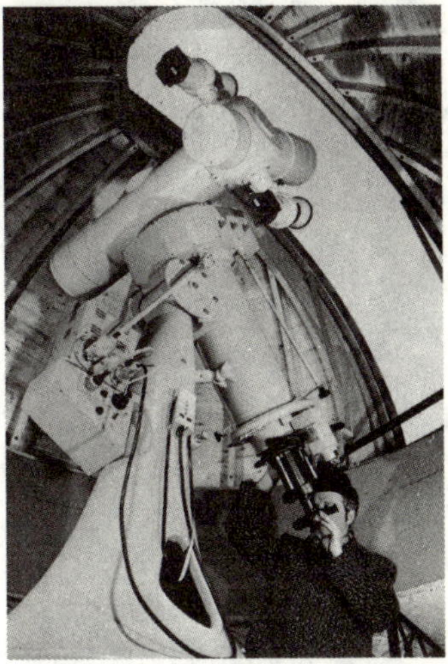

Coudételeskop

D

Die **Dämmerung** ist die Übergangszeit zwischen Tag und Nacht. Die oberen Schichten der Erdatmosphäre, die noch (bzw. schon) vom Sonnenlicht erreicht werden, streuen das Licht in den Bereich, für den die Sonne schon untergegangen (bzw. noch nicht aufgegangen) ist. Die *bürgerliche Dämmerung* herrscht, wenn die Sonne zwischen 0° und 6° unter dem Horizont steht. Die *astronomische Dämmerung* beginnt (bzw. endet), wenn die Sonne 18° unter dem Horizont steht.

Der **Deferent** [⟨lat.] ↑ Epizykel.

Deimos [⟨griech.; „Schrecken"] heißt der kleinere der beiden Monde des Mars. Er ist unregelmäßig geformt. Seine größere Achse von 15 km Länge ist ständig auf den Mars gerichtet (↑ gebundene Rotation). ↑ Tab. Satelliten.

Dekl.: Abk. für ↑ Deklination.

Die **Deklination** [⟨lat.], Abk. *Dekl.*, ist eine Koordinate im ↑ Äquatorsystem. Sie gibt den Winkelabstand des Gestirns vom Himmelsäquator an und wird in Richtung auf Nord- und Südpol in Winkelgrad gemessen. Deklinationen der Gestirne nördlich des Äquators haben positive, Gestirne an der Südhalbkugel des Himmels negative Werte (↑ Abb. Äquatorsystem). – Der Bereich zwischen −40° und −90° Deklination ist in Mitteleuropa unsichtbar. ↑ Tab. Koordinaten.

Die **Deklinationsachse** ↑ Montierung eines Fernrohrs.

Der **Delphin** [⟨lat.] oder griech. *Delphinus*, Genitiv *Delphini*, Abk. *Del*, ist der Name eines kleinen, aber leicht auffindbaren Sternbildes, das in Hochsommernächten um Mitternacht kulminiert.

Die **Delta-Cephei-Sterne**, *δ-Cephei-Sterne* oder *Cepheiden* [benannt nach dem Stern δ im Sternbild Kepheus], Abk. δ *Cep*, zählen zu den Veränderlichen, und zwar zu den ↑ Pulsationsveränderlichen. Es sind pulsierende Sterne, die sich rhythmisch ausdehnen und zusammenziehen. Die äußeren Schichten bewegen sich dabei mit Geschwindigkeiten um 40 km/s, die Dauer einer einzelnen Schwingung hängt von der Leuchtkraft ab und liegt zwischen 1 und 100 Tagen. Dabei verändert der Stern seine absolute – und folglich auch seine scheinbare – Helligkeit um 0,5 bis 1,5 Größenklassen. Es gibt jedoch auch Delta-Cephei-Sterne mit viel kleineren

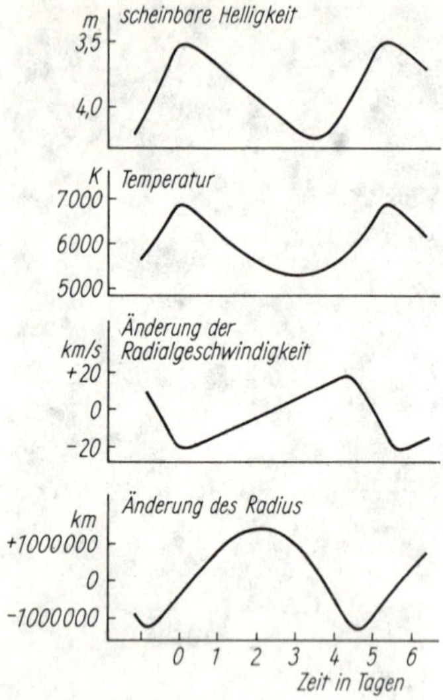

Delta-Cephei-Sterne: Änderung charakteristischer Größen des Sternes Delta Cephei

Helligkeitsschwankungen. Für alle gilt die ↑ Perioden-Leuchtkraft-Beziehung (mit Abb.). Sie sind deshalb wichtige Meßpunkte für die Entfernungsbestimmung. Eine Untergruppe sind die sehr alten, massearmen *W-Virginis-Sterne. Abb.*

Deneb [⟨arab.; „Schwanz"] oder α *Cyg* heißt der Hauptstern des Sternbildes Schwan. Der weiße Überriese gehört zum ↑ Sommerdreieck und leuchtet mit einer scheinbaren Helligkeit von 1,25 Größenklassen.

Die **Dichotomie** [⟨griech.; „Zweiteilung"] ist die ↑ Phase, bei der ein nicht selbst leuchtendes Gestirn als Halbkreisfläche erscheint. Die Dichotomie des Mondes tritt im ersten und im letzten Viertel ein (↑ Mondphasen). Außer beim Mond wird sie im Sonnensystem bei Merkur und Venus beobachtet.

Die *mittlere* **Dichte eines Sterns** ist eine seiner ↑ Zustandsgrößen.

Die **differentielle Rotation** ist eine ↑ Rotation, bei der Teile des rotierenden Systems unterschiedliche Winkelgeschwindigkeiten aufweisen. So rotiert die *Sonne* differentiell, denn die Rotationsdauer ist für die Äquatorgebiete kleiner als für die polaren Zonen. Auch das Milchstraßensystem rotiert differentiell; die inneren Bereiche laufen mit größeren Winkelgeschwindigkeiten um den Kern als die äußeren.

Dione [⟨griech.] heißt ein Mond des Saturn. ↑ Tab. Satelliten.

Die **Dispersion** [⟨lat.; „Zerstreuung"] ist in der Wellenlehre die Abhängigkeit einer physikalischen Größe von der Wellenlänge. In der Astronomie interessiert meistens die Abhängigkeit des Brechungswinkels des Lichtes von der Wellenlänge. Beim Durchgang durch ein Glasprisma wird deshalb das aus einem Gemisch verschiedener elektromagnetischer Wellen bestehende Licht nach Wellenlängen geordnet, d. h. in die Spektralfarben zerlegt (↑ Spektrum).

Der **Dom** [⟨lat.] ist eine flache Aufwölbung auf der ↑ Mondoberfläche, die in ihrer Form an eine Blase erinnert. Ein Dom weist meist nur eine Höhe von etwa 100 m auf; sein Durchmesser kann einige Kilometer betragen. Es wird angenommen, daß die Dome durch innere, möglicherweise vulkanische Kräfte des Mondes entstanden sind.

Ein **Doppelstern** wird aus 2 Sternen gebildet, die sich unter dem Einfluß ihrer gegenseitigen Massenanziehung gemäß

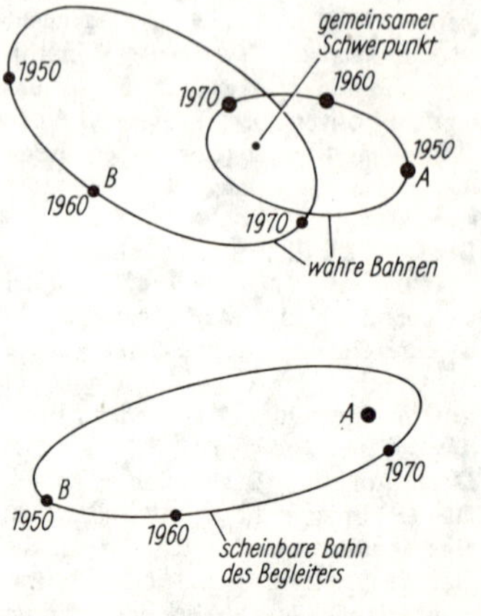

Doppelstern: wahre und scheinbare Bahnen in einem Doppelsternsystem

den Keplerschen Gesetzen um einen gemeinsamen Schwerpunkt bewegen. Die beiden Sterne *(Komponenten)* heißen Hauptstern und Begleiter, oft A und B geschrieben. Können sie im Fernrohr getrennt gesehen werden, so spricht man von einem *visuellen Doppelstern.* Verrät sich die Anwesenheit eines Begleiters dagegen nur durch periodische Verschiebungen von Spektrallinien, so heißt das Objekt *spektroskopischer Doppelstern.* Ein Doppelstern ist ohne weitere optische Hilfsmittel (z. B. ↑ Interferometer) nicht trennbar, wenn der scheinbare Abstand (Distanz) der Komponenten kleiner ist als etwa 0,1″. Auch die ↑ *Bedeckungssterne* gehören zu den Doppelsternen, obwohl sie nicht getrennt gesehen werden können. *Astrometrische Doppelsterne* erscheinen im Fernrohr als Einzelsterne, lassen aber periodische Schwankungen ihrer Eigenbewegung erkennen, die durch unsichtbare Begleiter bewirkt werden.

Visuelle Doppelsterne ermöglichen in bestimmten Fällen die Ermittlung der ↑ Masse ihrer Komponenten. Bei sehr engen Doppelsternen bewirkt die Gravitation, daß sich die Komponenten verformen oder daß sogar Masse zwischen ihnen ausgetauscht wird. – Bekannte Doppelsterne sind z. B. ↑ Mizar, Prokyon, Sirius, Alpha Centauri. ↑ Mehrfachstern, ↑ kataklysmische Doppelsterne. – *Abb.; Tab.*

Der **Dopplereffekt** [nach dem österreich. Physiker Christian Doppler (1803 bis 1853)] besteht darin, daß die von einer relativ zum Beobachter hin bewegten Lichtquelle kommenden Lichtwellen am Ort des Beobachters mit einer anderen Frequenz als der ausgestrahlten wahrgenommen werden. Zerlegt man das Licht einer Lichtquelle, die sich dem Beobach-

Doppelstern: gut beobachtbare Doppelsterne

Bezeichnung des Doppelsterns	RA h min	Dekl. °	Scheinbare Helligkeiten m		Scheinbarer Abstand (Distanz) Bogensekunden (″)
65Psc	0.47	+27,4	6,3	6,3	4
ψ^1 Psc	1.03	+21,2	5,6	5,8	30
γ Ari	1.51	+19,1	4,8	4,9	8
γ And	2.01	+42,1	2,4	5,1	10
τ Tau	4.39	+22,9	4,3	7,3	63
λ Ori	5.32	+ 9,9	3,7	5,7	4
σ Ori AD	5.36	− 2,6	3,8	6,9	13
σ Ori AE	5.36	− 2,6	3,8	6,7	42
β Mon AB	6.26	− 7,0	4,7	5,2	7
γ Cnc	8.09	+17,8	5,0	6,6	6
γ Leo	10.17	+20,1	2,6	3,8	4
γ Vir	12.39	− 1,2	3,7	3,7	5
α CVn	12.54	+38,6	2,9	5,5	20
ζ UMa	13.22	+55,2	2,4	4,1	14
178Lib	15.36	− 8,6	6,5	6,6	12
ν Sco	16.09	−19,3	4,4	6,6	41
ν Dra	17.31	+55,2	4,9	4,9	62
ζ Lyr	18.43	+37,5	4,3	5,7	44
ε Lyr	18.43	+39,6	4,4	4,8	224
δ Ser	18.54	+ 4,2	4,5	4,9	22
β Cyg	19.29	+27,9	3,2	5,3	35
γ Del	20.44	+16,0	4,5	5,4	10
61Cyg	21.05	+38,5	5,6	6,4	28
ξ Cep	22.02	+64,4	4,6	6,6	7

ter nähert, so sind die Spektrallinien zum violetten Ende des Spektrums verschoben. Bei einer sich vom Beobachter entfernenden Lichtquelle tritt dagegen eine ↑ Rotverschiebung auf. Der Doppler-Effekt ist nicht nur bei Lichtwellen wahrzunehmen, sondern z. B. auch bei Radio- oder Schallwellen, deren Quellen eine Relativbewegung zum Beobachter ausführen. So erscheint das Motorengeräusch eines sich nähernden Kraftfahrzeuges einem stillstehenden Beobachter höher als das eines sich entfernenden Fahrzeuges.

Dorado [⟨span.] ↑ Goldfisch.

Das **Dorsum** [⟨lat.] ist ein Höhenrücken auf der ↑ Mondoberfläche. ↑ Rücken.

Der **Drache** oder lat. *Draco* (Genitiv *Draconis*), Abk. *Dra*, ist ein großes zirkumpolares Sternbild am nördlichen Sternhimmel. In ihm befindet sich der nördliche Pol der Ekliptik.

Die **Draconiden** [⟨lat.] sind ein ↑ Meteorstrom.

drakonitisch [⟨lat. ⟨griech.; drakon, „Drachen"]: auf die ↑ Knoten der Mondbahn (früher Drachenpunkte genannt) bezogen. Der *drakonitische Monat* ist die Zeitspanne zwischen 2 aufeinanderfolgenden Durchgängen des Mondes durch den aufsteigenden Knoten. Er dauert im Mittel 27 Tage 5 h 5 min 36 s. Wegen der Drehung der Knotenlinie läuft der aufsteigende Knoten der Mondbewegung entgegen; deshalb ist der drakonitische Monat um 0,11 Tage kürzer als der siderische Monat. ↑ siderisch.

drehbare Sternkarte ↑ Sternkarte.

Das **Dreieck** oder lat. *Triangulum* (Genitiv *Trianguli*), Abk. *Tri*, ist ein kleines Sternbild am nördlichen Sternhimmel. Es kulminiert Ende Oktober um Mitternacht. In ihm befindet sich das bereits in kleinen Fernrohren sichtbare Sternsystem M33 (Dreiecksnebel), das zur ↑ lokalen Gruppe gehört.

Die **Dreifarbenfotometrie** [⟨dt. + ⟨griech.] ist eine besondere Form der ↑ Mehrfarbenfotometrie.

Die **Drei-Kelvin-Strahlung** oder *kosmische Hintergrundstrahlung* ist eine im Radiofrequenzbereich beobachtbare, aus allen Richtungen völlig gleichmäßig auf die Erde einfallende Strahlung, die einer Strahlungstemperatur von rund 3 K entspricht. Diese Strahlung kann als Überrest eines früheren Zustandes des Weltalls angesehen werden, in der es beträchtlich dichter und heißer war als in der Gegenwart. Die Drei-Kelvin-Strahlung wird daher auch als *Reliktstrahlung (Reststrahlung)* bezeichnet. Sie ist eine starke Stütze der kosmologischen Theorie von der kosmischen ↑ Singularität und der nachfolgenden und noch heute andauernden ↑ Expansion des Weltalls. ↑ Gamow.

Als **Dreikörperproblem** wird die Aufgabe bezeichnet, die Bewegung dreier Massen zu beschreiben, die einander umlaufen unter dem Einfluß ihrer gegenseitigen Massenanziehung. Das ist ein zentrales Problem der ↑ Himmelsmechanik. Für den allgemeinen Fall ist das Dreikörperproblem nicht lösbar. Es gibt einige wenige Ausnahmefälle (bezüglich der Stellung der 3 Körper), die eine genaue Lösung ermöglichen. In anderen Fällen (wenn eine der 3 Massen verhältnismäßig klein gegenüber den beiden anderen ist) lassen sich Näherungslösungen finden.

Als **Druckverbreiterung** oder *Stoßverbreiterung* bezeichnet man eine Verbreiterung der Linien im ↑ Spektrum, die durch Zusammenstöße der die Linie erzeugenden Atome oder Moleküle entsteht.

D-Schicht ↑ Ionosphäre.

Der **Dumbbellnebel** [sprich: dam-] ↑ Hantelnebel.

Dunkelwolke ↑ interstellarer Staub.

Als **Durchgang** bezeichnet man **1.** den Vorübergang eines der inneren Planeten der Erde (Merkur und Venus) vor der Sonne. Solche Ereignisse finden selten statt, da Merkur und Venus normalerweise „über" oder „unter" der Sonne – von der Erde aus gesehen – vorbeiziehen. Nur wenn sich der Planet in seiner unteren ↑ Konjunktion in oder nahe der Ekliptik befindet, ist ein Durchgang beobachtbar. *Tab.*

2. Als Durchgang bezeichnet man ebenfalls die Vorübergänge der Jupitermonde vor der scheinbaren Jupiterscheibe.

Das **Durchgangsinstrument** ↑ Passageinstrument.

Der *wahre* **Durchmesser** eines Himmelskörpers kann in vielen Fällen aus seinem *scheinbaren Durchmesser* (Winkeldurchmesser) und der Entfernung des Objekts ermittelt werden.

Dieser scheinbare Durchmesser gibt an, unter welchem Winkel der wahre Durchmesser, von der Erde aus gesehen, erscheint. Er ist bei vielen Himmelskörpern im Sonnensystem leicht meßbar.

Da die Winkeldurchmesser der Sterne – ausgenommen die Sonne – für eine direkte Messung zu klein sind, müssen die wahren Durchmesser auf andere Weise bestimmt werden, z.B. durch a) Beobachtungen mit einem ↑ Interferometer, b) durch Beobachtung von ↑ Sternbedekkungen durch den Mond werden Aussagen über die wahren Sterndurchmesser gewonnen, da sich der Mond dabei in einer meßbaren Zeit vor den Stern schiebt. c) Eine nicht sehr genaue Methode benutzt die Zahlenwerte für Temperatur und Leuchtkraft zur Berechnung des wahren Durchmessers. d) Ein sehr genaues Verfahren ist die Auswertung der Lichtkurve von ↑ Bedeckungssternen. Hierbei werden die Dauer der totalen Bedeckung und die Gesamtdauer des Bedeckungsvorganges gemessen und (mittels Spektralbeobachtung) die Bahngeschwindigkeit des Begleitsterns ermittelt. Aus diesen Daten lassen sich die Durchmesser beider Komponenten errechnen. – Der Durchmesser eines Sterns gehört zu seinen ↑ Zustandsgrößen.

Die **Durchmusterung** ist ein ↑ Sternkatalog, der vielfach mit einem ↑ Sternatlas verbunden ist und alle Sterne bis zu einer bestimmten scheinbaren Helligkeit *(Grenzhelligkeit)* enthält. Die bekannteste ist die *Bonner Durchmusterung*, Abk. *BD* (1859/62 aufgestellt), in der über 300000 Sterne der nördlichen Himmelhalbkugel aufgeführt sind.

Die **Dynamische Erdzeit** [⟨griech. bzw. ⟨dt.] oder *terrestrische dynamische Zeit*, Abk. *TDT*, ist ein streng gleichförmiges Zeitmaß, das seit dem 1. 1. 1984 als einheitliche Zeitskale für die ↑ Ephemeridenzeit benutzt wird. Einheit der Dynamischen Erdzeit ist die Sekunde des internationalen Einheitensystems (SI).

Durchgang: Merkur- und Venusdurchgänge

a) Merkurdurchgänge zwischen 1970 und 2000
09. 05. 1970
10. 11. 1973
13. 11. 1986
06. 11. 1993
15. 11. 1999
b) Venusdurchgänge zwischen 1880 und 2020
6. 12. 1882
8. 06. 2004
5./6. 06. 2012

E

E: Zeichen für ↑ elliptische Galaxien.

Ebbe ↑ Gezeiten.

Ebene der Ekliptik ↑ Ekliptik.

Arthur Stanley **Eddington** [sprich: -tən], geb. 18. 12. 1882, gest. 22. 11. 1944, war ein englischer Astrophysiker. Er entdeckte u. a. wesentliche Gesetzmäßigkeiten des inneren Aufbaus der Sterne und die ↑ Masse-Leuchtkraft-Beziehung.

Die **effektive Temperatur** ↑ Temperatur.

In **Effelsberg** (BRD), 40 km südöstlich von Bonn in einem Talkessel der Eifel, befindet sich das mit 100 m Reflektordurchmesser größte bewegliche ↑ Radioteleskop der Welt. Es gehört zum Max-Planck-Institut für Radioastronomie, Bonn, und ermöglicht den Empfang kosmischer Radiowellen im Bereich zwischen 8 mm und 20 m Wellenlänge.

Eichfeld ↑ Stellarstatistik.

Eidechse oder lat. *Lacerta* (Genitiv *Lacertae*), Abk. *Lac*, heißt ein unauffälliges Sternbild am Nordhimmel. Es kulminiert Ende August gegen Mitternacht.

Die **Eigenbewegung** eines Sterns ist seine Ortsveränderung an der Himmelskugel, gemessen in Bogensekunden je Jahr oder Jahrhundert. Die Eigenbewegung ist die Projektion der wahren räumlichen Bewegung an die Himmelskugel. Sie ist bei den meisten Sternen sehr klein; die größte Eigenbewegung hat

↑ Barnards Stern. ↑ Abb. Radialgeschwindigkeit.

Der **Eindeutigkeitssatz des Sternaufbaus** besagt, daß die Zustandsgrößen und der innere Aufbau sowie der Entwicklungsweg eines Sterns lediglich von der Masse und der chemischen Zusammensetzung dieses Sterns abhängen.

Das **Einhorn** oder griech. *Monoceros* (Genitiv *Monocerotis*), Abk. *Mon*, ist ein aus schwachen Sternen bestehendes Sternbild des Winterhimmels. Es liegt zwischen Orion und Großem Hund.

Im **Einsteinturm** [nach dem dt. Physiker A. Einstein (1879–1955)] in Potsdam (auf dem Telegraphenberg) befindet sich das Sonnenobservatorium des Zentralinstituts für Astrophysik der Akademie der Wissenschaften der DDR. Das Gebäude – 1920/21 aus Beton erbaut – enthält ein ↑ Turmteleskop mit 14,5 m Brennweite. *Abb.*

Einsteinturm

Die **Einundzwanzig-Zentimeter-Linie** oder *21-cm-Linie* ist eine ↑ Radiofrequenzstrahlung auf der Wellenlänge 21 cm, die von den neutralen Wasserstoffatomen im ↑ interstellaren Gas ausgesandt wird. Sie entsteht, wenn sich der Drehimpuls des Elektrons (der Spin) relativ zu dem des Atomkerns ändert. Die 21-cm-Linie kann auch in Absorption beobachtet werden. Das äußert sich so, daß in einer kontinuierlich über einen breiten Wellenlängenbereich empfangenen Radiostrahlung die Wellenlänge 21 cm geschwächt ist oder gänzlich fehlt.

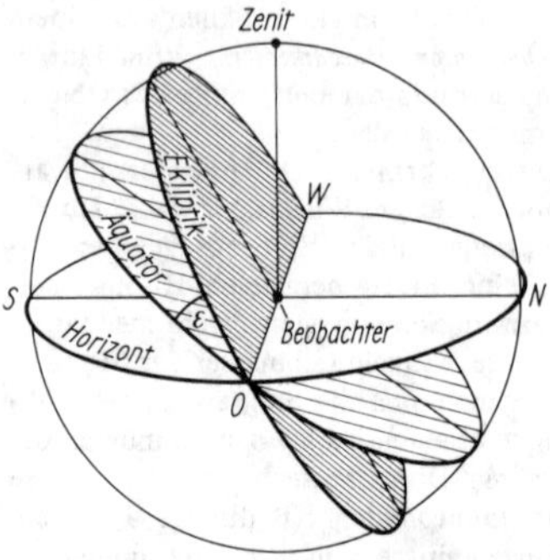

Ekliptik und Himmelsäquator. Für den Beobachter geht der Frühlingspunkt unter. Der Winkel ε ist die Schiefe der Ekliptik

Der **Eisenmeteorit** ↑ Meteorit.

Die **Ekliptik** [⟨griech.] oder *Tierkreislinie* ist die scheinbare Sonnenbahn an der Himmelskugel; sie durchzieht den Sternenhimmel in Form eines größten Kugelkreises an der scheinbaren Himmelskugel. Auf ihr legt die Sonne ihre scheinbare jährliche Bewegung zurück. Diese Bewegung ist ein Spiegelbild der wahren Umlaufbewegung der Erde um die Sonne. Auch die wahre Bahn der Erde um die Sonne wird Ekliptik genannt; die Bahnebene heißt *Ebene der Ekliptik.* ↑ Schiefe der Ekliptik. – *Abb.*

Das **Ekliptiksystem** [s.o. + ⟨lat. ⟨griech.] gehört zu den Koordinatensystemen. Seine Grundebene ist die Ebene der Ekliptik, seine Koordinaten heißen ekliptikale ↑ Länge und ekliptikale ↑ Breite. Beide werden in Winkelmaß gezählt und sind vom Ort des Beobachters auf der Erde unabhängig. Das Ekliptiksystem findet vor allem bei der Berechnung der Planetenbewegungen Verwendung. Da sich die Neigung der Ekliptik gegen den Himmelsäquator (gegenwärtig 23°26′) langsam verändert, bleiben die ekliptikalen Koordinaten eines Punktes an der Himmelskugel über längere Zeit nicht konstant. Für die meisten Aufgaben kann ihre Änderung jedoch vernachlässigt werden. ↑ Tab. Koordinaten.

Der **Elara** heißt ein Mond des Jupiter. ↑ Tab. Satelliten.

Als **Elefantenrüssel** bezeichnet man ein in eine helle Wolke des ↑ interstellaren Gases schlauchartig hineinragendes, dunkleres Gebiet aus kühlerem, neutralem Wasserstoff. Derartige Bereiche neutralen Gases inmitten von H II-Gebieten treten in manchen hellen Nebeln in großer Zahl auf.

Die **elektromagnetischen Wellen** sind eine Form der Ausbreitung und Übertragung von Energie. **Sie entstehen, wenn Ladungen bewegt (beschleunigt oder** verzögert) **werden, d. h., wenn sich** elektrische **Ströme zeitlich ändern.** Technisch kann dieser Vorgang in einem Schwingkreis oder einem Dipol angeregt werden. Auch angeregte Ionen, Atome und Moleküle senden (emittieren) elektromagnetische Wellen aus. Mit den elektromagnetischen Wellen breiten sich elektrische und magnetische Felder (kurz: ein elektromagnetisches Feld) aus. Im Vakuum (gasverdünnter oder -leerer Raum, z. B. Weltall) breiten sich elektromagnetische Wellen mit ↑ Lichtgeschwindigkeit aus,

elektromagnetische Wellen: Frequenzen und Wellenlängen der Bereiche elektromagnetischer Wellen

	Vorkommen bzw. Verwendung	Frequenzbereich	Wellenlängenbereich
Längstwellen (Niederfrequenz)	Technik, Telefonie	30 bis 10000 Hz 10 bis 30 kHz	10^4 bis 30 km 30 bis 10 km
Langwellen	Rundfunkwellen (Hochfrequenz)	30 bis 300 kHz	10 bis 1 km
Mittelwellen		300 bis 1650 kHz	1000 bis 182 m
Kurzwellen		1,65 bis 30 MHz	182 bis 10 m
Ultrakurzwellen		30 bis 300 MHz	10 bis 1 m
Dezimeterwellen	Nachrichtenübertragung: Radar, Richtfunk u.a., *nichtoptische Astronomie* (Radioteleskop)	300 bis 3000 MHz	1 bis 0,1 m
Zentimeterwellen		3 bis 30 GHz	10 bis 1 cm
Millimeterwellen		30 bis 300 GHz	10 bis 1 mm
Mikrowellen	Wärmestrahlung	300 bis 3000 GHz	1 bis 0,1 mm
Infrarot (IR-, Ultrarot-)-Strahlung		$3 \cdot 10^{11}$ bis $3{,}9 \cdot 10^{14}$ Hz	1 mm bis 760 nm
Sichtbares Licht	Fernrohr	$3{,}9 \cdot 10^{14}$ bis $8{,}3 \cdot 10^{14}$ Hz	760 bis 360 nm
Ultraviolett-(UV-)Strahlung		$8{,}3 \cdot 10^{14}$ bis $3 \cdot 10^{16}$ Hz	360 bis 10 nm
Röntgenwellen	Elektronen-, Katodenstrahlung	$3 \cdot 10^{16}$ bis $3 \cdot 10^{20}$ Hz	10 bis 0,001 nm
Gammastrahlen	Radioaktivität	$3 \cdot 10^{19}$ bis $3 \cdot 10^{21}$ Hz	0,01 bis 0,0001 nm
Kosmische Strahlung	Weltall	$>10^{21}$ Hz	$<10^{-13}$ mm

Bemerkung: Die Wellenbereiche sind in Natur und Technik nicht so streng eingeteilt, sie gehen ineinander über und bilden insgesamt das sogenannte *elektromagnetische Spektrum.*

das unterscheidet sie u. a. von ↑ Teilchenstrahlung. Elektromagnetische Wellen sind z. B. Rundfunkwellen, Licht-, Röntgen- und Gammastrahlen. Sie können mit sehr verschiedenen Instrumenten nachgewiesen werden. – Die Radioastronomie untersucht die ↑ Radiofrequenzstrahlung (Radiowellen) mit Wellenlängen zwischen 1 mm und 20 m. ↑ Spektralanalyse. – *Tab.*

Unter **Elemententstehung** wird die Bildung der chemischen Elemente im Weltall verstanden. Eine Theorie der Elemententstehung muß auch ihre gegenwärtige Verteilung, die ↑ Elementenhäufigkeit, erklären.

Elemente entstanden und entstehen durch Reaktionen von Atomkernen und Elementarteilchen. Sie bilden sich z. B. im Innern der Sterne bei der ↑ Energiefreisetzung. Wasserstoff wird in Helium umgewandelt (genau genommen: die Atomkerne werden umgewandelt), dieses in Kohlenstoff, Sauerstoff usw. Derartige Reaktionen führen bis zur Bildung von Eisen. Die Elemente, deren Atome schwerer sind als Eisenatome, bilden sich wahrscheinlich aus Atomkernen durch Einfangen von Neutronen.

Alte und massereiche Sterne können als ↑ Supernovae explodieren und dabei einen Teil der Materie aus ihrem Innern in das Weltall verstreuen. So reichern sich die ↑ interstellare Materie und die daraus entstehenden Sterne im Laufe der Zeit mit schweren Elementen an. Jüngere Sterne enthalten daher in der Regel einen größeren Anteil an schwereren Elementen als ältere.

Der Wasserstoff, aus dem in den Energiefreisetzungsprozessen die schwereren Elemente entstehen, und ein beträchtlicher Teil des heute vorhandenen Heliums haben sich jedoch nicht im Innern der Sterne gebildet. Ihre Entstehung hängt eng mit der kosmologischen ↑ Singularität zusammen. Wahrscheinlich vollzog sie sich in den ersten Minuten nach der Singularität in dem heißen und dichten Feuerball. –↑ chemische Zusammensetzung eines Sterns.

Die **Elementenhäufigkeit** ist die prozentuale Verteilung der chemischen Elemente im Weltall, in einzelnen Bereichen des Weltalls oder in bestimmten Himmelskörpern. Vielfach wird sie als Verhältnis zu einer Häufigkeit eines anderen Elements angegeben. Die Ermittlung der Elementenhäufigkeit durch die unmittelbare chemische Untersuchung ist nur für die Oberflächen von Erde und Mond sowie für die Meteoriten möglich; für andere Körper wird die Elementenhäufigkeit durch ↑ Spektralanalyse des Lichtes festgestellt.

Für das gesamte Weltall ergibt sich die *mittlere kosmische Elementenhäufigkeit.* Sie zeigt, daß Wasserstoff und Helium die weitaus häufigsten Elemente sind. Nach den schweren Elementen hin nimmt die Häufigkeit stark ab; besonders gering sind die Häufigkeiten der Elemente Lithium, Beryllium und Bor, besonders groß ist die des Eisens. *Tab.*

Die **Ellipse** [⟨griech.] ist ein ↑ Kegelschnitt. Sie entsteht als Menge aller Punkte der Ebene, für die die Summe der Abstände zu zwei gegebenen Punk-

Elementenhäufigkeit: Verhältnis der Häufigkeit bestimmter Atome zur Häufigkeit des Wasserstoffs

Auf 1000 Wasserstoffatome entfallen

In der Sonnenatmosphäre	In der Erdrinde	In den Steinmeteoriten	
63	0	0	Heliumatome (He)
0,4	2,5	160	Kohlenstoffatome (C)
0,09	1	0	Stickstoffatome (N)
0,7	3100	400	Sauerstoffatome (O)
0,04	800	125	Siliciumatome (Si)

ten (den *Brennpunkten*) stets gleichbleibend (konstant) ist. Diese Summe ist gleich der *großen Achse* der Ellipse; der halbe Abstand der Brennpunkte voneinander ist die *lineare Exzentrizität.* Das Bild der Ellipse ist eine ebene ovale geschlossene Kurve. ↑ Abb. Kegelschnitt. – Adjektiv: *elliptisch.*

Die **elliptischen Galaxien** [s. o. bzw. ⟨griech.⟩], Zeichen *E*, sind große ↑ Sternsysteme, die keine innere Struktur erkennen lassen und wie symmetrische Sternwolken aussehen. Sie unterscheiden sich voneinander im Grad ihrer Abplattung und in ihren Massen. Elliptische Zwergsysteme enthalten nur 100000 (= 10^5) Sonnenmassen, es gibt aber auch elliptische Überriesensysteme mit nahezu 10 Billionen (= 10^{13}) Sonnenmassen. Allen elliptischen Galaxien ist das nahezu völlige Fehlen der ↑ interstellaren Materie gemeinsam. Auch heiße Sterne und Überriesen fehlen ihnen. Knapp ¼ aller beobachteten Sternsysteme zählt zu den elliptischen Galaxien.

Die **Elongation** [⟨lat.⟩] ist der Abstand des Längenkreises eines Gestirns von dem der Sonne, gemessen auf der Ekliptik als Winkel in Grad (°). Für die Planeten, die stets nahe der Ekliptik zu finden sind, kann die Elongation angenähert als Winkel Planet – Beobachter – Sonne aufgefaßt werden. Steht das Gestirn westlich (rechts) der Sonne auf der Ekliptik, so geht es in den Morgenstunden vor ihr auf. Ein östlich (links) der Sonne befindliches Gestirn ist in den Abendstunden nach Sonnenuntergang zu beobachten. Für die innerhalb der Erdbahn um die Sonne laufenden („inneren") Planeten Merkur und Venus ist die Elongation durch die Größe der jeweiligen Planetenbahn begrenzt; sie beträgt bei Merkur bis zu 27°, bei Venus bis zu 47°.

Der **Emissionsnebel** [⟨lat. + ⟨dt.⟩] ↑ interstellares Gas, ↑ Nebel.

Das **Emissionsspektrum** [s. o.] ↑ Spektrum.

Der **Enceladus** [⟨lat.⟩] heißt ein Mond des Saturn. ↑ Tab. Satelliten. *Abb.*

Die **Enckesche Teilung** [nach dem Astronomen J. F. Encke (1791–1865)] im ↑ Saturnring trennt den äußeren sichtbaren Ring (A-Ring) in 2 nahezu gleich breite Teile. Sie kann nur in großen Fernrohren gesehen werden.

Die **Energiefreisetzung** in den Sternen erfolgt weitgehend durch ↑ Kernfusion, also durch Verschmelzungen von Atomkernen. Am Beginn der Sternentwick-

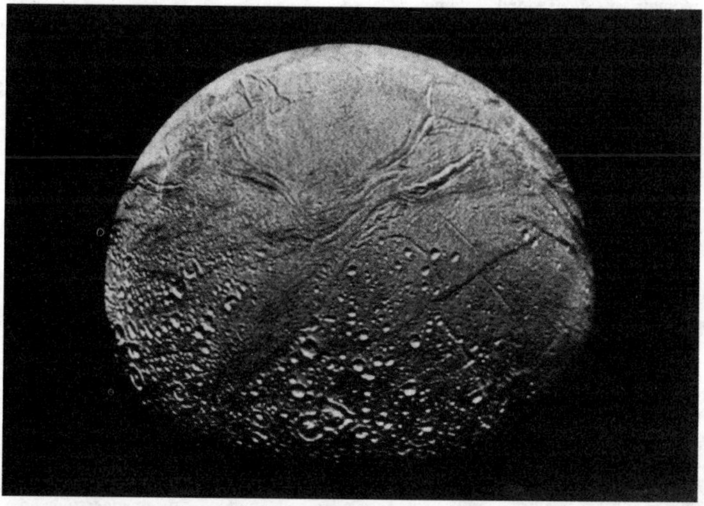

Saturnmond Enceladus

lung und in bestimmten späteren Entwicklungsphasen liefern auch Kontraktionsvorgänge Energie. Bei der *Kernfusion* werden verschiedene Reaktionen unterschieden, deren Auftreten und Wirksamkeit stark von Dichte und Temperatur abhängig sind. Sie spielen sich in den dichtesten und heißesten Gebieten des Sterns, also in seiner Zentralregion, ab. In der Sonne läuft vorwiegend die ↑ *Proton-Proton-Reaktion* ab, in massereicheren Sternen der ↑ *C-N-O-Zyklus.* In Sternen, deren Zentralgebiet Temperaturen über 100 Mill. K aufweist, geht die Kernfusion nach dem ↑ *Salpeter-Prozeß* vor sich.

Die Kontraktion des Sterns bedeutet eine Umwandlung von potentieller Energie in Wärme- und Strahlungsenergie. Sie ist jedoch nur für verhältnismäßig kurze Zeitspannen wirksam. – Die *mittlere Energiefreisetzung* ist eine der ↑ Zustandsgrößen eines Sterns.

Die **Entfernung** von Himmelskörpern wird innerhalb des Sonnensystems in ↑ astronomischen Einheiten (AE), außerhalb dessen in ↑ Parsek, manchmal auch in ↑ Lichtjahren angegeben.

Die **Entfernungsbestimmung** von Himmelskörpern geschieht vor allem durch geometrische oder durch fotometrische Methoden.

Bei den *geometrischen* oder *trigonometrischen Methoden* wird der Himmelskörper von den Endpunkten einer Strecke, deren Länge bekannt sein muß (Basisstrecke), anvisiert. Man mißt den Unterschied der Blickrichtungen, die ↑ Parallaxe, und errechnet daraus die Entfernung. Für Himmelskörper im Sonnensystem nimmt man als Basisstrecke den Erdradius oder eine entsprechende Strecke auf der Erde. Die Entfernungen der Sterne sind so groß, daß als Basisstrecke der Radius oder Durchmesser der Erdbahn verwendet werden muß. So ergibt sich die *jährliche Parallaxe*, ein Winkel, der mit einer Genauigkeit von 0,003 Bogensekunden gemessen werden kann. Aus der Parallaxe p enthält man die Entfernung r durch die Gleichung $r = 1/p$, wenn man p in Bogensekunden einsetzt, erhält man r in ↑ Parsek. Auch die *säkulare Parallaxe* gestattet eine Entfernungsbestimmung; weiterhin liefert die Beobachtung der Bewegung von Sterngruppen und Doppelsternsystemen in bestimmten Fällen die Möglichkeit, die Entfernungen dieser Objekte zu ermitteln.

Die *fotometrischen Methoden* beruhen auf einem Vergleich zwischen scheinbarer und absoluter ↑ Helligkeit. Man kann die Entfernung r aus der Gleichung

$\lg r = (m - M + 5)/5$,

M absolute Helligkeit, m scheinbare Helligkeit,

berechnen. Die scheinbare Helligkeit ist direkt meßbar; für die Ermittlung der absoluten Helligkeit oder der ihr entsprechenden Leuchtkraft werden unterschiedliche Verfahren benutzt. Sie kann z. B. aus der ↑ Spektralklasse, aus den ↑ Leuchtkraftkriterien oder bei bestimmten Veränderlichen aus der ↑ Perioden-Leuchtkraft-Beziehung gewonnen werden. ↑ Entfernungsmodul.

Der **Entfernungsmodul** [⟨lat.] eines Sterns ist die Zahl, die die Differenz zwischen seiner scheinbaren und seiner absoluten Helligkeit (m − M) angibt. Sie ist von der Entfernung des Sterns abhängig und wird bei der fotometrischen ↑ Entfernungsbestimmung verwendet.

Entstehung der Planeten ↑ Planetenentstehung.

Die **Entstehung der Sternsysteme** oder der Galaxien ist heute noch weithin ungeklärt. Sie muß vor 15 bis 20 Md. Jahren stattgefunden haben, zu einem Zeitpunkt, als die vorher ionisierte Materie im von uns gegenwärtig überschaubaren Bereich des Weltalls neutral wurde. Sternsysteme entstanden aus Gaswolken, die durch ihre eigene Gravitation zusammengezogen wurden. Solche Gaswolken können sich durch Instabilitäten, z. B. Dichteschwankungen, gebildet haben. Andere Hypothesen nehmen die Turbulenz des Ausgangsmaterials als Ursache und sehen in den entstehenden *Protogalaxien* die Ergebnisse des Zusammenstoßens großer Gaswirbel. Die Protogalaxien waren Wasserstoff-Helium-Wolken mit Temperaturen von mehreren 1000 K und Massen von einigen 100 Md. Sonnenmassen. Das ursprünglich gemäß der Urknall-Theorie auseinanderstrebende Gas verdichtete sich in den Protogala-

xien, so daß es zur ↑ Sternentstehung kommen konnte.
Eine der beschriebenen völlig entgegengesetzte Hypothese nimmt an, daß explosionsartige Ausschleuderungen aus den Kernen von Sternsystemen zur Bildung neuer Sternsysteme führen.

Entstehung eines Sterns ↑ Sternentstehung.

Die **Entweichgeschwindigkeit** ist die Geschwindigkeit, die einem Körper (z. B. einem Raumflugkörper oder einem atomsphärischen Gasteilchen) erteilt werden muß, damit er ohne weiteren Antrieb die Wirkungssphäre des Himmelskörpers verlassen kann, auf dem die Bewegung beginnt. Sie ist von dessen Masse und Radius abhängig. *Tab.*

Entweichgeschwindigkeiten von einigen Himmelskörpern

Himmelskörper	Entweichgeschwindigkeit in km/s
Erde	11
Mond	2
Merkur	4
Venus	10
Mars	5
Jupiter	59
Saturn	35
Sonne	617
Weißer Zwerg	≈4000

Entwicklung eines Sterns ↑ Sternentwicklung.

Die **Ephemeriden** [(griech.] sind vorausberechnete Angaben über den ↑ Ort eines Gestirns an der Himmelskugel. Sie werden meistens in Form einer Tabelle astronomischer ↑ Koordinaten veröffentlicht.

Die **Ephemeridenzeit** [s. o. + (dt.], Abk. *ET*, ist ein gleichförmiges Zeitmaß, das aus der Bahnbewegung der Erde abgeleitet wurde. Es war von 1952 bis 1983 in Gebrauch. ↑ Dynamische Erdzeit.

Der **Epimetheus** [(griech.] heißt ein Mond des Saturn. ↑ Tab. Satelliten.

Der **Epizykel** [(lat. (griech.; „Aufkreis"] ist im ↑ geozentrischen Weltbild ein Hilfskreis, mit dessen Hilfe die Rückläufigkeiten und die Schleifenbahnen der Planeten erklärt wurden. Die Erde befindet sich nach dieser Darstellung in der Mitte eines großen Kreises (des *Deferenten*). Auf diesem bewegt sich der Mittelpunkt eines kleineren Kreises (*Epizykel* oder Aufkreis), der den Planeten trägt. Da der Planet den Mittelpunkt des Epizykels umläuft und dieser gleichzeitig auf dem Deferenten weiterrückt, kommt eine Schleifenbahn des Planeten zustande.

Die **Epoche** [(lat. (griech.] ist der Zeitpunkt, auf den sich die Koordinaten, Bahnelemente oder anderen zeitabhängigen Größen eines Himmelskörpers beziehen. Berechnet man z. B. die Koordinaten eines Planeten für den 1. 1. 1990, so nennt man dieses Datum die Epoche der betreffenden Koordinaten.

Der **Equuleus** [sprich: ekule-us; (lat.; „Füllen"] ↑ Pferdchen.

Eratosthenes *von Kyrene*, geb. um 282 v. u. Z., gest. um 202 v. u. Z., war ein vielseitiger griechischer Gelehrter und Naturforscher; vor allem Geograph und Mathematiker, von dem u. a. das bekannte Verfahren zur Gewinnung von Primzahlen stammt *(Sieb des Eratosthenes)*. Er lebte in Alexandria. Er berechnete als erster aus astronomischen Beobachtungen die Größe der Erde: Durch Messungen der Polhöhe an 2 verschiedenen Orten in Ägypten bestimmte er den Erdumfang mit 46250 km.

Als **erdartige Planeten** [(lat. (griech.] bezeichnet man die Planeten Merkur, Venus, Erde, Mars. Sie haben wesentlich kleinere Durchmesser, kleinere Massen und größere mittlere Dichten als die ↑ jupiterartigen Planeten. In bezug auf Atmosphäre und Oberflächengestalt sind Merkur, Venus und Mars allerdings der Erde sehr unähnlich.

Die **Erdatmosphäre** [(dt. + (griech.; atmós „Dunst", sphaira „Kugel"] ist die Lufthülle um die Erde. Sie umgibt die Erde allseitig und geht in etwa 4000 km Höhe allmählich in den Weltraum über. Luft ist ein Gemisch verschiedener Gase: 78 % (Volumenprozent) Stickstoff, 21 % Sauerstoff, 1 % Edelgase, 0,03 % Kohlen-

dioxid. Sie kann bis zu 4 % Wasserdampf enthalten, der zusammen mit dem Kohlendioxid und den staubförmigen Verunreinigungen einen Wärmeschutz bildet. In Abhängigkeit von der Temperatur wird die Erdatmosphäre in verschiedene Schichten eingeteilt.
In der *Troposphäre* spielen sich die Wettervorgänge ab; hier ist fast der gesamte Wasserdampf konzentriert. Die Troposphäre ist durchschnittlich 10 km hoch. Die *Stratosphäre* enthält in 25 km Höhe eine Ozonschicht (dreiatomiger Sauerstoff), die als Filter gegen die Ultraviolettstrahlung der Sonne wirkt. Auch andere Strahlungsarten (Gamma-, Röntgen-, Teilchenstrahlung) werden durch

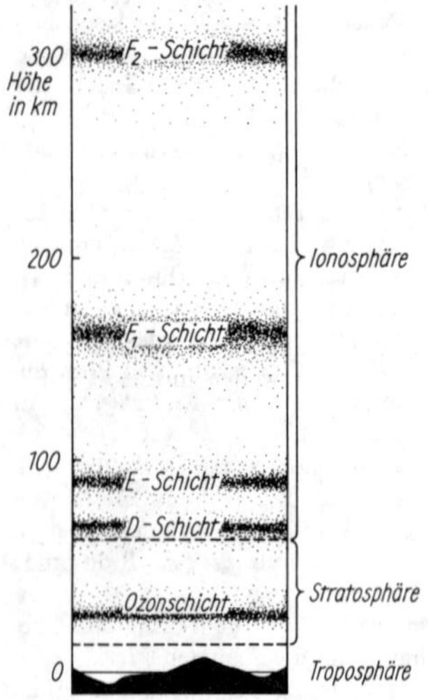

unterer Teil der Erdatmosphäre

die Erdatmosphäre absorbiert. Sie ist daher ein unentbehrlicher Schutz für alle lebenden Organismen. Die *Ionosphäre* ist durch eine hohe Dichte freier Elektronen gekennzeichnet. Sie vermag bestimmte Rundfunkwellen zu reflektieren und zu absorbieren. Diese Wirkung muß in der Funktechnik berücksichtigt werden. In ihr unterscheidet man 4 Schichten (↑ Tab. Ionosphäre).
Auf astronomische Beobachtungen hat die Erdatmosphäre durch ↑ Refraktion, ↑ Extinktion und ↑ Szintillation, aber auch durch Bewölkung erheblichen Einfluß. Deshalb und wegen der Absorption vieler Strahlungsarten durch die Atmosphäre werden die erdgebundenen Beobachtungen zunehmend durch extraterrestrische Methoden der astronomischen Forschung ergänzt. *Abb., Tab.*
Die **Erdbahn** ist die Bahn der Erde um die Sonne; sie ist eine dem Kreis sehr ähnliche Ellipse. Ihre große Halbachse beträgt 149,6 Mill. km, der Abstand zwischen dem Mittelpunkt und einem Brennpunkt (die lineare ↑ Exzentrizität) 2,5 Mill. km. – Die *Ebene der Erdbahn* heißt auch Ebene der ↑ Ekliptik. – ↑ Abb. Mondbahn.
Die **Erde** ist der – von der Sonne aus gezählt – 3. Planet des Sonnensystems. Sie gehört zu den ↑ erdartigen Planeten. *Tab. 1.*
Die ***Bewegung der Erde*** im Sonnensystem vollzieht sich auf einer kreisähnlichen Bahn um die Sonne (↑ Erdumlauf, ↑ Erdbahn). Die Bahngeschwindigkeit ist in Sonnenferne (Aphel) etwas geringer als in Sonnennähe (Perihel). Außerdem dreht sich (rotiert) die Erde um ihre Polachse von West nach Ost; diese Bewegung spiegelt sich in der scheinbaren

Erdatmosphäre: Aufbau

Schicht	Höhe	Druck	Zusammensetzung
Exosphäre	1000 bis 4000 km		O (atomarer Sauerstoff)
↗ Ionosphäre	60 bis 1000 km	0,001 mb in 120 km Höhe	O_2, O, N_2, NO
Stratosphäre	10 bis 60 km	1 mb in 50 km Höhe	N_2, O_2, O_3 (Ozon)
Troposphäre	bis 10 km über der Erdoberfläche	225 mb in 10 km Höhe; 1013 mb in 0 km Höhe	N_2, O_2

Drehung der Himmelskugel (in ost-westlicher Richtung) wider. Diese Bewegung (die ↑ *Erdrotation*) ist die Grundlage für die Zeitmessung; jedoch wurde durch Vergleich mit sehr genauen Uhren erkannt, daß die Erde nicht mit gleichförmiger Geschwindigkeit rotiert. Auch die Lage der Rotationsachse im Erdinneren ist nicht fest. – Durch Erdrotation und Erdumlauf werden die scheinbaren Bewegungen der Himmelskörper an der Himmelskugel verursacht. *Tab. 2.*

Die ***Gestalt der Erde*** ist in erster Näherung eine Kugel, bei genauerer Betrachtung ergibt sich ein an den Polen schwach abgeplattetes Rotationsellipsoid. Die ganz genaue Vermessung der Erde ergab eine noch kompliziertere Figur, die als ↑ Geoid bezeichnet wird. So steht z. B. der Nordpol um über 40 m weiter vom Erdmittelpunkt ab als der Südpol. ↑ Erdoberfläche.

Die ***Erforschung des Erdinneren*** ist Aufgabe der Geophysik. Durch direkte Untersuchungen (Bohrungen) werden nur geringe Tiefen in der Erdkruste erreicht, daher ist man auf indirekte Methoden (z. B. die Beobachtung von Erdbebenwellen) angewiesen. Die Erde besteht aus *4 Schichten:* Die feste und spröde, in bewegliche Platten geteilte Kruste ist unter den Ozeanen 6–10 km, unter den Kontinenten 30–60 km dick. Darunter liegt bis zu einer Tiefe von rund 1000 km ein Mantel aus zähflüssigem Silikatgestein (Magma). Noch weiter innen befindet sich der Kern, dessen äußere Bereiche flüssig, dessen Inneres (ab 5000 km Tiefe) jedoch wahrscheinlich fest ist. Der Kern dürfte aus metallischem Eisen bestehen; in seinen flüssigen Bereichen gibt es eine Konvektionsströmung

Erde, Tab. 1:
Die Erde als Planet

a) *Daten der Erde*
Polradius: 6356,775 km
Äquatorradius: 6378,160 km
mittlerer Radius: 6371,032 km
Abplattung: 1 : 298,25
Erdumfang über die Pole: 40009,150 km
Masse: 5,976 · 10^{24} kg = rund 6 Quatrilliarden t
mittlere Dichte: 5,518 g/cm^3
b) *Entfernungen*
Entfernung Erde–Mond: 0,384 Mill. km
Entfernung Erde–Sonne im Perihel: 147,1 Mill. km
Entfernung Erde–Sonne im Aphel: 152,1 Mill. km
mittlere Entfernung Erde–Sonne: 149,6 Mill. km = 1 AE
Entfernung Erde–Mars: 55,8 bis 399,9 Mill. km
Entfernung Erde–Mars bei Opposition am 28. 9. 1988: 58,8 Mill. km
Entfernung Erde–Venus: 41 bis 257 Mill. km

Erde, Tab. 2:
Die Erde im Sonnensystem

a) *Rotation der Erde* (Drehung der Erde um 360°)
(siderische Rotationsdauer: 23 h 56 min 4,091 s („Sterntag“, „siderischer Tag“)
Rotationsdauer nach der mittleren Sonne: 24 h = 1 Tag („Sonnenzeit“, Sonnentag“)
b) *Umlauf der Erde* (um die Sonne)
Umfang der Erdbahn: 939,964 Mill. km
(tropische) Umlaufzeit: 365,2422 Tage = 365 Tage 5 h 48 min 46 s
(siderische) Umlaufzeit: 365 Tage 6 h 9 min 9 s
mittlere Bahngeschwindigkeit: 29,785 km/s
Schiefe der ↗ Ekliptik: 23,44° = 23° 26′

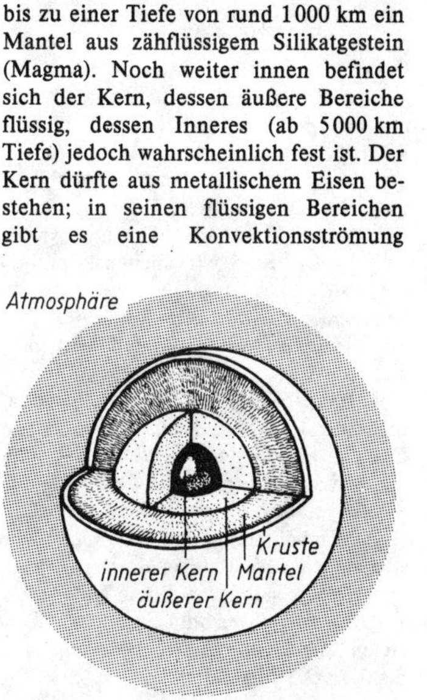

Aufbau der Erde

(↑ Konvektion), die das ↑ Magnetfeld der Erde verursacht. *Abb.*
Die ***Temperatur*** im Erdmittelpunkt beträgt ungefähr 6400 K und nimmt zur Oberfläche hin stetig ab (Tab. 3). Dadurch entsteht eine nach außen gerichtete Wärmeströmung, die an der Erdoberfläche etwa 0,06 Watt/m^2 beträgt. Diese Wärme aus dem Erdinneren ist die wesentliche Energiequelle für Vulkanismus, Erdbeben und Gebirgsbildung. Sie stammt aus dem Zerfall radioaktiver Elemente (z. B. Uran).

Erde, Tab. 3: Das Erdinnere

Tiefe in km	Temperatur in K	Dichte in g/cm^3
0	280	2,6
100	1200	3,4
1000	3000	4,6
3000	4500	9,8
5000	6000	12,5
6371	6400	13,0

Die Erde als Ganzes ist zu Eigenschwingungen, ähnlich einer Glocke, fähig. Derartige Schwingungen treten nach starken Erdbeben auf und können mehrere Tage hindurch anhalten.
Die Erde ist von einer Lufthülle (↑ Erdatmosphäre) und von einer Wasserhülle umgeben. Das Magnetfeld der Erde baut eine ↑ Magnetosphäre auf, aus der sich Bereiche intensiver Teilchenstrahlung, die ↑ Strahlungsgürtel der Erde, deutlich herausheben. Außerdem führt die Erde eine Wolke von Staubteilchen mit sich.
Das ***Alter der Erde*** wird heute allgemein mit etwa 4,5 Md. Jahren angenommen. Für die Entstehung der Erde kommen die gleichen Vorgänge in Betracht wie für die Entstehung der anderen Planeten (↑ Planetenentstehung). – Im Sonnensystem ist die Erde wahrscheinlich der einzige Himmelskörper, auf dem Leben entstehen und sich entwickeln konnte. Die ersten Lebensformen entstanden vor mehr als 3,5 Md. Jahren.
Erdmond ↑ Mond.
Die **Erdoberfläche** wird ständig durch Verwitterung und innere, gebirgsbildende Kräfte umgestaltet. Sie ist in große, starre Platten aufgeteilt, die ozeanische und kontinentale Flächen tragen und sich in ständiger Bewegung befinden. Sie schwimmen auf dem zähflüssigen Gestein des darunter befindlichen Erdmantels (↑ Erde). Diese Bewegung wird als Ursache der Erdbeben, des Vulkanismus und der Gebirgsbildung angesehen. Dort, wo sich Platten voneinander entfernen, quillt Material empor und bildet einen Rücken. Bewegen sich zwei Platten gegeneinander, so wird häufig die eine unter die andere gepreßt und löst sich im flüssigen Gestein des Erdmantels auf.
Es kann auch zu einem Auftürmen von Plattenmaterial kommen; so entstehen Hochgebirge.
Die Kontinente der Erde sind mindestens 2,5 Md. Jahre alt. In der Frühzeit der Erde hat ihre Oberfläche sicher den gleichen Anblick geboten, wie heute die Oberflächen von Mond und Merkur. Während bei diesen Himmelskörpern jedoch keine nennenswerten Krustenbewegungen und vor allem keine atmosphärische Verwitterung auftraten, sind die früheren Oberflächenformen auf der Erde weitgehend ausgelöscht worden. Flüsse, Gletscher, Wellen, Strömungen und Wind bewirken, daß Erhebungen auf den Kontinenten um durchschnittlich 8,6 cm in 1000 Jahren abgetragen werden.
Die **Erdrotation** [⟨dt. + ⟨lat.] oder *Rotation der Erde* ist die Umdrehung der Erde um ihre eigene Achse in west-östlicher Richtung. Sie erfolgt nahezu gleichmäßig und bewirkt die scheinbare Drehung des Himmels von Ost nach West im Verlaufe eines Tages und die Entstehung von Tag und Nacht. Eine Umdrehung dauert 23 h 56 min 4 s (= 1 Sterntag). – Die Rotationsachse der Erde verändert ihre Richtung im Raum infolge der ↑ Präzession; allerdings wird diese Verlagerung erst im Verlaufe sehr langer Zeiträume merklich.
Erdsatellit ↑ Mond.
Erdtrabant ↑ Mond.
Der **Erdumlauf** oder die *Revolution der Erde* ist die Bewegung der Erde auf der Erdbahn um die Sonne. Ein vollständi-

ger Umlauf dauert ein Jahr; je nach dem Bezugspunkt unterscheidet man das ↑ siderische, das ↑ tropische und das ↑ anomalistische Jahr. Ein (gregorianisches) Kalenderjahr dauert 365,2425 Tage (↑ Kalender). Wegen der nahezu raumfesten Lage der Erdachse ist der Erdumlauf Ursache für das Entstehen der Jahreszeiten. ↑ Erdbahn.

Der **Eridanus** [⟨lat. ⟨griech.; Genitiv *Eridani*], Abk. *Eri*, ist ein ausgedehntes Sternbild des südlichen Himmels. Ein großer Teil davon ist im Winter auch von Mitteleuropa aus beobachtbar; er befindet sich rechts (westlich) von Orion.

Der **Eros** [⟨lat.] heißt ein ↑ Planetoid, dessen Bahn z. T. innerhalb der Marsbahn verläuft und der deshalb der Erde näher kommen kann als einer der großen Planeten. Seine geringste Entfernung von der Erde beträgt 22 Mill. km, seine Helligkeit in der Opposition 11,4 Größenklassen, seine große Bahnhalbachse 1,46 AE. Eros wurde 1898 entdeckt.

erstes Viertel ↑ Mondphasen.

Die **Eruption** [⟨lat.] ↑ chromosphärische Eruption.

Eruptionsveränderliche [s. o.] ↑ Veränderliche.

ESO ↑ La Silla.

ET: Abk. für Ephemeridenzeit.

Die **Europa** heißt der zweite der 4 großen Jupitermonde. Die Oberfläche ist wahrscheinlich mit einer meterdicken Schicht aus Eis oder einem Gemenge von Eis und Gestein bedeckt. ↑ Tab. Satelliten.

Die **Exosphäre** [⟨griech.] ist ein Teil (eine Schicht) der ↑ Erdatmosphäre (mit Tab.).

Die **Expansion des Weltalls** [⟨lat.], d. h. eine *Ausdehnung des Weltalls*, äußert sich in einer radial vom Milchstraßensystem weggerichteten Bewegung der Sternsysteme. Diese Bewegung erfolgt um so schneller, je weiter ein Sternsystem entfernt ist. Sie ist in Gestalt des ↑ Hubbleeffekts beobachtbar, einer ↑ Rotverschiebung der Linien in den Spektren der Galaxien. Die dabei beobachtete Mittelpunktstellung des Milchstraßensystems ist nur scheinbar; Beobachter auf anderen Sternsystemen würden den gleichen Eindruck gewinnen.

Wenn die Ausdehnung des Weltalls in der Vergangenheit ständig mit gleicher Geschwindigkeit erfolgte, muß vor 12 bis 15 Md. Jahren das gesamte gegenwärtig überschaubare Weltall auf einem sehr kleinen Raum vereinigt gewesen sein. Die Materie muß zu dieser Zeit in Form sehr dichter und sehr heißer Strahlung existiert haben.

Die ↑ Drei-Kelvin-Strahlung wird heute als Überrest dieses Zustandes gedeutet. – Verb: *expandieren* – ausdehnen.

Das **Experiment** [⟨lat.] ↑ Astronomie.

Die **Extinktion** [⟨lat.] ist die Schwächung einer Strahlung beim Durchgang durch die Erdatmosphäre oder durch die Materie im interstellaren Raum. Die Erdatmosphäre bewirkt eine Lichtschwächung durch Streuung und Absorption an kleinen Staubteilchen und Gasmolekülen. Diese Wirkung ist bei kleinen Wellenlängen stärker als bei großen, deshalb ist der Taghimmel blau gefärbt und die durch die Atmosphäre hindurch beobachteten Himmelskörper erscheinen gelblich oder rötlich verfärbt. Im Raum zwischen den Sternen üben die Teilchen des ↑ interstellaren Staubes den gleichen Einfluß aus.

extragalaktisch ↑ außergalaktisch.

extraterrestrisch [⟨lat.]: außerhalb der Erde. – Die *extraterrestrische Astronomie* ist die von Raumfahrzeugen oder von den Oberflächen anderer atmosphäreloser Himmelskörper (z. B. Erdmond) aus betriebene astronomische Forschung, bei der die störenden Einflüsse der Erdatmosphäre entfallen.

Die **Exzentrizität** [⟨lat. ⟨griech.] ist eine der Kenngrößen eines ↑ Kegelschnitts. Die *lineare Exzentrizität e* gibt den Abstand der Brennpunkte vom Mittelpunkt in Längenmaß an. Die *numerische Exzentrizität ε* ist das Verhältnis der linearen Exzentrizität zur großen Halbachse einer Bahn: $\varepsilon = e/a$ (ohne Maßeinheit). Sie ist eines der ↑ Bahnelemente. – Adjektiv: *exzentrisch:* keinen gemeinsamen Mittelpunkt habend, vom Mittelpunkt abweichend.

F

David **Fabricius**, geb. 9. 3. 1564, gest. 7. 5. 1615, war ein deutscher Pfarrer und Liebhaberastronom. Er stellte 1596 fest, daß die Helligkeit des Sterns o Ceti in weiten Grenzen schwankt; damit entdeckte er erstmals die Veränderlichkeit eines Sterns. Fabricius gehört auch zu den Entdeckern der ↑ Sonnenflecken und der Rotation der Sonne.

Als **Fackel**, *Fackelgebiet* oder *Sonnenfakkel*, eine Erscheinung der ↑ Sonnenaktivität, bezeichnet man ein Gebiet auf der Sonne, das durchschnittlich um 10 % heller ist als seine Umgebung. Die untere Photosphäre ist in Fackelgebieten etwas kühler, die hohe Chromosphäre dagegen heißer als normal. Fackeln treten stets in enger Verbindung mit Sonnenflecken auf und zeigen wie diese eine mit der ↑ Sonnenaktivität schwankende Häufigkeit. Am besten sind sie in der Nähe des Sonnenrandes zu beobachten. ↑ Sonnenfleck.

Das **Fadenmikrometer** ↑ Mikrometer.

Das **Farben-Helligkeits-Diagramm**, Abk. *FHD*, ist eine Abart des ↑ Hertzsprung-Russell-Diagramms (HRD). Im FHD tritt an die Stelle der Spektralklasse im HRD die Farbe der Sterne, angegeben durch den leichter bestimmbaren ↑ Farbenindex, und an die Stelle der absoluten Helligkeit tritt die scheinbare. Das FHD wird vorwiegend für Sternhaufen aufgestellt; da in diesem Falle die Sterne praktisch gleichweit entfernt sind, gelten die scheinbaren Helligkeiten bereits als Maß für die Leuchtkräfte. *Abb.*

Der **Farbenindex** [⟨dt. + ⟨lat.], Abk. *FI* oder engl. *CI* ist ein Maß dafür, wie sich in der Strahlung eines Himmelskörpers die Intensität auf die einzelnen Spektralbereiche (Farben) verteilt. Er gibt einen zahlenmäßigen Ausdruck für die überwiegende Farbe der Strahlung. Um ihn zu bestimmen, ermittelt man die Intensität der Strahlung (die Helligkeit m des Sterns) in 2 unterschiedlichen Spektralbereichen und bildet die Differenz $FI = m_{kurzwellig} - m_{langwellig}$. Der (heute selten verwendete) *internationale Farbenindex* benutzt die fotografische (Blau-) Helligkeit und die visuelle (Gelb-) Helligkeit. Bläuliche Sterne besitzen in diesem System Farbenindizes um −0,4, rötliche Sterne um +1,3. Genauere Aussagen sind durch die Farbenindizes des UBV-Systems zu gewinnen. ↑ Mehrfarbenfotometrie, ↑ Farbexzeß.

Der **Farbexzeß** [s. o. +⟨lat.] ist ein Maß für die Verfärbung des Sternlichtes. Er wird als Differenz zwischen dem ↑ Farbenindex des betreffenden Sterns und dem mittleren Farbenindex seiner ↑ Spektralklasse angegeben. Eine derartige Verfärbung tritt z. B. ein, wenn sich zwischen Stern und Beobachter ↑ interstellarer Staub befindet.

Die **Farbtemperatur** ↑ Temperatur.

Der **Feldstecher** ↑ Fernglas.

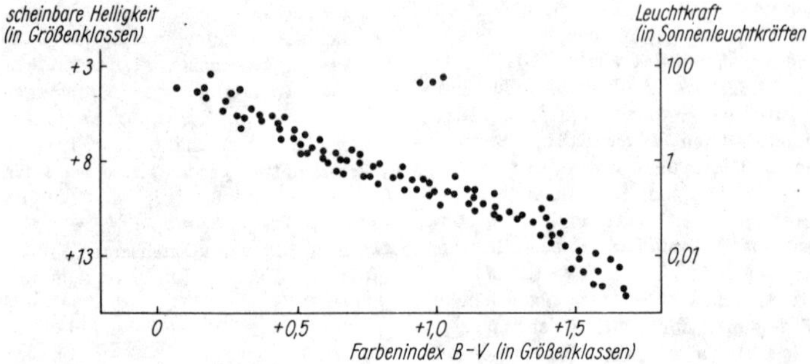

Farben-Helligkeits-Diagramm eines offenen Sternhaufens

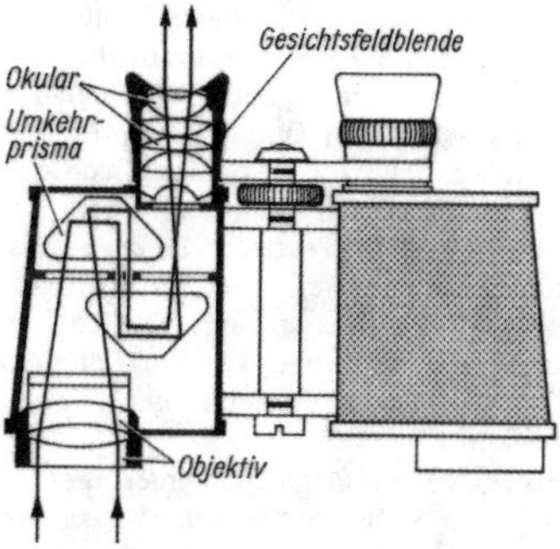

Fernglas. Strahlengang beim Prismenfernglas mit zwei Umkehrprismen

Das **Fernglas** oder auch *Feldstecher* ist ein kleines, doppeltes ↑ Fernrohr, in dem meistens der Strahlengang durch Prismen mehrfach gespiegelt wird, so daß der Abstand zwischen Objektiv und Okular und damit auch die Baulänge des Instruments geringer ist als die Brennweite des Objektivs. Die Prismen bewirken außerdem, daß ein aufrechtes Bild entsteht; das ist insbesondere bei der Beobachtung irdischer Objekte notwendig. Die beiden zu einem Gerät zusammengefaßten Fernrohre können auf den Augenabstand des Beobachters eingestellt werden.

Die Leistung eines Fernglases wird durch die Angabe der Vergrößerung und des Objektivdurchmessers folgendermaßen gekennzeichnet: die Angabe 10 × 50 bedeutet eine 10fache Vergrößerung und einen Objektivdurchmesser von 50 mm. Ferngläser eignen sich sehr gut zu bestimmten astronomischen Beobachtungen, insbesondere zur Beobachtung von Kometen, Nebeln, Sternhaufen und der Milchstraße. ↑ Albireo. – *Abb.*

Das **Fernrohr** oder **1.** lat. *Telescopium* (Genitiv Telescopii), Abk. *Tel,* ist ein Sternbild am Südhimmel, das in Mitteleuropa nicht beobachtet werden kann.

2. Das Fernrohr oder *Teleskop* [(griech.] ist das wichtigste Instrument der Astronomie, es dient dazu, die Himmelskörper zu beobachten (↑ astronomische Beobachtungsinstrumente). Einerseits kann der (natürliche oder künstliche) Himmelskörper visuell (d. h. mit dem menschlichen Auge) beobachtet bzw. (mit einer Kamera am Fernrohr) fotografiert werden; andererseits kann das Sternlicht zur Helligkeitsmessung in ein ↑ Fotometer oder zur spektralen Untersuchung in einen Spektralapparat geleitet werden.

Arten: Man unterscheidet bei den optischen Fernrohren das *Linsenfernrohr (Refraktor)* und das *Spiegelteleskop (Reflektor).*

Aufbau: Bei beiden Arten fällt das vom Objekt kommende Licht zunächst auf eine lichtsammelnde Optik, das *Objektiv,* das beim Refraktor eine Sammellinse bzw. eine als Sammellinse wirkende Kombination optischer Linsen ist. Beim Reflektor wird das Licht durch einen Hohlspiegel, der kugelförmige oder parabolische Form haben kann, gesammelt. Das Objektiv erzeugt in seiner Brennebene eine reelle Abbildung des Objekts. Mittels einer starken Lupe, des *Okulars,* wird diese Abbildung betrachtet. Bei der fotografischen Beobachtung kann auf das Okular verzichtet und das vom Objektiv entworfene Bild direkt auf einer fotogra-

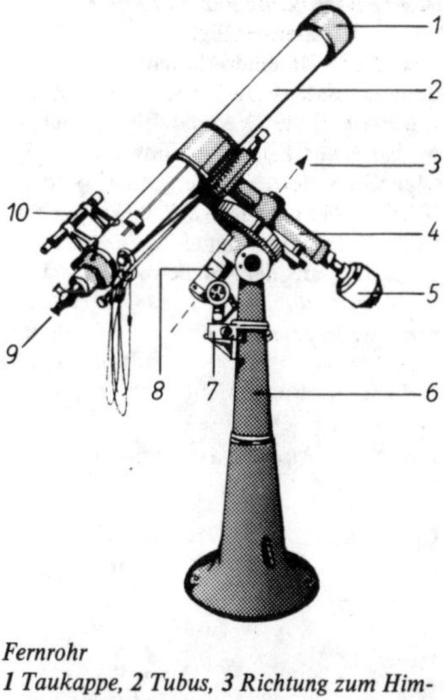

Fernrohr
1 Taukappe, 2 Tubus, 3 Richtung zum Himmelsnordpol, 4 Deklinationsachse, 5 Ausgleichsgewicht, 6 Säule, 7 Nachführungsmotor, 8 Stundenachse, 9 Okular, 10 Sucher

fischen Schicht abgebildet werden. – Objektiv und Okular sind in einem massiven oder durchbrochenen Rohr, dem *Tubus*, derart montiert, daß die Entfernung zwischen beiden zur Einstellung der höchsten Bildschärfe verändert werden kann. Meistens ist an der Außenseite des Tubus ein kleines, schwach vergrößerndes Fernrohr mit großem Sehfeld, der *Sucher*, befestigt, mit dem das gesuchte Objekt anvisiert wird. *Abb.* – Fernrohre, die speziell für fotografische Beobachtungen konstruiert sind, besitzen kein Okular. Sie tragen außer dem Sucher ein größeres visuelles Fernrohr, *Leitfernrohr* oder *Leitrohr*, mit langer Brennweite, das zur Kontrolle der Nachführung verwendet wird. Alle größeren Fernrohre sind auf ortsfesten ↑ Montierungen mit drehbaren Achsen aufgestellt und mit Schutzbauten (abfahrbaren Dachkonstruktionen oder drehbaren Kuppeln) umgeben.

Aufgaben: Die beiden wesentlichen Aufgaben des Fernrohrs sind die *Vergrößerung* des Winkels, unter dem der Beobachter das Objekt erblickt, und die *Verdichtung des einfallenden Energiestromes.* Flächenhafte Objekte (Sonne, Mond, Planeten, Kometen, Nebel, Sternsysteme) werden im Fernrohr vergrößert abgebildet. Die ↑ Vergrößerung (Zeichen *N*) kann aus Objektivbrennweite f_1 und Okularbrennweite f_2 berechnet werden: $N = f_1/f_2$. Punktförmige Objekte (z. B. Sterne) erscheinen heller als bei der Beobachtung mit dem bloßen Auge. – Das Verhältnis Durchmesser des Objektivs zu Brennweite des Objektivs (d:f) nennt man *Öffnungsverhältnis.* Instrumente mit großem Öffnungsverhältnis (z. B. 1:3) ergeben besonders helle Bilder flächenhafter Objekte. Bei punktförmigen Objekten hängt die vom Objektiv gesammelte Energie nur vom Durchmesser des Objektivs ab. Deshalb werden zur Beobachtung sehr schwacher Sterne Fernrohre mit großem Objektivdurchmesser (bis 6 m) benötigt. Bei allen Fernrohrarten treten ↑ Abbildungsfehler auf, die durch geeignete Wahl und Konstruktion der Optik genügend klein gehalten werden müssen. *Tab.*

Formen: *Linsenfernrohre* werden, besonders für Sonnenbeobachtung, auch als ↑ Turmteleskope gebaut. Eine Sonderform des Linsenfernrohrs ist der ↑ Astrograph. ↑ Schulfernrohr. – *Spiegelteleskope* werden in sehr unterschiedlichen Ausführungen gebaut, z. B. als ↑ Cassegrainteleskop, ↑ Coudételeskop, ↑ Maksutowteleskop, ↑ Newtonteleskop oder als ↑ Schmidtspiegel. *Abb.* – Spiegelteleskope mit mehr als einem Hauptspiegel *(Mehrspiegelteleskope, MMT)* befinden sich zur Zeit in der Erprobung.

Eine in der Astronomie wenig verwendete Sonderform ist das *Galileische* oder *holländische Fernrohr.* Bei ihm besteht das Okular aus einer Zerstreuungslinse, das

Fernrohr: Grenzhelligkeit bei visueller Beobachtung

Objektivdurchmesser in mm	Grenzhelligkeit in Größenklassen
50	9,1
100	10,7
150	11,6
200	12,3
300	13,2

Fernrohr: 2-m-Spiegelteleskop des Karl-Schwarzschild-Observatoriums Tautenburg

Gesichtsfeld ist klein und weist einen diffusen Rand auf. Von Vorteil ist die große Lichtstärke. Operngläser sind oft als Galileische Fernrohre konstruiert.

Die **Feuerkugel** oder der *Bolid* ist ein sehr helles ↑ Meteor mit einer scheinbaren Helligkeit von −4 Größenklassen und heller. Da bei einer solchen Erscheinung der erzeugende ↑ Meteoroid bis in die tieferen Schichten der Erdatmosphäre gelangt und hier stark abgebremst wird, beobachtet man an Feuerkugeln oft starke Helligkeitsänderungen, Geschwindigkeitsabnahme und manchmal einen völligen Zerfall. Auch akustische Erscheinungen (Donner) können mit Feuerkugeln verbunden sein.

FHD: Abk. für ↑ Farben-Helligkeits-Diagramm.

FI: Abk. für ↑ Farbenindex.

Das **Filament** [(lat.; „Faden"] ist **1.** eine Erscheinung der ↑ Sonnenaktivität, eine ↑ Protuberanz, die sich nicht am Sonnenrand, sondern auf der dem Beobachter zugewandten Fläche der Sonne befindet und im einfarbigen Licht als dunkles, wurmartiges Gebilde erscheint. Ihre Dichte ist etwas höher, ihre Temperatur im allgemeinen etwas niedriger als die ihrer Umgebung.

2. Filament ist auch die Gestalt von bestimmten leuchtenden Nebeln des interstellaren Gases.

Eine **Finsternis** ereignet sich, wenn Sonne, Erde und Mond in oder nahezu in einer Geraden stehen. Der Mond, dessen Bahn um 5° 9′ gegen die Ebene der Ekliptik geneigt ist, überschreitet diese Ebene bei jedem Umlauf zweimal; die Schnittpunkte seiner Bahn mit der Ekliptikebene heißen Knoten. Eine Finsternis kann nur dann stattfinden, wenn sich der Mond in der Nähe eines Knotens befindet.

1. Fällt ein Knotendurchgang mit der Neumondphase zusammen, dann verdeckt der Mond – von der Erde aus gesehen – die Sonne, es entsteht eine *Sonnenfinsternis.* Die Spitze des Mondschattenkegels, die auf der Erde einen Kernschattenfleck von günstigstenfalls 270 km Durchmesser beschreibt, wandert infolge der Bahnbewegung des Mondes und der Erdrotation in west-östlicher Richtung über die Erdoberfläche. Sie überstreicht nur einen schmalen Streifen, die *Totalitätszone,* für die die Finsternis total (vollständig) ist.

Da die Sonne eine flächenhafte Lichtquelle ist, entstehen auf der Schattenseite des Mondes der Kernschatten, in dessen Inneres kein Licht eindringt, und der Halbschatten, in den ein Teil der Strahlung gelangt. Im Kernschatten ist die Finsternis total, die Totalität kann bis zu 7,5 min dauern. Im Halbschatten ist die Finsternis eine teilweise *(partielle)* Finsternis, d. h., für einen Beobachter im Gebiet des Halbschattens wird die Sonne nur zu einem Teil vom Mond verdeckt.

Steht der Mond in Erdnähe und die Erde

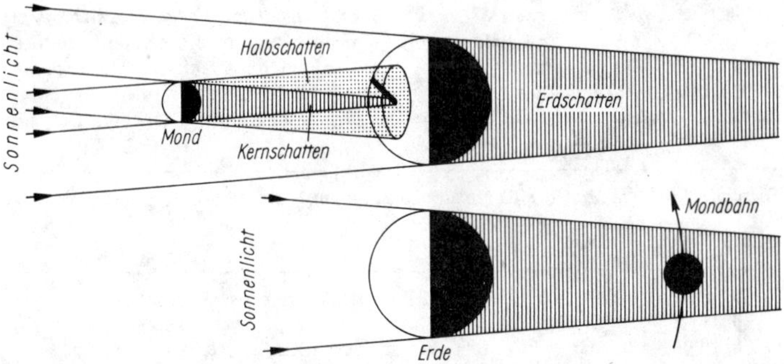

Finsternis: Entstehung einer totalen Sonnenfinsternis (oben) und einer totalen Mondfinsternis (unten)

Finsternis: Mondfinsternis etwa 11 min nach dem Ende der Totalität

Finsternis: Mondfinsternis etwa 18 min vor dem Austritt aus dem Kernschatten

Finsternis, Tab. 1: in Mitteleuropa beobachtbare Mondfinsternisse zwischen 1985 und 2000

Datum	MEZ	Art der Finsternis
04. 05. 1985	21^h	total
28. 10. 1985	19^h	total
17. 10. 1986	20^h	total
10. 02. 1989	17^h	total
17. 08. 1989	4^h	total
09. 02. 1990	20^h	total
10. 12. 1992	1^h	total
29. 11. 1993	7^h	total
25. 05. 1994	4^h	partiell
04. 04. 1996	1^h	total
27. 09. 1996	4^h	total
24. 03. 1997	6^h	partiell
16. 09. 1997	20^h	total
21. 01. 2000	6^h	total

(mit dem Mond) in Sonnenferne, so ist der Mond scheinbar größer als die Sonne und die Finsternis besitzt eine Totalitätszone. Erscheint von der Erde aus der Mond kleiner als die Sonne, so entsteht eine *ringförmige* Sonnenfinsternis. Sie kann bis zu 11,8 min dauern. Befindet sich aber der Neumond nicht genau im Knoten, so wird die Finsternis nur partiell gesehen. Für einen bestimmten Ort ist eine Sonnenfinsternis ein recht seltenes Ereignis, obwohl solche Erscheinungen jährlich zwischen zwei- und fünfmal auftreten. Auf der Erde in 50° nördlicher Breite kommt es im Mittel alle 315 Jahre zu einer totalen, alle 226 Jahre zu einer ringförmigen (zentralen) Sonnenfinsternis.

2. Eine *Mondfinsternis* ereignet sich, wenn der Vollmond in Knotennähe eintritt. Der Mond durchläuft den Erdschatten und wird für einige Zeit (bis zu 102 min) nicht von der Sonne beleuchtet. Deshalb

Finsternis, Tab. 2: in Mitteleuropa beobachtbare Sonnenfinsternisse zwischen 1985 und 2000

Datum	MEZ	Sichtbarkeit
10. 05. 1994	20^h	partiell, Ende nach Sonnenuntergang
12. 10. 1996	15^h	partiell, Sonne zu etwa 50% verfinstert
11. 08. 1999	12^h	total im Süden der BRD, in Österreich, Ungarn und Rumänien; in der DDR partiell mit 80%–94% Verfinsterung der Sonne

kann eine Mondfinsternis von allen Orten der Erde aus beobachtet werden, für die der Mond während dieser Zeit über dem Horizont steht. Wenn der Mond nicht vollständig in den Erdschatten eintaucht, entsteht eine partielle Mondfinsternis. Während der Totalität ist der Mond nicht völlig unsichtbar. Das ist durch die Wirkung der Erdatmosphäre zu erklären. Sie bricht die Sonnenstrahlen, die die Erde streifen, in den Kernschatten hinein.
Finsternistermine können in die Vergangenheit zurückverfolgt werden. Das hat Bedeutung für die Geschichtswissenschaft zur genauen Datierung geschichtlicher Ereignisse. *3 Abb.*
3. Auch bei den Monden des Jupiter kommt es zu Finsternissen. *2 Tab.*
Fische oder lat. *Pisces* (Genitiv *Piscium*), Abk. *Psc*, heißt ein Sternbild des ↑ Tierkreises. Es kulminiert im Herbst um Mitternacht; in ihm befindet sich der ↑ Frühlingspunkt.
Als **Fixstern** [lat. fixus „fest", „unabänderlich"] bezeichnete man früher jeden Stern (mit Ausnahme der Sonne), um den Unterschied zu anderen – mit dem bloßen Auge auch sternartig erscheinenden – Himmelskörpern zu betonen. Fixstern bedeutet *fixierter* (festgehefteter) *Stern*, im Gegensatz zu den an der scheinbaren Himmelskugel ortsveränderlichen Objekten (Planeten, Planetoiden, Kometen). Die Bezeichnung wird heute nur noch selten verwendet (man sagt besser ↑ Stern).
Die **Flächenhelligkeit** ist die Helligkeit flächenhaft erscheinender Objekte. Sie wird durch die Anzahl von Sternen einer bestimmten Helligkeit (in Größenklassen) angegeben, die, auf einer bestimmten Fläche verteilt, die gemessene Flächenhelligkeit ergeben. Die Flächenhelligkeiten einiger Milchstraßenwolken liegen z. B. zwischen 200 und 400 Sternen 10. Größe pro Quadratgrad.
Ein **Flackerstern** oder engl. *Flare-Stern, UV-Ceti-Stern*, ist ein kühler und schwacher Stern der ↑ Hauptreihe, dessen Helligkeit in unregelmäßigen Abständen innerhalb einiger Sekunden bis Minuten um 4 bis 6 Größenklassen ansteigt und anschließend in wenigen Minuten auf den Normalwert zurückgeht. Diese Erscheinungen, die den ↑ chromosphärischen Eruptionen auf der Sonne vergleichbar sind und wahrscheinlich auch auf ähnliche Weise entstehen, werden von Radiostrahlungsausbrüchen begleitet. Flackersterne gehören oft offenen Sternhaufen an.
Das **Flare** [sprich: flɛə; ⟨engl.; „helles, flackerndes Licht"] ↑ chromosphärische Eruption.
Das **Flash-Spektrum** [sprich: fläsch-; ⟨engl. bzw. ⟨lat.; „Blitz"] der ↑ Chromosphäre ist das Emissionsspektrum (↑ Spektrum) der Chromosphäre, das sonst nur als Absorptionsspektrum vor der Photosphäre erscheint. Es kann bei Sonnenfinsternissen für kurze Zeit beobachtet werden, wenn der Mond die alles überstrahlende Photosphäre völlig verdeckt, an einer Seite der Sonne aber die Chromosphäre für Sekunden sichtbar bleibt. Die Bezeichnung geht auf das blitzartige Aufleuchten des Spektrums im Spektroskop beim Verschwinden des letzten Photosphärenlichtes zurück.
Fliege oder lat. *Musca* (Genitiv *Muscae*), Abk. *Mus*, wird ein kleines Sternbild des südlichen Himmels genannt. Es ist von Mitteleuropa aus nicht sichtbar.
Die **fliegenden Schatten** sind eigenartige, schnell wechselnde Licht- und Schattenerscheinungen, die kurz vor Eintritt der Totalität bei einer totalen Sonnenfinsternis (↑ Finsternis 1.) auftreten. Sie sind auf Luftschlieren in der Erdatmosphäre zurückzuführen.
Fliegender Fisch oder lat. *Volans* (Genitiv *Volantis*), Abk. *Vol*, ist der Name eines Sternbildes am Südhimmel, das in Mitteleuropa unsichtbar ist.
Flocculi [⟨lat.; „Flöckchen", Singular: *Flocculus*] sind die hellen flockenartigen Bereiche auf ↑ Spektroheliogrammen der oberen Schichten der Chromosphäre.
Der **Florring** ↑ Tab. Saturnring.
Die **Flut** ↑ Gezeiten.
Der **Fokus** [⟨lat.] ↑ Brennpunkt.
Fomalhaut [⟨arab.; „Fischrachen"], Abk. α *PsA*, heißt der Hauptstern des Sternbildes Südlicher Fisch. Er kulminiert Anfang September gegen Mitternacht, für Berlin nur in 7,5° Höhe über dem Horizont. Seine Entfernung beträgt rund 23 ly.

Die **Fornax** [⟨lat.] ↑ Chemischer Ofen.

Die **Fossa** [⟨lat.] ist ein gradliniger Graben auf der Mondoberfläche.

Das **Fotometer** [⟨griech.; „Lichtstärkemesser"] ist ein Gerät zur Messung von Lichtmengen (Strahlungsintensitäten), z. B. zur Messung der scheinbaren Helligkeit eines Sterns. Es gibt visuelle (das Sehen betreffende), fotografische und lichtelektrische Fotometer. Bei den *visuellen* Fotometern wird die Helligkeit des Sternenlichtes mit der einer künstlichen, meßbar veränderlichen Lichtquelle unter Einschaltung des Auges verglichen (Wellenlängen etwa zwischen 400 und 700 nm). – Die *fotografischen Fotometer*, wie die Kamera, erfassen einen wesentlich breiteren Wellenbereich (zwischen 200 und 1100 nm). – Die *lichtelektrischen Fotometer* enthalten eine Empfängerzelle, die die Lichtenergie in elektrische Energie umformt; der so entstehende elektrische Strom kann gemessen werden. Als lichtelektrische Zellen werden meist ↑ Sekundärelektronenvervielfacher verwendet (Wellenlängen zwischen 300 und 1300 nm). – Die *thermoelektronischen Fotometer* benutzen die Wärmewirkung der empfangenen Strahlung, die durch ein Thermoelement in meßbare elektrische Werte umgewandelt wird oder im ↑ Bolometer den elektrischen Widerstand eines Leiters verändert, welcher dann gemessen wird. Thermoelektrische Fotometer arbeiten in einem sehr breiten Wellenlängenbereich.

Beim *Irisblendenfotometer* wird eine Irisblende benutzt, um das auf der fotografischen Schicht abgebildete Sternscheibchen einzuschließen. Die Öffnung der Blende ist dann ein Maß für die scheinbare Helligkeit des betreffenden Sterns. ↑ Mikrofotometer, ↑ Fotometrie.

Die **Fotometrie** oder *Photometrie* [s. o.; „Lichtmessung"] ist die Messung von Lichtmengen. Neben der ↑ Spektralanalyse gehört sie zu den wichtigsten Arbeitsmethoden der Astrophysik. Die Strahlungsstärke der verschiedenen Strahlungsquellen ist von der Wellenlänge der ausgesandten Strahlung abhängig, die Strahlungsempfänger sind für verschiedene Wellenlängen unterschiedlich empfindlich. ↑ Fotometer.

fotovisuell [⟨griech. + ⟨franz.]: mittels fotografischer Aufnahme, aber durch ein Gelbfilter beobachtet. Die fotovisuelle Helligkeitsbestimmung ermöglicht näherungsweise Aussagen darüber, wie hell ein Objekt dem menschlichen Auge erscheint. Sie ist der Farbempfindlichkeit des Auges angepaßt.

Joseph von **Fraunhofer**, geb. 6. 3. 1787, gest. 7. 6. 1826, war ein deutscher Physiker und Astronom. Er arbeitete mit großem Erfolg an der Weiterentwicklung der Fernrohroptik. Mit dem von ihm erfundenen Beugungsgitter ermittelte er die Wellenlängen der nach ihm benannten *Fraunhoferschen Linien* im Spektrum der Sonne (↑ Spektrum).

Der **Frühlingspunkt** oder *Widderpunkt* ist der Schnittpunkt von Himmelsäquator und Ekliptik, in dem die Sonne zum Frühlingsanfang auf ihrer scheinbaren Jahresbahn den Äquator in nördlicher Richtung überschreitet. Von ihm aus werden die Koordinaten ↑ Rektaszension und die ekliptikale ↑ Länge gezählt. Die Bezeichnung *Widderpunkt* geht auf die Situation vor rund 2000 Jahren zurück. Damals befand sich der Frühlingspunkt im Sternbild Widder; infolge der ↑ Präzession hat er sich seither in das Sternbild Fische verlagert. Dennoch bezeichnet man ihn mit dem traditionellen Widderzeichen (↑ Abb. astronomische Zeichen).

Die **F-Schichten** ↑ Tab. Ionosphäre.

Ein **F-Stern** ist ein Stern der ↑ Spektralklasse F.

Fuchs oder auch *Füchslein*, lat. *Vulpecula* (Genitiv *Vulpeculae*), Abk. *Vul*, heißt ein unscheinbares Sternbild am nördlichen Sternhimmel, das Ende Juli um Mitternacht kulminiert. Es liegt im Bereich der Milchstraße und enthält den ↑ *Hantelnebel.*

Fuhrmann oder lat. *Auriga* (Genitiv *Aurigae*), Abk. *Aur*, heißt ein Sternbild des nördlichen Himmels, in der Milchstraße gelegen. Es kann von September bis Mai abends beobachtet werden; Teile des Sternbildes sind bei uns zirkumpolar. Der Hauptstern ↑ Kapella gehört zum ↑ Wintersechseck.

Füllen ↑ Pferdchen.

Der **Fundamentalkatalog** [⟨lat. +

⟨griech.⟩ ist ein ↑ Sternkatalog mit besonders ausgewählten, äußerst genau vermessenen Koordinatenangaben. Die in ihm enthaltenen Sterne heißen *Fundamentalsterne.*

Fundamentalstern ↑ Fundamentalkatalog.

Fußpunkt ↑ Nadir.

G

G (Spektralklasse) ↑ G-Stern.

galaktisch [⟨griech.⟩: zum Milchstraßensystem (der Galaxis) gehörend oder aus ihm stammend. So sind *galaktische Nebel* in der Symmetrieebene des Milchstraßensystems angeordnete Nebel. – Der Gegensatz ist ↑ *außergalaktisch* oder *extragalaktisch.*

Galaktische Koordinaten [s. o. bzw. ⟨lat.⟩] werden bei Untersuchungen über den Aufbau des Milchstraßensystems verwendet. Die Grundlage dieses Koordinatensystems ist der galaktische ↑ Äquator, die Koordinaten heißen *galaktische* ↑ *Länge* und *galaktische* ↑ *Breite.*

Der **galaktische Pol** [s. o.] ist der Pol der Galaxis. ↑ Pol.

Als **galaktische Radiostrahlung** [s. o.] oder *galaktisches Rauschen* bezeichnet man die ↑ Radiofrequenzstrahlung aus dem Milchstraßensystem. Sie geht vom ↑ interstellaren Gas und von Elektronen aus, die sich unter dem Einfluß des ↑ interstellaren Magnetfeldes bewegen. Während das interstellare Gas vor allem Radiostrahlung in einzelnen, scharf voneinander abgegrenzten Frequenzen („Linien") liefert, erzeugen die Elektronen Radiostrahlung in einem breiten Frequenzbereich. In der Linienstrahlung des interstellaren Gases wurden eine große Anzahl Linien der ↑ interstellaren Moleküle entdeckt. – Neben der beschriebenen, nahezu gleichmäßig aus allen Richtungen oder aus verhältnismäßig großen Bereichen zur Erde gelangenden Strahlung werden auch viele sehr kleine *Radioquellen* beobachtet. Dazu gehören die Überreste von ↑ Supernova-Ausbrüchen, dichte Wolken des interstellaren Gases und einzelne Sterne.

Die galaktische Radiostrahlung kann die Erdatmosphäre nahezu ungehindert durchdringen und wird auch von interstellarer Materie wesentlich geringer geschwächt als sichtbares Licht. Sie liefert daher wichtige Informationen über die Bereiche der Galaxis, die optisch kaum oder gar nicht beobachtbar sind.

Das **galaktische Rauschen** [s. o. bzw. ⟨dt.⟩] ist eine nicht mehr gebräuchliche Bezeichnung für die ↑ galaktische Radiostrahlung.

Ein **galaktischer Nebel** [s. o. bzw. ⟨dt.⟩] ist eine Wolke ↑ interstellarer Materie im Milchstraßensystem. Er kann als Reflexionsnebel oder als Dunkelwolke des interstellaren Staubes oder als Emissionsnebel des interstellaren Gases auftreten; in der Regel handelt es sich um ein Gemisch aus Gas und Staub. Auch ↑ planetarische Nebel gehören dazu. Galaktische Nebel treten vor allem in der Symmetrieebene und innerhalb der Spiralarme des Milchstraßensystems auf. ↑ Nordamerikanebel, ↑ Orionnebel.

galaktischer Sternhaufen [s. o. bzw. ⟨dt.⟩] ↑ offene Sternhaufen.

Das **galaktische Zentrum** [s. o. bzw. ⟨lat.⟩] ↑ Kern der Galaxis.

Die **Galaxie** [s. o.; Plural Galaxien] ↑ Sternsystem.

Ein **Galaxienhaufen** oder auch *Galaxien-*

bedeutende Galaxienhaufen

Name des Galaxienhaufens	Anzahl der Galaxien	Entfernung in Mpc
Virgo (↗ Virgohaufen)	2 500	19
Pegasus I	100	65
Pisces	100	66
Cancer	150	80
Perseus	500	97
Coma (↗ Comahaufen)	800	113
Hercules	300	175
Leo	300	310
Corona borealis	400	350

Galaxienhaufen im Sternbild Jungfrau (Virgohaufen)

gruppe [s.o.] ist eine Anhäufung von Sternensystemen *(Galaxien)* im Weltall. Bisher wurden einige 1000 Galaxienhaufen gefunden; sie bestehen jeweils aus einigen 100 bis mehreren 1000 Sternsystemen. *Unregelmäßige Galaxienhaufen* ähneln im Aufbau den ↑ offenen Sternhaufen, *regelmäßige* den ↑ Kugelsternhaufen. Bekannte Galaxienhaufen wurden nach den Sternbildern benannt, in denen sie zu beobachten sind, z.B. ↑ Comahaufen und ↑ Virgohaufen. Der Galaxienhaufen, dem das Milchstraßensystem angehört, ist die ↑ lokale Gruppe. *Abb., Tab.*

Die **Galaxis** [s.o.] ist das ↑ Milchstraßensystem, unser Sternsystem, unsere Galaxie (Sternsystem).

Galileo Galilei

Isaac Newton

Friedrich Wilhelm Herschel

Galileo **Galilei** [sprich: galile-i], geb. 15.2.1564, gest. 8.1.1642, war ein italienischer Physiker und Astronom. Er erkannte die Pendelgesetze und die Gesetze der gleichmäßig beschleunigten Bewegung; er benutzte 1609 das kurz zuvor erfundene Fernrohr (↑ Fernrohr 2.) erstmalig in der Astronomie. Damit gelangen ihm u. a. die Entdeckungen der Gebirge auf dem Mond, der 4 hellen Jupitermonde, der Sonnenflecken und der Phasengestalten der Venus. Galilei bekannte sich offen zum heliozentrischen Weltbild des N. ↑ Kopernikus und wurde deshalb 1613 und 1633 durch die Inquisition zum Widerruf der kopernikanischen Lehre gezwungen. *Abb.*

Das **Galileische Fernrohr** ↑ Galilei.

Johann Gottfried **Galle**, geb. 9. 6. 1812, gest. 19.7.1910, ein deutscher Astronom, wirkte an den Sternwarten Berlin und Breslau (jetzt Wrocław). Er wurde vor allem durch die Entdeckung des Planeten Neptun (1846) bekannt. Der Planet war von U. J. J. ↑ Leverrier aufgrund seiner Störungen der Uranusbewegung berechnet worden.

Die **Gammaastronomie** [⟨griech.] ist ein Teilgebiet der Astrophysik, das sich mit der aus dem Weltall kommenden *Gammastrahlung* (elektromagnetischen Wellen mit Wellenlängen unter 0,01 nm, ↑ elektromagnetische Wellen) befaßt. Diese Strahlung wird von der Erdatmosphäre vollständig absorbiert, daher kann Gammaastronomie nur von Raketen, Erdsatelliten, Weltraumsonden oder Stratosphärenballons aus betrieben werden. Sie ist mit der ↑ Röntgenastronomie eng verwandt.

George **Gamow** [sprich: gehmau], geb. 4. 3. 1904, gest. 19. 8. 1968, war ein vorwiegend in den USA wirkender Astrophysiker. Er entwickelte 1939 zusammen mit Georges Lemaître (1894–1966) die Theorie der kosmischen Entwicklung (↑ Singularität) und stellte fest, daß es – als Überrest des ursprünglichen Feuerballs – eine noch heute beobachtbare Strahlung im Weltall geben müsse. Diese Strahlung (↑ Drei-Kelvin-Strahlung) wurde 1965 entdeckt.

Ganymed heißt der dritte der 4 großen Jupitermonde. Er ist mit einer meterdikken Schicht von Eis oder einem Gemisch aus Eis und Gestein bedeckt. ↑ Tab. Satelliten.

Carl Friedrich **Gauß**, geb. 30. 4. 1777, gest. 23. 2. 1855, ein deutscher Naturforscher, war einer der bedeutendsten Mathematiker aller Zeiten, arbeitete aber auch erfolgreich in der Physik und in der Astronomie. Die Astronomie verdankt ihm vor allem theoretische Arbeiten über die Bahnbestimmung von Himmelskörpern.

Die **gebundene Rotation** [⟨lat.] ist die Bewegung eines Himmelskörpers, wenn zwischen seiner Umlaufzeit und der Rotationsdauer ein einfaches Zahlenverhältnis besteht. Bei der gebundenen Rotation des Erdmondes beträgt dieses Verhältnis 1:1, d. h., die Umlaufzeit des Mondes ist gleich seiner Rotationsdauer. Das hat zur Folge, daß von der Erde aus stets die gleiche Hälfte der Mondoberfläche sichtbar ist.

Das **Gemeinjahr** ↑ Schaltjahr.

Gemini [⟨lat.; „Zwillinge"] ↑ Zwillinge.

Die **Geminiden** sind ein ↑ Meteorstrom.

Gemma [⟨lat.], Abk. *α CrB*, heißt der Hauptstern des Sternbildes Nördliche Krone. Es ist ein spektroskopischer Doppelstern mit einer Umlaufzeit von 17,4 Tagen.

Die **geographische Ortsbestimmung** ist die Ermittlung zweier Koordinaten auf der Erde, der geographischen Länge und Breite eines Beobachtungsortes. Sie erfordert astronomische Beobachtungen. – Die *geographische Breite* ist gleich der Polhöhe, daher genügt es, diese zu messen. Dazu wird die Höhe eines polnahen Sterns in der oberen und in der unteren Kulmination beobachtet. Die Polhöhe ist gleich dem Mittel aus beiden Meßwerten. Ein anderes, sehr genaues Verfahren benutzt die Tatsache, daß die Polhöhe gleich der Deklination des Zenits ist.

Die *geographische Länge* wird durch einen Zeitvergleich ermittelt, da sich die Ortszeiten zweier Orte auf der Erde um die Differenz ihrer geographischen Längen unterscheiden. Man stellt die Ortszeit des Beobachtungsortes (z. B. durch Beobachtung kulminierender Sterne) fest und ermittelt die Differenz zur ↑ Weltzeit, deren Zeitsignale über Funk empfangen werden. Diese Differenz, ausgedrückt in Zeitmaß, ist gleich der geographischen Länge des Beobachtungsortes.

Das **Geoid** [⟨griech.] ist die Bezeichnung für einen Körper, dessen Form der wahren Gestalt der Erde sehr nahe kommt. Die Erde hätte die Form eines Geoids, wenn sie allseitig von Wasser bedeckt wäre (d. h., die Gestaltung der Erdoberfläche durch Gebirge und Täler wird nicht berücksichtigt). Das Geoid ist an den Polen abgeplattet und am Äquator aufgewulstet; seine (durch die Fliehkraft bewirkte) Gestalt kann durch ein Rotationsellipsoid angenähert werden.

geozentrisch [s. u.]: **1.** bezogen auf die Erde als Mittelpunkt (z. B. beim geozentrischen Weltbild);

2. bezogen auf den Erdmittelpunkt (z. B. bei den geozentrischen ↑ Koordinaten der Planeten, bei denen stets so gerechnet wird, als befände sich der Beobachter im Mittelpunkt der Erde).

Das **geozentrische Weltbild** [⟨griech.

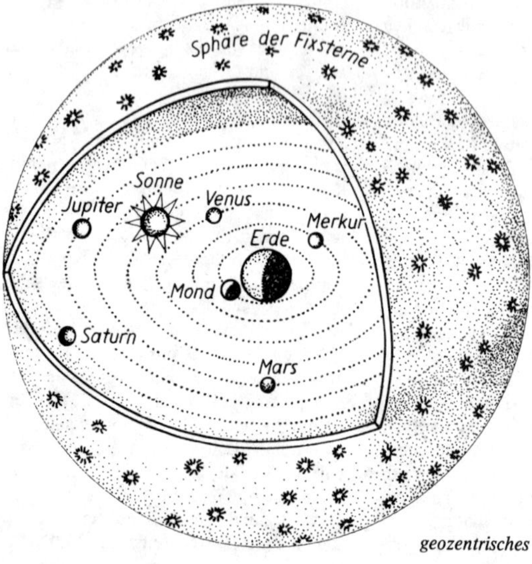

geozentrisches Weltbild des Ptolemäus

bzw. ⟨dt.; geo „Erde", zentron „Mitte"], eine grundlegende Ansicht über den Aufbau des Weltalls, betrachtet die Erde als Mittelpunkt der Welt. In der Geschichte der Astronomie gab es verschiedene geozentrische Weltbilder; das bekannteste ist das von C. ↑ Ptolemäus beschriebene *ptolemäische Weltbild.* Die Planeten, zu denen auch Sonne und Mond gerechnet werden, sind darin auf konzentrischen Kristallkugeln *(Sphären)* angeordnet. *Abb.*

Die **Geschichte der Astronomie** beginnt wahrscheinlich schon in der Urgesellschaft. Gesellschaftliche Bedürfnisse nach Zeiteinteilung (Kalender, religiöse Feste) und Orientierung führten zu systematischer Himmelsbeobachtung. In Verbindung mit mythologischen Vorstellungen entstand so auch die ↑ Astrologie. Astronomische Kenntnisse waren in allen Hochkulturen (besonders in Babylon, Ägypten, China, Mittelamerika) vorhanden. Sie beruhten auf dem ↑ mythologischen Weltbild. Im griechischen Altertum wurden diese Kenntnisse erweitert und die Kugelgestalt der Erde entdeckt. Das ↑ geozentrische Weltbild entstand. Es wurde von C. ↑ Ptolemäus in seinem Sammelwerk ↑ Almagest eingehend beschrieben; bis zum 16. Jh. blieb es die beherrschende astronomische Theorie.

Während des Mittelalters bewahrten die Araber die astronomischen Kenntnisse des Altertums. Im 14. und 15. Jh. entstand durch die aufkommenden frühkapitalistischen Produktionsverhältnisse die Forderung nach genaueren Beobachtungen und Berechnungen astronomischer Ereignisse. Die immer deutlicher werdenden Widersprüche zwischen den Beobachtungstatsachen und der geozentrischen Erklärung führten 1543 zum ↑ heliozentrischen Weltbild des N. ↑ Kopernikus. Damit war eine richtige Erklärung der Planetenbewegungen möglich. J. ↑ Kepler fügte Anfang des 17. Jh. eine einwandfreie mathematische Beschreibung der Planetenbewegungen hinzu, und I. ↑ Newton gab Ende des 17. Jh. die physikalische Begründung dieser Bewegungen durch die Gravitationstheorie.

Mit der Einführung des Fernrohrs in die Astronomie (G. ↑ Galilei, 1609) begann die Erforschung der Natur kosmischer Gebilde. Sie blieb zunächst auf das Planetensystem beschränkt; die ↑ Stellarastronomie setzte Ende des 18. Jh. mit den Arbeiten F. ↑ Herschels ein. Um die Mitte des 19. Jh. entwickelte sich die ↑ Astrophysik, etwa gleichzeitig mit dem Aufkommen der Spektralanalyse und fotografischer Beobachtungsmethoden (↑ Fotometrie). Überlegungen über den Aufbau der Sterne und Sternsysteme wurden möglich. Im 20. Jh. wurden diese Forschungen weitergeführt und die Theorie der Sternentstehung und -entwicklung ausgearbeitet. Neue Bereiche der elektromagnetischen Wellen wurden für die Untersuchung erschlossen (↑ Radio-, ↑ Infrarot-, ↑ Röntgen- und ↑ Gammaastronomie) und durch die Raumfahrt direkte Forschungen im erdnahen Raum, auf dem Erdmond, auf den erdnahen Planeten Venus und Mars sowie im interplanetaren Raum ermöglicht. Außer moderner Beobachtungs- und Auswertetechnik wurde auch die elektronische Rechentechnik und Datenverarbeitung in den Dienst der astronomischen Forschung gestellt.

Das *wahre* **Gesichtsfeld** oder *Sehfeld* ist der im Fernrohr sichtbare Teil der scheinbaren Himmelskugel bzw. der irdischen Umwelt. Sein Durchmesser hängt stark von der Vergrößerung des Fernrohrs ab. Er beträgt wenige Bogenminuten bis 1°; je höher die Vergrößerung gewählt wird, desto kleiner ist der Gesichtsfelddurchmesser.

Das *scheinbare* Gesichtsfeld ist der Winkel, unter dem der Beobachter den Radius der Gesichtsfeldblende (das ist die äußere Begrenzung des Gesichtsfeldes) erblickt. Sein Durchmesser ist vor allem von der Bauart des Okulars abhängig, er beträgt 25° bis 40°. Weitwinkelokulare haben einen scheinbaren Gesichtsfelddurchmesser von bis zu 90°.

Das **Gestirn** ist ein Sammelbegriff für alle an der scheinbaren Himmelskugel beobachteten Objekte, ausgenommen die (diffuse) interplanetare und ↑ interstellare Materie. ↑ Bewegung der Gestirne.

Die **Gezeiten** *Ebbe* und *Flut* sind eine Folge der Anziehungskraft des Mondes und in geringerem Maße auch der Sonne

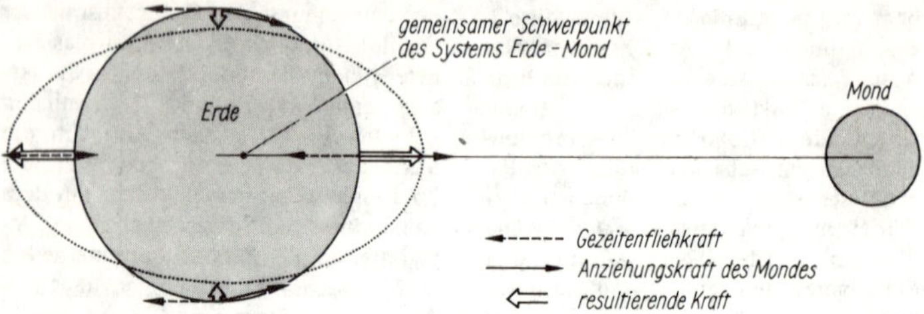

Entstehung der Gezeiten

auf die Erdkruste sowie die Wasser- und Lufthülle der Erde. Erde und Mond umlaufen einen im Erdinneren befindlichen gemeinsamen Schwerpunkt, dabei treten Fliehkräfte auf. Auf der mondzugewandten Erdseite ist die Anziehungskraft des Mondes größer als die Gezeitenfliehkraft, auf der mondabgewandten Seite der Erde überwiegt wegen der größeren Entfernung vom Mond die Gezeitenfliehkraft. So entstehen 2 einander entgegengesetzt gerichtete Flutberge, unter denen sich die Erde hinwegdreht. Steht der Mond im ersten oder letzten Viertel, so wird seine Gezeitenwirkung durch die Sonne abgeschwächt (Nippflut); in Voll- oder Neumondphase verstärkt die Wirkung der Sonne die Gezeiten (Springflut). *Abb.*

Die **Giacobiniden** [sprich: dschako-; ⟨ital.] sind ein ↑ Meteorstrom.

Giraffe oder lat. *Camelopardalis* (Genitiv *Camelopardalis*), Abk. *Cam*, heißt ein ausgedehntes Sternbild des Nordhimmels. Es besteht nur aus schwachen Sternen; es ist für Mitteleuropa zirkumpolar.

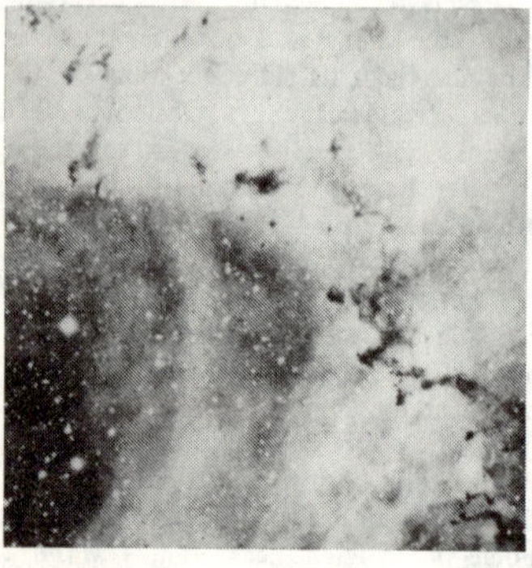

Globulen

Die **Glaskeramik** [⟨dt. + ⟨griech.] ist ein Material, aus dem Teleskopspiegel hergestellt werden. Im Gegensatz zu gewöhnlichem Glas dehnt es sich bei Erwärmung nur in äußerst geringem Maße aus, so daß bei der Beobachtung mit solchen Instrumenten Temperaturunterschiede kaum Einfluß auf die Bildqualität haben.

Der **Glasmeteorit** [s. o. + ⟨griech.] ↑ Tektit.

Die **Globule** [⟨lat; „Kugelchen"] ist eine verhältnismäßig kleine Dunkelwolke von kreisrunder Form und großer Dichte. Die Durchmesser der Globulen liegen zwischen 10000 und 100000 AE; ihre Dichten sind 1000- bis 100000mal so groß wie die Dichte des normalen ↑ interstellaren Staubes. Möglicherweise sind die Globulen die erste Entwicklungsstufe bei der ↑ Sternentstehung. *Abb.*

Der Gnomon [⟨griech.] oder *Schattenstab* war im Altertum ein Instrument zur Bestimmung von Höhe und Azimut der Sonne. Der Stab stand senkrecht auf einer waagerechten Unterlage; gemessen wurde seine Schattenlänge und der Winkel zwischen dem Schatten und der Südrichtung.

Die **Gnomonik** [s. o.] ist die Lehre von den ↑ Sonnenuhren. Dazu gehören die Berechnung und Konstruktion der verschiedenen Arten von Sonnenuhren und die dazu erforderlichen mathematischen Grundlagen sowie die Kenntnisse über historische Sonnenuhren.

Goldfisch, auch *Schwertfisch*, oder span. *Dorado* (lat. Genitiv *Doradus*), Abk. *Dor*, heißt ein in Mitteleuropa unsichtbares Sternbild des Südhimmels. Es enthält einen Teil der Großen ↑ Magellanschen Wolke.

Grabstichel oder lat. *Caelum* (Genitiv *Caeli*), Abk. *Cae*, heißt ein unscheinbares Sternbild des Südhimmels. Sein Nordteil kommt in Mitteleuropa knapp über den Horizont.

Die **Granulation** [⟨lat.] ist eine körnige Struktur der ↑ Photosphäre der Sonne. Sie entsteht durch Bewegungsvorgänge in der ↑ Wasserstoff-Konvektionszone, in der heiße, hellere Gasschwaden (bis 2000 km Durchmesser) aufsteigen und kühlere, dunkle absinken. Die Gasschwaden heißen *Granulen*; sie existieren nur 5 bis 10 Minuten. Die *Supergranulation* umfaßt Riesengranulen mit 20000 km bis 40 000 km Durchmesser. *Abb.*

Die **Gravitation** [⟨lat.] ist die allgemeine Massenanziehung, eine zwischen allen stofflichen Körpern wirkende gegenseitige Anziehungskraft. Wenn sich 2 Massen gegenseitig anziehen, so ist der Betrag der Anziehungskraft dem Produkt der beteiligten Massen direkt und dem Quadrat ihres Abstandes indirekt proportional. – Im Bereich der Atome ist die Gravitation sehr viel schwächer als andere Kräfte (z. B. Kernkräfte, elektrostatische Kräfte). Große kosmische Massen (z. B. Planeten, Sterne, Sternsysteme) werden jedoch fast ausschließlich von Gravitationskräften beherrscht. Da die Gravitation eine Anziehungskraft ist, können kosmische Objekte nur stabil sein, wenn der Gravitationsdruck durch einen entgegengerichteten Druck (z. B. den thermodynamischen Gasdruck oder den Strahlungsdruck) aufgehoben wird. Die Theorie der Gravitation wurde von I. Newton begründet. Ihre modernste Form ist die von Albert Einstein (1879–1955) ausgearbeitete allgemeine ↑ Relativitätstheorie.

Der **Gravitationskollaps** [s. o. + ⟨lat.] ist das schlagartige Zusammenfallen einer interstellaren Wolke oder eines Sterns. Vor allem in den Spätstadien der ↑ Sternentwicklung kann ein Gravitationskollaps eintreten, wenn die nach innen wirkende Gravitation nicht mehr durch den nach außen wirkenden Gas- und Strahlungsdruck ausgeglichen wird. Er führt dann zur Entstehung eines

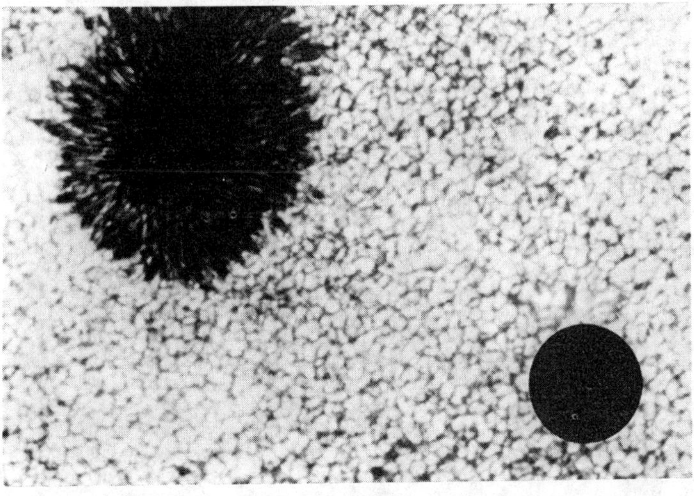

Granulation: Photosphäre der Sonne mit Sonnenfleck und Granulation (rechts unten die Erde im gleichen Maßstab)

↑ Neutronensterns oder eines ↑ schwarzen Loches.

Die **Gravitationswellenastronomie** [s. o. + ⟨dt. + ⟨griech.] ist ein noch in der Entwicklung befindliches Teilgebiet der Astronomie, das die von kosmischen Körpern ausgesandten Gravitationswellen untersucht. Der Nachweis dieser bei rascher Änderung der Massendichte oder des Massenortes auftretenden Wellen, die sich im Vakuum mit Lichtgeschwindigkeit ausbreiten, ist jedoch noch sehr unsicher.

Bei **Green Bank** [sprich: grihnbänk] (West Virginia, USA) befindet sich das Nationale Radioobservatorium der USA. Sein größtes ↑ Radioteleskop ist ein beweglicher Paraboloidreflektor mit einem Durchmesser von 92 m. Daneben gehören kleinere Radioteleskope zu diesem Observatorium, darunter ein 11-m-Radiospiegel, mit dem viele ↑ interstellare Moleküle (u. a. Kohlenmonoxid, Siliziumoxid und Äthanol) entdeckt wurden.

In **Greenwich** [sprich: grihnidsch], das heute ein Vorort von London ist, befand sich von 1675 bis 1948 das Königliche Observatorium von Großbritannien. Der Standort eines seiner Fernrohre, eines ↑ Meridiankreises, gibt den Nullmeridian der geographischen Längenzählung auf der Erde an. Wegen der zunehmenden Behinderungen der Beobachtungen durch die Nähe der Großstadt wurde das Observatorium 1948 nach ↑ Herstmonceux verlegt. Die historischen Gebäude in Greenwich werden heute als Museum genutzt.

Greenwicher Zeit [s. o.] ↑ Weltzeit.

Gregorianischer Kalender ↑ Kalender.

Grenzgröße eines Fernrohrs nennt man die scheinbare Helligkeit der Gestirne, die mit dem Instrument gerade noch beobachtet werden können. In Sternatlanten oder -katalogen ist die Grenzgröße die scheinbare Helligkeit der schwächsten eingetragenen Objekte.

Grenzhelligkeit ↑ Durchmusterung.

Größe, Größenklasse ↑ Helligkeit.

Die **große Halbachse** einer Ellipse, Kurzzeichen *a*, ist die Hälfte ihres längsten Durchmessers. Im Sonnensystem ist sie gleich der mittleren Entfernung (Abstand) Sonne – Himmelskörper (z. B. Planet). Die große Halbachse ist eines der ↑ Bahnelemente (mit Abb.). Die große Halbachse der Erdbahn beträgt 149597892 km; ihr gerundeter Wert von 149,6 Mill. km wird als Maßeinheit verwendet (↑ astronomische Einheit).

Großer Bär oder lat. *Ursa Major* (Genitiv *Ursae Majoris*), Abk. *UMa*, heißt das wohl bekannteste Sternbild des nördlichen Himmels. Die auffallendsten Teile werden oft auch *Großer Wagen* genannt und dienen als Orientierungshilfe zum Aufsuchen des Polarsterns. Das Sternbild Großer Bär ist zirkumpolar; in ihm kann man mehrere außergalaktische Sternsysteme beobachten. ↑ Benetnasch, ↑ Mizar. – *Tab.*

Großer Hund oder lat. *Canis Major* (Genitiv *Canis Majoris*), Abk. *CMa*, heißt ein Sternbild des Südhimmels, das vor allem durch seinen Hauptstern ↑ Sirius bekannt ist. Sirius bildet die Südspitze des ↑ Wintersechsecks. Der große Hund kulminiert Ende Dezember gegen Mitternacht.

Der **Große Rote Fleck** ist eine auffällige,

Großer Bär, Hauptsterne

Stern	Eigenmasse	scheinbare Helligkeit in Größenklassen	Entfernung in pc
α UMa	Dubhe	1,9	29,4
β UMa	Merak	2,4	23,3
γ UMa	Phekda	2,5	24,5
δ UMa	Megrez	3,4	23,3
ε UMa	Alioth	1,7	25,1
ζ UMa	↗ Mizar	2,4	22,7
η UMa	↗ Benetnasch	1,9	49,1

40000 km mal 15000 km große, ovale Erscheinung auf dem Planeten ↑ Jupiter. Er ist seit 1665 bekannt. Seit einem Jahrhundert veränderte er Form und Lage kaum, verfärbte sich jedoch des öfteren erheblich und wechselt in der Farbe von weiß bis ziegelrot. Der Große Rote Fleck ist ein Wirbelsystem in der Jupiteratmosphäre, an dessen Rand Strömungsgeschwindigkeiten bis 500 km/s auftreten. ↑ Abb. Jupiter.

Großer Wagen ↑ Großer Bär.

Grus [⟨lat.] ↑ Kranich.

Ein **G-Stern** ist ein Stern der ↑ Spektralklasse G. Die Sonne ist z.B. ein G-Stern.

H

Haar der Berenike, mitunter auch *Haupthaar der Berenike*, oder lat. *Coma Berenices* (Genitiv *Comae Berenices*), Abk. *Com*, heißt ein unscheinbares Sternbild am Nordhimmel. Es kulminiert Anfang April um Mitternacht. Neben wenigen schwachen Sternen enthält das Sternbild eine große Zahl außergalaktischer Sternsysteme, den ↑ Comahaufen.

Die **Hadronenära** [⟨griech. + ⟨lat.; unter Hadronen werden massereiche Elementarteilchen wie Protonen und Neutronen verstanden] ist ein Frühzustand des gegenwärtigen Weltalls, und zwar die Zeitspanne von 10^{-43} s bis 10^{-4} s nach der kosmologischen ↑ Singularität. In diesem nur rund 1/10000 s währenden Abschnitt der Entwicklung des Weltalls fiel die Temperatur des Kosmos von 10^{32} K auf 10^{12} K; die Strahlungsdichte verringerte sich von 10^{94} g/cm^3 auf 10^{14} g/cm^3. In der Hadronenära befanden sich Baryonen, Mesonen, Leptonen und Photonen in ständiger Wechselwirkung.

Der **Halbschatten** ↑ Finsternis 1.

Die **Haleobservatorien** [sprich: hehl-; nach dem amerikan. Astronomen George Ellery Hale (1868–1938)] bei Pasadena, Kalifornien (USA), umfassen seit 1970 die beiden durch ihre Großteleskope bekannten Sternwarten auf ↑ *Mount Wilson* und *Mount Palomar*. E. Hale gründete die Sternwarte auf dem Mount Wilson und regte den Bau des 5-m-Spiegelteleskops auf dem Mount Palomar an. Zu den Haleobservatorien gehört auch ein Sonnenobservatorium in Kalifornien und eine Außenstation auf *Las Campas* in Chile. ↑ Haleteleskop.

Das **Haleteleskop** [s. o.] auf dem Mount Palomar (Kalifornien, USA) ist das zweitgrößte Fernrohr der Welt. Der Hauptspiegel weist 5,08 m Durchmesser auf.

Der **Halleysche Komet** [sprich: häli-; nach dem engl. Astronomen Edmund Halley (1656–1742)] ist der bisher am weitaus häufigsten beobachtete Komet. Seit dem Jahre 86 v.u.Z. wurde er insgesamt 31mal, zuletzt 1985/86, beobachtet. Die Helligkeit des alle 75 Jahre wiederkehrenden Kometen ist ständig geringer geworden. E. Halley beobachtete ihn 1682, berechnete seine Umlaufbahn und wies seine Periodizität nach. Zur Beobachtung des Halleyschen Kometen bei seiner Wiederkehr 1985/86 wurden Meßgeräte und Fernsehkameras mit Raumflugkörpern in die Nähe des Kerns (bis auf wenige 100 km heran) gebracht. Mit dem bloßen Auge war der Komet von Mitteleuropa aus nur für wenige Wochen sichtbar.

Der **Halo** [⟨griech.; Plural: Halos oder Halonen] ist **1.** *(galaktischer Halo)* ein nahezu kugelförmiger Raum, der die ↑ Scheibe und den ↑ Kern der Galaxis (des Milchstraßensystems) konzentrisch umgibt und in dem sich die Kugelsternhaufen und die Haufenveränderlichen befinden. Der Halo hat einen Radius von etwa 50 kpc. Auch bei anderen spiralförmigen Sternsystemen wurde ein Halo beobachtet.

2. Der Halo ist eine atmosphärische Erscheinung, die als heller, z. T. farbiger Ring um Sonne oder Mond zu beobachten ist und durch die Brechung des Lichts an Eiswolken hervorgerufen wird.

Der **Hantelnebel**, engl. *Dumbbellnebel*, ist ein ↑ planetarischer Nebel im Sternbild Fuchs. Er trägt im ↑ Messierkatalog die Nummer M 27. – *Abb.*

Hase oder lat. *Lepus* (Genitiv *Leporis*), Abk. *Lep*, heißt ein Sternbild des Süd-

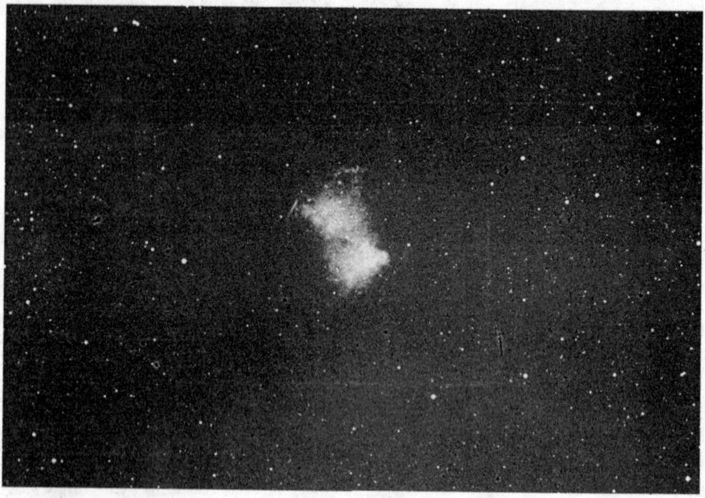

Hantelnebel

himmels, das in Mitteleuropa unterhalb (südlich) des Orion gesehen werden kann.

Haufenveränderliche ↑ RR-Lyrae-Sterne.

Die **Hauptreihe** oder der *Zwergenast* ist ein Gebiet im ↑ Hertzsprung-Russell-Diagramm. Es ist das dichteste Besetzungsgebiet im HRD, in ihm befinden sich die meisten Sterne. Für die Umgebung der Sonne schätzt man einen Anteil von 60 bis 90% *Hauptreihensternen* (auch *Zwergsterne* oder *normale Zwerge* genannt). Für sie gilt: Je größer die Masse, desto größer die effektive Temperatur und die Leuchtkraft. Die Hauptreihensterne bilden die ↑ Leuchtkraftklasse V. Sie setzen ihre Energie überwiegend durch die Verschmelzung von Wasserstoff- zu Heliumkernen frei. Bekannte Hauptreihensterne sind außer der Sonne Prokyon (im Sternbild Kleiner Hund), Atair (Adler), Sirius (Großer Hund), Wega (Leier) und Regulus (Löwe). – ↑ Abb. Sternentwicklung.

Hauptreihenveränderliche ↑ Veränderliche.

heliakisch [griech. helios „Sonne"] auf die Sonne (mitunter: auf das Tageslicht) bezogen. – Der *heliakische Untergang* eines Sterns bezeichnet den Zeitpunkt, in dem die Sonne in ihrer scheinbaren Jahresbahn dem Stern so nahe gekommen ist, daß er unsichtbar wird. Der Stern geht dann bereits in der Abenddämmerung unter. Umgekehrt wird ein Stern beim *heliakischen Aufgang* wieder sichtbar; er geht dann in der Morgendämmerung auf.

Die **Heliobiologie** [s. o. + griech. bios „Leben"] ist die Lehre von den Einflüssen der Sonne (und zwar nicht nur ihrer Licht- und Wärmestrahlung) auf das irdische Leben. Insbesondere interessiert der Zusammenhang zwischen der ↑ Sonnenaktivität und den Lebensvorgängen. Einer der bekanntesten Einflüsse dieser Art ist, daß in Jahren hoher Sonnenaktivität das Dickenwachstum der Bäume schneller verläuft, was sich an der Breite der Jahresringe zeigt. Die ↑ magnetischen Stürme, die von der Sonne ausgelöst werden, stehen möglicherweise mit der Häufigkeit und dem Verlauf bestimmter Erkrankungen in Zusammenhang. Auch auf die körperliche und geistige Leistungsfähigkeit der Menschen soll die Sonnenaktivität in bestimmten

Fällen Einfluß haben. Die diesen Annahmen zugrundeliegenden Wirkungsmechanismen sind jedoch noch unklar.

Die **heliographischen Koordinaten** [s. o. bzw. ⟨lat.] sind Größen, mit denen die Lage eines Punktes auf der Sonnenkugel festgelegt wird. Sie sind ähnlich den geographischen ↑ Koordinaten definiert. Die *heliographische Breite* wird vom Sonnenäquator aus nach Norden und Süden, die *heliographische Länge* von einem international vereinbarten Nullmeridian aus gezählt.

Das **Heliometer** [s. o. + ⟨griech.] ist ein heute nicht mehr benutztes Winkelmeßinstrument. Mit ihm wurden im 19. Jh. kleine Sternabstände und Positionswinkel (z. B. bei Doppelsternen) gemessen. Sein Objektiv ist in 2 gleiche, gegeneinander bewegliche Teile zerschnitten. Die beiden Teilbilder werden im Gesichtsfeld zur Deckung gebracht; die dazu nötigen Beträge der Drehung und Verschiebung der beiden Objektivhälften liefern die gesuchten Angaben.

Die **Heliopause** [s. o. + ⟨franz. ⟨griech.] ist die Grenze zwischen der ↑ Heliosphäre und dem interstellaren Raum. Sie ist zwischen 40 AE und 100 AE von der Sonne entfernt.

Die **Heliosphäre** [s. o. + ⟨griech.] ist der Bereich um die Sonne, in dem der ↑ Sonnenwind mit seinen Magnetfeldern wirksam ist. Außerhalb der Heliosphäre befindet sich der interstellare Raum (der von interstellarem Gas, interstellarem Staub und dem interstellaren Magnetfeld geprägt wird). Die Heliosphäre hat eine birnenförmige Gestalt, weil sich die Sonne relativ zum interstellaren Gas bewegt.

Der **Heliostat** [s. o. + ⟨griech.] ist ein drehbar gelagerter Planspiegel, mit dem das Licht der Gestirne in ein ortsfest aufgestelltes Fernrohr gelenkt wird. Bei der Drehung des Spiegels entsprechend der scheinbaren täglichen Bewegung der Gestirne dreht sich jedoch auch das Fernrohrbild um seinen Mittelpunkt. Man verwendet deshalb vorwiegend Anordnungen mit 2 Spiegeln (↑ Coelostat).

heliozentrisch [s. o. + griech. kentron „Mittelpunkt“]: **1.** bezogen auf die Sonne als Mittelpunkt (z. B. beim ↑ heliozentrischen Weltbild);

2. bezogen auf den Sonnenmittelpunkt (z. B. bei den heliozentrischen ↑ Koordinaten der Planeten). ↑ geozentrisch.

Das **heliozentrische Weltbild** [s. o. bzw. ⟨dt.], eine grundlegende Ansicht über

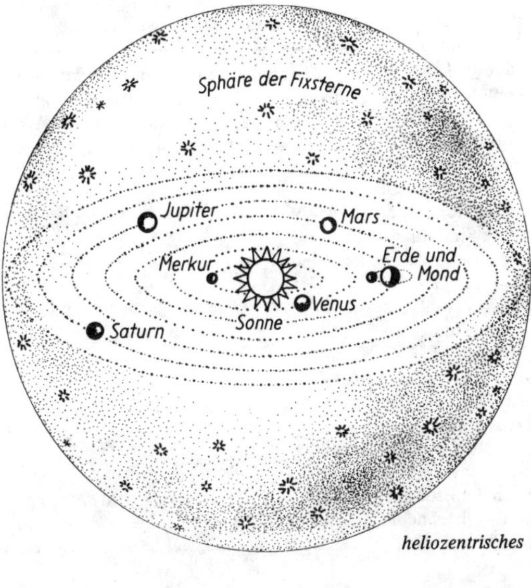

heliozentrisches Weltbild des Kopernikus

den Aufbau des Weltalls, betrachtet die Sonne als Mittelpunkt der Welt. Das erste heliozentrische Weltbild wurde im 3. Jh. v. u. Z. durch Aristarch (um 320 bis um 250 v. u. Z.) vertreten, es konnte sich jedoch nicht durchsetzen. Erst das 1543 von N. ↑ Kopernikus aufgestellte *kopernikanische Weltbild* fand – im Laufe vieler Jahrzehnte und nach teilweise harten Auseinandersetzungen – allgemeine Anerkennung. Auf das Sonnensystem bezogen hat es grundsätzlich noch heute Gültigkeit. Jedoch ist das astronomische Weltbild ingesamt aus heutiger Sicht nicht heliozentrisch, da die Sonne keinesfalls das Zentrum des Weltalls bildet (↑ Abb. Milchstraßensystem). Ein solches Zentrum ist im heute überschaubaren Teil des Weltalls nicht feststellbar. *Abb.*

Das **Helium** [s. o.] ↑ chemische Zusammensetzung eines Sterns.

Der **Heliumflash** [sprich: -fläsch; s. o. + ⟨engl.] ist der schlagartige Beginn des ↑ Salpeterprozesses in dem Zentralgebiet eines Sterns, der das Entwicklungsstadium eines ↑ Riesensterns erreicht hat. Er kann nur bei Sternen mit weniger als 1,4 Sonnenmassen auftreten.

Die **Heliumreaktion** [s. o. + ⟨lat.] ↑ Salpeterprozeß.

Die **Helligkeit** eines Gestirns ist ein Maß für die Stärke (Intensität) seiner Strahlung. Die Helligkeit, mit der die Gestirne dem Beobachter erscheinen, ist die *scheinbare Helligkeit m.* Deren Maßeinheit sind *Größenklassen* (oftmals irreführend auch als *Größe* oder *Sterngröße* bezeichnet), Kurzzeichen ^{m}. 2 Sterne haben einen Helligkeitsunterschied von einer Größenklasse, wenn sich ihre Strahlungsintensitäten (Helligkeiten) wie 1:2,512 verhalten. Je höher die Zahlenwerte der Größenklassen, desto geringer sind die scheinbaren Helligkeiten der Sterne. So ist ein Stern der 6. Größenklasse, als Stern 6. Größe bezeichnet (abgekürzt 6^m), 2,512mal schwächer als ein Stern 5^m. Die Skala der Größenklassen reicht von -26^m7 (die Sonne, der hellste Stern für Beobachter auf der Erde) über -1^m4 (Sirius) und 0 bis zu den von der Erde aus schwächsten fotografisch beobachtbaren Objekten mit etwa $+24^m$ (die Maßeinheit für Größenklassen wird bei Dezimalstellen über das Komma gesetzt). Objekte bis $+6^m$ sind mit dem bloßen Auge sichtbar.

Neben der *scheinbaren visuellen Helligkeit,* die mit dem menschlichen Auge bewertet wird (↑Stufenschätzung), können bei demselben Stern auch noch eine *scheinbare fotografische Helligkeit* sowie eine *bolometrische Helligkeit* gemessen werden. Letztere berücksichtigt das Licht des gesamten Spektralbereiches, d. h. aller Wellenlängen, bezieht also auch die Menge der Strahlung im Ultraviolett- und Infrarotbereich, die Röntgenstrahlung u. a. ein.

Da die scheinbare Helligkeit im wesentlichen von der Entfernung des Sterns abhängt, ist sie kein vergleichbares Maß für die vom Stern tatsächlich abgestrahlte Energie.

Diese wird durch die *absolute Helligkeit M* erfaßt. Man versteht darunter die (scheinbare) Helligkeit, die der Stern hätte, wenn er sich in 10 pc Entfernung befände. Die Sonne hätte in dieser Entfernung lediglich eine scheinbare Helligkeit von +4,7 Größenklassen. Auch hier kann man visuelle, fotografische, bolometrische u. a. absolute Helligkeiten unterscheiden. ↑ Leuchtkraft, ↑ Entfernungsbestimmung. – *Tab.*

Helligkeit und Vielfache der Leuchtkraft der Sonne. Die absolute (bolometrische) Helligkeit (M_{bol}) entspricht folgenden Werten der Leuchtkraft L:

M_{bol} in Größenklassen	L in Sonnenleuchtkräften
−6	19600
−4	3100
−2	490
0	78
+2	12,4
+4	2,0
+6	0,31
+8	0,049
+10	0,0078
+12	0,00124
+14	0,00020

die 15 hellsten von Mitteleuropa aus sichtbaren Sterne

Name	scheinbare visuelle Helligkeit in Größenklassen	wissenschaftlicher Name	Sternbild	Entfernung in pc
Sirius	−1,43	α CMa	Großer Hund	2,7
Arktur	−0,06	α Boo	Bootes	11,0
Wega	0,04	α Lyr	Leier	8,3
Kapella	0,09	α Aur	Fuhrmann	13,8
Beteigeuze	0,1−1,2	α Ori	Orion	200
Rigel	0,15	β Ori	Orion	400
Prokyon	0,37	α CMi	Kleiner Hund	3,4
Atair	0,80	α Aql	Adler	4,9
Aldebaran	0,85	α Tau	Stier	20,9
Antares	0,9−1,8	α Sco	Skorpion	52,1
Spika	1,00	α Vir	Jungfrau	47,5
Pollux	1,16	β Gem	Zwillinge	10,7
Deneb	1,26	α Cyg	Schwan	200
Regulus	1,36	α Leo	Löwe	25,8
Kastor	1,59	α Gem	Zwillinge	13,8

hellste Sterne ↑ Tab.

Robert **Henseling**, geb. 19. 10. 1883, gest. 1. 4. 1964, war ein deutscher Lehrer und Schriftsteller. Er nahm sich besonders der Verbreitung astronomischer Kenntnisse in populärer Form an. Sein „Sternbüchlein", das von 1910 bis 1953 jährlich erschien, war das erste deutschsprachige Jahrbuch für Sternfreunde und Amateurastronomen. Henseling war Initiator und Mitbegründer der ersten deutschen Volkssternwarte außerhalb Berlins (Schwäbische Sternwarte, Stuttgart, 1921).

Herbig-Haro-Objekte [nach ihren Entdeckern] sind kleine und lichtschwache Erhellungen, meist in interstellarer Materie gelegen. Es handelt sich wahrscheinlich um Reflexionen von – möglicherweise extrem jungen – Sternen an nahegelegenen Staubwolken.

Der **Herbstpunkt** oder *Waagepunkt* ist derjenige Schnittpunkt von Himmelsäquator und Ekliptik, in dem die Sonne zum Herbstanfang auf ihrer scheinbaren Jahresbahn den Äquator in südlicher Richtung überschreitet. Er befand sich vor etwa 2000 Jahren im Sternbild Waage, hat sich aber seither infolge der ↑ Präzession in das Sternbild Jungfrau verlagert.

Der **Hercules** ↑ Herkules.

Der **Herkules** oder lat. *Hercules* (Genitiv *Herculis*), Abk. *Her*, heißt ein ausgedehntes Sternbild am Nordhimmel, das Anfang Juni um Mitternacht kulminiert. Im Herkules befindet sich der einzige, mit dem bloßen Auge sichtbare Kugelsternhaufen (M 13; ↑ Abb. Kugelsternhaufen). Der nördliche Teil des Sternbildes ist in Mitteleuropa zirkumpolar. ↑ Abb. Bayer, ↑ Ras Algethi.

Friedrich Wilhelm (William) **Herschel**, geb. 15.11.1738, gest. 25.8.1822, war ein bedeutender englischer Astronom deutscher Herkunft. Er entdeckte 1781 den Planeten Uranus und begründete in den folgenden Jahren die ↑ Stellarastronomie. Herschel ist auch als Erbauer großer Spiegelteleskope bekannt geworden. Sein größtes Instrument hatte einen Spiegeldurchmesser von 1,22 m. *Abb.* ↑ S. 55

In **Herstmonceux** [sprich: ersmõköh] (Sussex, Großbritannien) befindet sich seit 1948 das Königliche Greenwichobservatorium. Ihm ist eine Außenstation auf La Palma (Kanarische Inseln) angeschlossen. *Abb.*

Ejnar **Hertzsprung**, geb. 8.10.1873, gest. 21.10.1967, war ein dänischer Astronom, der auch am Astrophysikalischen Observatorium Potsdam und an der Sternwarte

Herstmonceux. Flamsteed-Haus des Greenwichobservatoriums, mit dem Zeitball, der durch seinen Fall die Mittagszeit bestimmte

Leiden (Niederlande) wirkte. Er entdeckte 1905 den Unterschied zwischen ↑ Riesensternen und Zwergsternen und entwickelte die Grundlagen des ↑ Hertzsprung-Russell-Diagramms.

Das **Hertzsprung-Russell-Diagramm** [sprich: -rasl-; nach E. ↑ Hertzsprung und H. N. ↑ Russell], Abk. *HRD*, ist das für die Astrophysik wichtigste Zustandsdiagramm für Sterne. Es stellt den Zusammenhang zwischen den Temperaturen und den Leuchtkräften der Sterne dar. Auf der waagerechten Achse ist die Temperatur (aus geschichtlichen Gründen nach *links* wachsend) oder die Spektralklasse aufgetragen, auf der senkrechten Achse die Leuchtkraft bzw. die absolute Helligkeit. *Abb. 1.* – Die in das HRD eingetragenen Bildpunkte der Sterne ergeben keine gleichmäßig besetzte Fläche. Die meisten Sterne befinden sich auf der ↑ *Hauptreihe*, einem schmalen Band, das sich von den hellen bis zu den schwachen kühlen Sternen erstreckt. Auf dem *Riesenast* befinden sich kühle helle Sterne (Riesen oder -sterne), d. h. Sterne mit etwa gleicher Temperatur (d. h. gleicher Flächenhelligkeit), aber erheblich größerer Leuchtkraft. Das setzt eine wesentlich größere Oberfläche voraus, also einen größeren Durchmesser. Das Gebiet der ↑ Weißen Zwerge liegt deutlich unterhalb der Hauptreihe; Weiße Zwerge haben zwar hohe Temperaturen, aber viel kleinere Leuchtkräfte als die Hauptreihensterne der gleichen Spektralklasse. Daraus folgen sehr kleine Oberflächen, d. h. auch sehr kleine Durchmesser. Weitere Besetzungsgebiete im HRD sind die *Überriesen*, die *hellen Riesen*, die *Unterriesen* sowie die *Unterzwerge*. Die Besetzungsgebiete entsprechen den Leuchtkraftklassen I bis VII (↑ Tab. Leuchtkraftklasse).

Helle Riesen, Riesen und Unterriesen werden gelegentlich auch unter dem Begriff *Rote Riesen* zusammengefaßt, und die kühlen Sterne am unteren Ende der Hauptreihe werden als *Rote Zwerge* bezeichnet.

Von besonderem Interesse sind Hertzsprung-Russell-Diagramme von Sternen bestimmter Gruppen. Das HRD der Sterne eines offenen Sternhaufens enthält z. B. fast ausschließlich Hauptreihensterne. Darin drückt sich das verhältnismäßig geringe Alter eines solchen

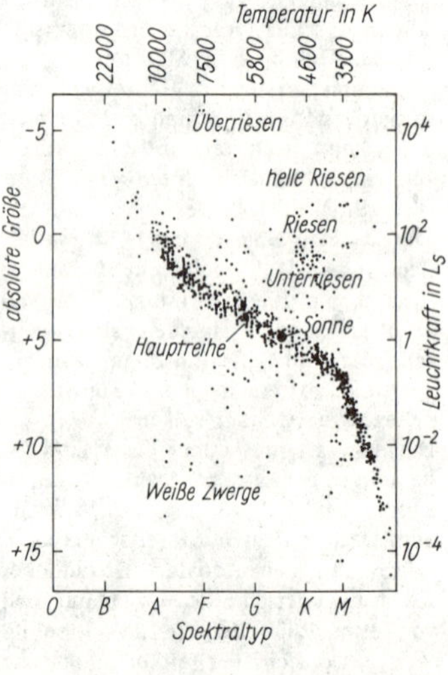

Hertzsprung-Russell-Diagramm (L_s = Sonnenleuchtkraft)

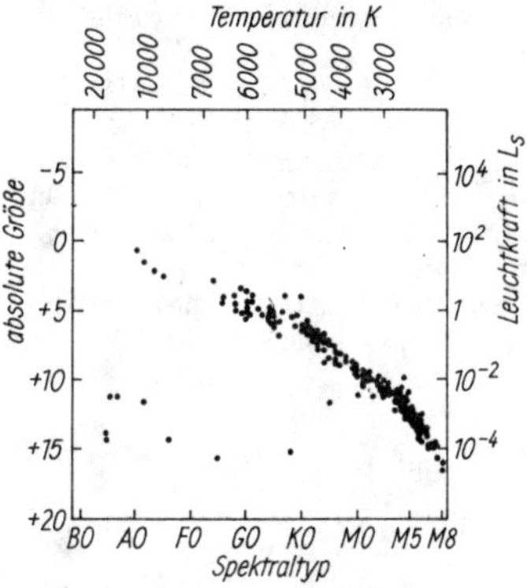

Hertzsprung-Russell-Diagramm: Sterne der Sonnenumgebung bis 10 pc Entfernung (L_s = Sonnenleuchtkraft)

Sternhaufens aus (↑ Sternentwicklung). Das HRD der Sterne der Sonnenumgebung gibt die wahre Verteilung der Sterne auf die einzelnen Leuchkraftklassen wieder. Bemerkenswert ist darin das völlige Fehlen der Riesensterne und die große Zahl der kühlen, lichtschwachen Hauptreihensterne. ↑ Farben-Helligkeits-Diagramm. – *Abb. 2.*

Die **H-Gebiete** (H I, H II) ↑ interstellares Gas.

Das **H I-Gebiet** ↑ interstellares Gas.

Das **H II-Gebiet** ↑ interstellares Gas.

Der **Himalia** heißt ein Mond des Jupiter. ↑ Tab. Satelliten.

Der **Himmelsäquator** ↑ Äquator.

Die **Himmelskarte** ↑ Sternkarte.

Die *scheinbare* **Himmelskugel** oder auch *Himmelssphäre* oder *Sphäre*, stellt sich als scheinbar den Beobachter umgebende Kugel von unbestimmtem Radius dar. Auf ihre Innenfläche projizieren sich die beobachteten Gestirne; ihr Mittelpunkt ist das Auge des Beobachters. Auf der Himmelskugel sind auch die Gradnetze der in der Astronomie verwendeten ↑ Koordinatensysteme zu denken. Durch den ↑ Horizont wird die Himmelskugel in eine sichtbare und eine unsichtbare Halbkugel geteilt; durch den ↑ Äquator in eine nördliche und eine südliche Halbkugel. ↑ Gestirn.

Die **Himmelsmechanik** ist ein Teilgebiet der ↑ Astronomie, das die Bewegung der Himmelskörper unter dem Einfluß der Massenanziehung (Gravitation), ihre Massen und Formen und den Bau ihrer Systeme behandelt. Sie umfaßt u. a. die Theorie des ↑ Zweikörperproblems und liefert Lösungen auch für die Bewegungen von 3 und mehr Himmelskörpern. Da für das ↑ Dreikörperproblem keine allgemeinen Lösungen angegeben werden können, müssen elektronische Rechenanlagen die schrittweise Annäherung übernehmen.

Eine weitere Aufgabe der Himmelsmechanik ist die Berechnung der Bahnelemente von Himmelskörpern im Sonnensystem.

Die grundlegenden Gesetze der Himmelsmechanik sind die Keplerschen Gesetze und das Gravitationsgesetz. Soweit andere kosmische Massen Einflüsse auf die betrachteten Himmelskörper ausüben, werden sie als Störungen berechnet. Durch die Bahnbestimmung für künstliche Himmelskörper (Raumflugkörper) hat die Himmelsmechanik seit 1957 eine erhöhte Bedeutung gewonnen.

Der **Himmelsmeridian** ↑ Meridiane.

Als **Himmelsrichtungen** bezeichnet man die Richtungen vom Beobachter nach bestimmten Punkten auf dem Horizont. Die *Haupthimmelsrichtungen* Norden, Osten, Süden und Westen werden durch die *Nebenhimmelsrichtungen* Nordosten, Südosten usw. und durch weitere Zwischenwerte, wie z. B. Nordnordosten, ergänzt. Eine genauere Angabe für die Himmelsrichtungen ermöglicht das ↑ Azimut.

Die **Himmelssphäre** ↑ Himmelskugel.

Himmelsüberwachung nennt man die systematische, ständige fotografische Beobachtung des gesamten Sternhimmels. Sie verfolgt den Zweck, Veränderungen (z. B. das Aufleuchten einer ↑ Nova) zu registrieren.

Himmels-W ↑ Kassiopeia.

Hipparch, geb. um 190 v. u. Z., gest. um 125 v. u. Z., war der bedeutendste griechische Astronom des Altertums. Er ermittelte die Entfernung des Mondes von der Erde und den Monddurchmesser mit ziemlich hoher Genauigkeit. Der von ihm aufgestellte Sternkatalog war der erste in der Geschichte der Astronomie. Hipparch baute die Theorie der ↑ Epizykel aus und entdeckte die ↑ Präzession.

Die **Höhe** eines Gestirns ist dessen Erhebungswinkel über dem Horizont. Sie ist der Winkel *Gestirn – Beobachter – Schnittpunkt zwischen Horizont und Vertikalkreis des Gestirns* und wird in Winkelgrad vom Horizont (0°) zum Zenit (90°) gezählt. Negative Höhen bedeuten die Stellung eines Gestirns unter dem Horizont. Das ist z. B. bei der Definition der ↑ Dämmerung bedeutsam. Die Höhe ist eine Koordinate des ↑ Horizontsystems. (↑ Tab. Koordinaten).

Der **Hohlraumstrahler** ↑ schwarzer Körper.

Das **holländische Fernrohr** ↑ Fernrohr 2.

Der **Horizont** [griech. horizein „begrenzen"] trennt die sichtbare Hälfte der scheinbaren Himmelskugel von der unsichtbaren Hälfte. Er ist eine gedachte Kreislinie und entsteht durch den Schnitt der *Horizontebene* mit der Himmelskugel. Je nachdem, ob man sich die Horizontebene durch den Erdmittelpunkt oder den Beobachtungspunkt verlaufend denkt, erhält man den *wahren* oder den *scheinbaren Horizont.* Davon ist der natürliche oder landschaftliche Horizont zu unterscheiden, der durch Bäume, Häuser, Berge usw. gebildet wird. Der *künstliche Horizont* ist ein genau waagerecht angeordneter Spiegel, der zur optischen Ermittlung der Lotrichtung dient. ↑ Abendweite.

Die **Horizontalparallaxe** [s. o. + ⟨griech.] ist der Wert der täglichen ↑ Parallaxe, wenn das Gestirn im Horizont steht. In diesem Falle ist die tägliche Parallaxe am größten; sie beträgt für den Mond durchschnittlich 57′, für die Sonne 8,8″. Die Horizontalparallaxen der Sterne sind unmeßbar klein.

Das **Horizontsystem** [s. o. + ⟨lat.] ist eines der Koordinatensysteme der Astronomie. Seine Grundebene ist die Horizontebene, seine ↑ Koordinaten heißen ↑ *Azimut* und ↑ *Höhe.* Beide werden in Winkelmaß gezählt und bestimmen vollständig den Ort eines Gestirns an der Himmelskugel, von einem bestimmten Punkt auf der Erde zu einem bestimmten Zeitpunkt beobachtet. Das Horizontsystem ist mit der Erdkugel fest verbunden; infolgedessen macht sich die Rotation der Erde durch eine stetige Änderung von Azimut und Höhe bemerkbar. Lediglich die Pole der Himmelskugel haben konstante Koordinaten im Horizontsystem. Das Gradnetz des Horizontsystems besteht aus ↑ Azimutal- und ↑ Vertikalkreisen. *Abb.*

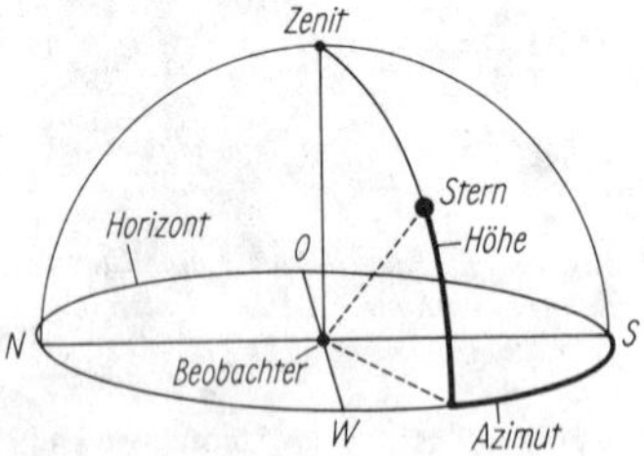

Horizontsystem

Das **Horologium** [⟨lat. ⟨griech.] ↑ Pendeluhr.

Das **Horoskop** [⟨griech.; „Stundenseher"] ↑ Astrologie.

HRD: Abk. für ↑ Hertzsprung-Russell-Diagramm.

Edwin Powell **Hubble** [sprich: habl], geb. 20. 11. 1889, gest. 28. 9. 1953, war ein Astrophysiker aus den USA. Er beschäftigte sich vorwiegend mit der Erforschung der außergalaktischen Sternsysteme. Im Jahre 1926 wies er nach, daß die Spiralnebel nicht zum Milchstraßensystem gehören, sondern selbständige kosmische Gebilde sind. Er entdeckte den nach ihm benannten ↑ Hubbleeffekt und die ↑ nebelfreie Zone.

Der **Hubbleeffekt** [nach E. P. ↑ Hubble] ist Ausdruck für den Zusammenhang zwischen dem Betrag der ↑ Rotverschiebung der Linien in den Spektren ferner Sternsysteme und der Entfernung dieser Systeme. Je größer die Entfernung ist, desto schneller bewegen sich die Galaxien radial vom Milchstraßensystem weg. Die beobachtete zentrale Stellung des Milchstraßensystems ist jedoch nur scheinbar; in einem sich mit gleichbleibender Geschwindigkeit ausdehnenden Raum hat jeder Beobachter den Ein-

druck, im Mittelpunkt der Expansion zu stehen.
Die Geschwindigkeit der Sternsysteme nimmt mit 1 Mill. Parsek (1 Mpc) Entfernung um etwa 55 km/s zu; dieser Wert heißt *Hubblekonstante. Tab.*

Hubbleeffekt: Entfernung, Radialgeschwindigkeit und Linienverschiebung

Entfernung in Mpc	Radialgeschwindigkeit in km/s	Linienverschiebung ($\Delta\lambda/\lambda_0$)
10	550	0,002
50	2750	0,009
100	5500	0,02
500	27500	0,09
1000	55000	0,2
2500	138000	0,6

Ein **Hüllenstern** ist ein Stern, der von einer ausgedehnten Gashülle umgeben ist. Solche Gashüllen können durch hohe Rotationsgeschwindigkeiten verursacht werden, wobei der Stern Gas abschleudert; es sind jedoch auch andere, z. B. eruptive Vorgänge als Ursache denkbar. Der Nachweis der Gashülle erfolgt spektroskopisch.
Hundsstern ↑ Sirius.
Die **Hyaden** [⟨griech.; „Regengestirn"] heißt ein ↑ offener Sternhaufen in der Umgebung des Sternes Aldebaran im Sternbild Stier. Sie können bereits mit dem bloßen Auge beobachtet werden. Ihre Sterne und weitere Sterne dieser Himmelsgegend bilden auch einen ↑ Bewegungssternhaufen. Die Hyaden sind etwa 150 ly entfernt. Sie werden als Sternhaufen noch für etwa 1 Md. Jahre existieren können ; später werden sie sich in der Galaxis zerstreuen.
Die **Hydra** [⟨griech.] ↑ Wasserschlange.
Der **Hydrus** [s. o.] ↑ Kleine Wasserschlange.
Die **Hyperbel** [⟨griech.] ist ein ↑ Kegelschnitt. Sie entsteht als Menge aller Punkte, für die die Differenz der Abstände von 2 gegebenen Punkten (den *Brennpunkten*) stets gleichbleibend (konstant) ist. Der Mittelpunkt der Verbindungslinie der Brennpunkte ist zugleich der Mittelpunkt der Hyperbel. Das Bild der Hyperbel ist eine ebene Kurve, die aus 2 verschiedenen Ästen besteht. ↑ Abb. Kegelschnitt. – Adjektiv: *hyperbolisch.*
Der **Hyperion** [⟨griech.] heißt ein Mond des Saturn. ↑ Tab. Satelliten.

I

IAU: Abk. für ↑ Internationale Astronomische Union.
Icarus [nach der griech. Sagengestalt Ikarus] heißt ein ↑ Planetoid, der 1948 von W. ↑ Baade entdeckt wurde. Von allen bisher bekannten Planetoiden kommt er der Sonne am nächsten. Der sonnennächste Punkt seiner Bahn ist nur 28 Mill. km von der Sonne entfernt und befindet sich innerhalb der Merkurbahn.
Der **Inder** oder lat. *Indus* (Genitiv *Indi*), Abk. *Ind*, heißt ein unscheinbares Sternbild des Südhimmels, das in Mitteleuropa nicht beobachtet werden kann.
Das **inflationäre Weltall** [⟨lat. bzw. ⟨dt.] ist die Bezeichnung für eine kosmologische Theorie, derzufolge sich der Kosmos in der ↑ Hadronenära kurzzeitig verzögert und anschließend kurzzeitig beschleunigt ausdehnte. Während der Phase der beschleunigten Ausdehnung *(Inflationsphase)* dehnte er sich um den Faktor 10^{50} aus. Die Inflationsphase dauerte von etwa 10^{-35} bis etwa 10^{-31} s nach der kosmologischen ↑ Singularität. ↑ Kosmologie.
Das **Infrarot** oder *Ultrarot* [⟨lat.] ist ein Bereich der ↑ elektromagnetischen Wellen mit Wellenlängen zwischen 760 nm und 1 mm. Die Infrarotwellen (oder *Infrarotstrahlung*) sind unsichtbar, können aber z. T. als Wärmestrahlung wahrgenommen werden. Die Infrarotstrahlung wird von der Erdatmosphäre teilweise absorbiert, in bestimmten schmalen Wellenlängenbereichen jedoch auch weitgehend durchgelassen. Astronomische Strahlungsquellen senden Infrarotstrahlung aus, wenn sie ihre Energie bei sehr

tiefen Temperaturen abgeben. Das tritt z. B. bei Staubteilchen ein, die durch die Strahlung eines benachbarten Sterns erwärmt werden.

Die **Infrarotastronomie** [s. o. + ⟨griech.] ist ein Teilgebiet der Astrophysik, das die infrarote Strahlung der Himmelskörper, eine elektromagnetische Wellenstrahlung mit Wellenlängen zwischen 0,001 und 0,02 mm untersucht. Ein großer Teil dieser Strahlung wird von der Erdatmosphäre absorbiert. Daher werden entweder die schmalen Wellenlängenbereiche benutzt, in denen die Atmosphäre für Infrarotstrahlung durchlässig ist, oder die Beobachtungen werden von Hochgebirgsstationen, Forschungsflugzeugen, Raumflugkörpern und Ballonobservatorien aus vorgenommen. Als Empfänger dienen besondere fotoelektrische Zellen, die z. T. mit flüssigem Stickstoff oder sogar mit flüssigem Helium (−269 °C) gekühlt werden müssen.

Objekte der Infrarotastronomie sind vor allem Sterne mit sehr niedriger Temperatur (↑ Protostern und ↑ Schwarzer Zwerg) und ↑ T-Tauri-Sterne.

Die **Instrumente** ↑ astronomische Beobachtungsinstrumente.

Die **Interferenz** [lat. inter „zwischen", ferio „treffen"] sind die Erscheinungen (Verstärkung, Auslöschung), die beim Überlagern (Zusammentreffen) von Wellen beobachtet werden können. Unter bestimmten Bedingungen können sich solche Wellen gegenseitig verstärken oder auslöschen. Bei der Interferenz wirken die beteiligten Einzelwellen jedoch nicht verändernd aufeinander ein; die Interferenzerscheinungen entstehen lediglich durch das gleichzeitige Vorhandensein der Wellen an einem bestimmten Punkt des Raumes.

Interferenzerscheinungen bei Lichtwellen bestehen z. B. darin, daß durch Überlagerung zweier bestimmter Wellenbündel ein Muster aus hellen und dunklen Linien entsteht. Mit solchen Anordnungen kann die Wellenlänge des verwendeten Lichtes gemessen werden. In der Astronomie sind auch Interferenzerscheinungen radiofrequenter Wellen bedeutsam.

Ein **Interferometer** [s. o. + ⟨griech.] ist eine Meßanordnung, bei der die ↑ Interferenz von Lichtwellen oder Radiofrequenzstrahlung zur Ermittlung von Doppelsternabständen oder scheinbaren Winkeldurchmessern von Sternen und Radioquellen benutzt wird. Die vom Objekt ankommende Strahlung wird durch 2 Spalten bzw. durch 2 völlig getrennte Empfänger, deren Abstand verändert werden kann, beobachtet.

Durch Messungen an den veränderlichen Interferenzerscheinungen, die bei der Änderung der Spalt- bzw. Empfängerabstände auftreten, können die Winkelabstände und -durchmesser der Strahlungsquellen berechnet werden. *Abb.*

intergalaktisch [s. o. + ⟨griech.; von Galaxie]: zwischen den Sternsystemen befindlich.

Die **intergalaktische Materie** [s. o. bzw. ⟨lat.] wird von Gas- und möglicherweise auch Staubansammlungen im Raum zwischen den Sternsystemen gebildet. Während neutraler Wasserstoff in Galaxien-

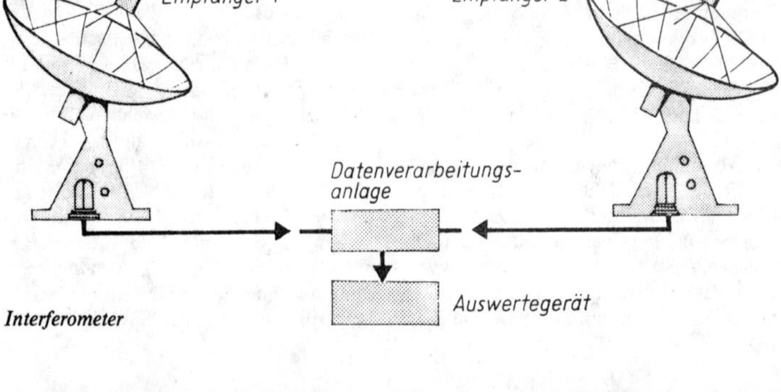

Interferometer

haufen mit radioastronomischen Mitteln nachgewiesen werden konnte, lassen sich Wolken ionisierten Gases durch ihre Röntgenstrahlung beobachten (↑ Röntgenastronomie). Demzufolge scheint der gasförmige Anteil der intergalaktischen Materie in sehr heißem Zustand vorzuliegen. Auch außerhalb der Galaxienhaufen ist intergalaktisches Gas vorhanden. ↑ Verfärbung und ↑ Extinktion deuten auch auf das Vorhandensein intergalaktischen Staubes hin.

Aus der intergalaktischen Materie sind die Sternsysteme entstanden. Es ist anzunehmen, daß sowohl interstellare Materie aus den Sternsystemen in den intergalaktischen Raum entweicht als auch intergalaktische Materie die interstellare Materie in den Sternsystemen ergänzt.

Die **Internationale Astronomische Union** [s. o.], Abk. *IAU*, ist eine Vereinigung der Berufsastronomen aller Länder. Sie organisiert die internationale Zusammenarbeit, koordiniert die astronomische Forschung und veranstaltet wissenschaftliche Tagungen. Sie ist 1919 gegründet worden und übernahm die Aufgaben der *Astronomischen Gesellschaft* (gegr. 1863).

interplanetar oder *interplanetarisch* [s. o. + ⟨griech.]: zwischen den Planeten, d. h. im Sonnensystem befindlich. – Die *interplanetare Materie* sind alle festen Stoffe und Gase, die sich im Raum des Sonnensystems befinden: ↑ Kometen und ↑ Planetoiden (Kleinkörper), der ↑ interplanetare Staub (feste Teilchen) und das ↑ interplanetare Gas. – ↑ interstellar.

Das **interplanetare Gas** [s. o. bzw. ⟨niederländ.] besteht vor allem aus Protonen und Elektronen, ist also eigentlich ein Plasmastrom. Es strömt aus der Sonnenkorona ab und wird deshalb meistens als ↑ Sonnenwind bezeichnet.

Der **interplanetare Staub** [s. o. bzw. ⟨dt.] besteht aus Teilchen mit Durchmessern von 0,01 bis 0,0001 mm, die den ganzen Raum des Sonnensystems erfüllen. Sie streuen das Sonnenlicht und werden so als ↑ Zodiakallicht sichtbar. Die Dichte dieser Staubwolke nimmt von außen nach innen zu und beträgt in der Nähe der Erde etwa $3 \cdot 10^{-20}$ g/cm³. Die Planeten fangen ständig interplanetaren Staub auf; für die Erde ergibt sich daraus ein Massenzuwachs von einigen kg je Sekunde.

Auch die ↑ leuchtenden Nachtwolken werden durch den interplanetaren Staub bewirkt.

interstellar [s. o. + ⟨lat.]: zwischen den Sternen befindlich.

Die **interstellare Absorption** [s. o. bzw. ⟨lat.] ist die ↑ Absorption (Schwächung) elektromagnetischer Strahlung, *insbesondere des Lichts*, durch ↑ interstellares Gas und ↑ interstellaren Staub. Das Gas schwächt bzw. unterdrückt dabei aus dem Licht ferner Sterne die gleichen Frequenzen, welche das Gas – im angeregten Zustand – im eigenen Licht enthält. Dadurch ist es möglich, einzelne Bestandteile des interstellaren Gases festzustellen. Auch im Radiofrequenzbereich tritt eine Absorption durch das interstellare Gas auf.

Der interstellare Staub bewirkt vorwiegend eine ↑ Streuung des Lichtes. Sie erfolgt in allen Wellenlängen, wobei der kurzwellige (blaue) Anteil eine wesentlich stärkere Schwächung erfährt. Man spricht daher genauer von einer interstellaren ↑ Extinktion.

Das **interstellare Gas** [s. o. bzw. ⟨niederländ.] ist der gasförmige Anteil der im Raum zwischen den Sternen befindlichen ↑ interstellaren Materie. Es besteht aus Elektronen, Ionen, Atomen und Molekülen (↑ interstellare Moleküle), ist in einer dünnen Schicht in der Mittelebene des Milchstraßensystems angeordnet und weitgehend mit ↑ interstellarem Staub durchsetzt. Die Dichte ist unterschiedlich; im Mittel beträgt sie 1 Atom je cm³. In der Gasschicht befinden sich dichte Wolken, die kugelähnlich, länglich oder von faseriger Struktur sein können. In einer Wolke kann die Dichte bis zu mehreren hundert Atomen pro cm³ betragen; die Wolkenmassen liegen zwischen einer und 10 Sonnenmassen.

Wie in den Sternen haben auch im interstellaren Gas Wasserstoff und Helium mit zusammen etwa 99 % den größten Massenanteil. Die schwereren Elemente sind jedoch seltener als in den Sternen, da sie an die Teilchen des interstellaren Staubes gebunden sind. Im letzten Jahrzehnt wurden im interstellaren Gas auch viele ↑ interstellare Moleküle entdeckt. Das interstellare Gas tritt in 3 Zustandsformen auf. Bereiche neutralen Wasserstoffs heißen *H I-Gebiete.* In ihnen beträgt die Temperatur nur 60 bis 100 K. Diese Gebiete senden eine Radiostrahlung auf der Wellenlänge 21 cm („21-cm-Linie") aus und können somit beobachtet werden, obwohl sie optisch nicht sichtbar sind. Die H I-Gebiete sind in ein heißes, teilweise ionisiertes *Zwischenwolken-Gas* eingebettet. In der Umgebung heißer Sterne der Spektralklassen O und B ist das Gas durch die energiereiche Strahlung dieser Sterne fast völlig ionisiert und sendet eine schwache Lichtstrahlung aus (*H II-Gebiete*, Wasserstoff-

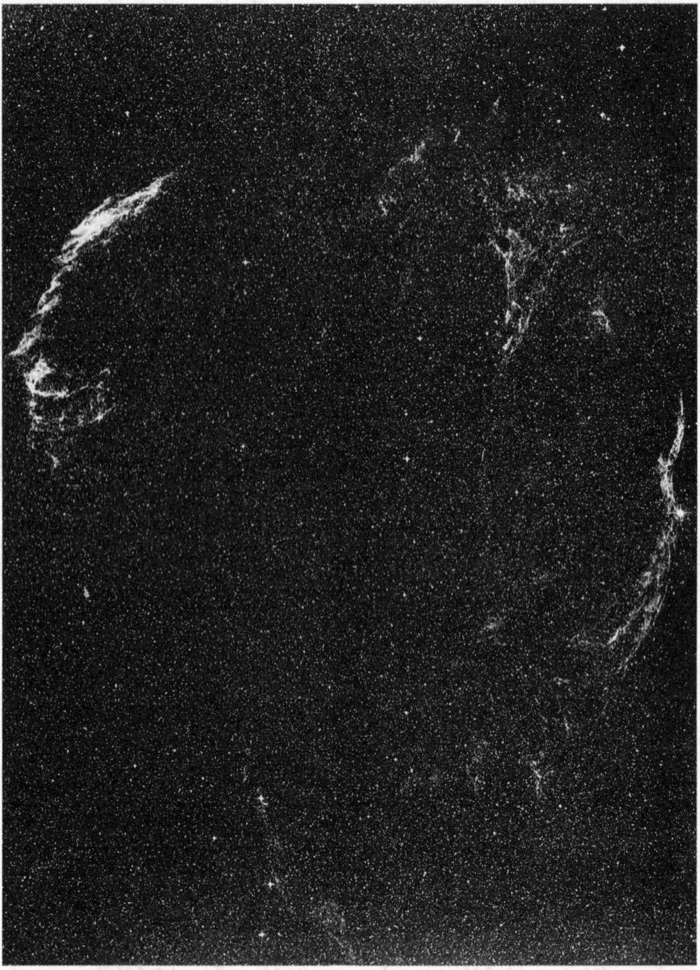

interstellares Gas: Cirrusnebel im Sternbild Schwan

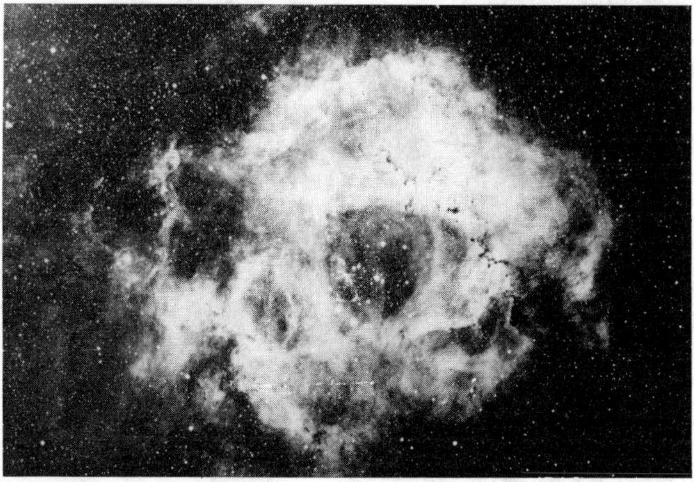

interstellares Gas: Rosettennebel

Emissionsgebiete). Bei genügend hoher Dichte (bis 10000 Teilchen pro cm^3) erscheinen diese Gebiete als helle *Emissionsnebel.* Solche Objekte wurden auch in anderen Sternsystemen beobachtet. *2 Abb.*

Das **interstellare Magnetfeld** [s. o. bzw. ⟨lat. + ⟨dt.] ist ein Magnetfeld, das das gesamte Milchstraßensystem durchsetzt und dessen Feldlinien weitgehend parallel zu den Spiralarmen verlaufen. Es bewirkt eine ↑ Polarisation des Sternlichtes, weil es die Teilchen des ↑ interstellaren Staubes zueinander parallel ausrichtet. Die magnetischen Induktionen liegen unter einem Milliardstel Tesla.

Die **interstellare Materie** [s. o. bzw. ⟨lat.] oder auch das *interstellare Medium* [beide ⟨lat.] umfaßt **1.** im engeren Sinn das ↑ interstellare Gas und den ↑ interstellaren Staub.

2. Im weiteren Sinn wird dieser Begriff für die Materie verwendet, die nicht in Sternen gebunden ist; dazu zählen außer Gas und Staub auch die kosmische Teilchenstrahlung, die Magnetfelder und das Strahlungsfeld der im wesentlichen von den Sternen ausgesandten Energie.

Der Anteil von Staub und Gas im Milchstraßensystem macht etwa $\frac{1}{50}$ der Gesamtmasse des Systems aus, die Gasdichte ist etwa 100mal größer als die Staubdichte. Durchschnittlich befindet sich in 1 cm^3 1 Gasatom.

Interstellare Moleküle [s. o. bzw. ⟨lat.] sind die Moleküle (Verbindungen von 2 und mehr Atomen), die im ↑ interstellaren Gas auftreten. Sie wurden zum größten Teil durch radioastronomische Beobachtungen entdeckt. Ähnlich wie Atome senden sie Strahlung nur bei bestimmten Frequenzen aus (Emission) und absorbieren auch die Strahlung nur in Form von Spektrallinien.

Größere Mengen von Molekülen können im Weltall nur an den Stellen existieren, wo die Gasdichte genügend hoch ist (einige 10000 Teilchen je cm^3) und wo sich hinreichend dichte Staubansammlungen befinden. Im ungeschützten interstellaren Raum werden die meisten Moleküle durch die kurzwellige, energiereiche Strahlung der Sterne in verhältnismäßig sehr kurzer Zeit zerstört. Der Staub hingegen schirmt diese Strahlung ab. – Der interstellare Staub beeinflußt auch die Neubildung von Molekülen. Dieser Prozeß ist noch wenig erforscht, da die im interstellaren Raum ablaufenden chemischen Reaktionen auf der Erde nur schwer experimentell untersucht werden können. Man nimmt an, daß sich die Moleküle entweder an den Oberflächen von Staubteilchen bilden oder daß sie im gasförmigen Zustand durch Zusammenstöße entstehen.

Als erstes interstellares Molekül wurde 1940 das Cyan nachgewiesen, 1963 folgte das zweite (Hydroxylradikal), 1969 das erste organische Molekül. Gegenwärtig sind über 60 chemische Verbindungen im interstellaren Raum bekannt; nahezu alle wurden durch Beobachtungen im Radiofrequenzbereich entdeckt. Einige Moleküle sind in mehr als 100 verschiedenen Quellen nachgewiesen worden.

Obwohl im interstellaren Raum organische Moleküle gefunden wurden, ist ein biologischer Ursprung sehr zweifelhaft. Die Kompliziertheit lebender Materie ist weit größer als die der bisher gefundenen interstellaren Moleküle. Außerdem zerstört bei der Bildung eines Planeten die freiwerdende Wärme wahrscheinlich alle organischen Moleküle in dem jeweiligen Ausgangsmaterial. *Tab.*

Der **interstellare Staub** [s.o. bzw. ⟨dt.] ist der feste Anteil der im Raum zwischen den Sternen befindlichen ↑ interstellaren Materie. Er kann in Gestalt heller und dunkler Nebel beobachtet werden. Die hellen Wolken leuchten, weil sie das Licht benachbarter Sterne reflektieren, die dunklen fallen als scheinbar sternleere Gebiete am Himmel auf. Hier ist der Staub in so großen Massen vorhanden, daß er das Licht der dahinter befindlichen Sterne streut, rötet und im ausgeprägtesten Falle weitgehend absorbiert. Sterne, deren Licht durch interstellare Staubmassen hindurch beobachtet wird, weisen daher einen beträchtlichen ↑ Farbexzeß auf. Außerdem wird das Sternlicht durch den Staub polarisiert (↑ Polarisation).

Im Milchstraßensystem ist der interstellare Staub in einer flachen Scheibe in der Symmetrieebene des Systems angeordnet. Die mittlere Staubdichte liegt bei 10^{-26} g/cm^3, die Teilchengröße beträgt im Mittel 100 nm. Interstellarer Staub und ↑ interstellares Gas kommen meistens gemeinsam vor und stehen in einem ungefähren Massenverhältnis von 1:100.

Der interstellare Staub weist Temperaturen von einigen 10 K auf. In der Umgebung eines Sternes befindliche Staubteilchen sind wärmer und senden deshalb Infrarotstrahlung aus; dadurch konnten heiße Staubhüllen um junge Sterne nachgewiesen werden. Sicher steht dieser Staub mit der Entstehung der Sterne in engem Zusammenhang. Über die chemische Zusammensetzung der Staubteilchen gibt es noch keine völlige Klarheit. Es ist aber wahrscheinlich, daß sie zum Teil aus Silikaten bestehen. *Abb.*

Io heißt der erste der 4 großen Jupiter-

Einige interstellare Moleküle

H_2	Wasserstoff	C_2	Kohlenstoff
OH	Hydroxyl	CH_4	Methan
SiO	Siliciumoxid	HC_3N	Acetylencyanid
NO	Stickstoffmonoxid	HNCO	Isocyansäure
SO	Schwefelmonoxid	HCOOH	Methansäure (Ameisensäure)
H_2O	Wasser	$CHONH_2$	Formamid
H_2S	Schwefelwasserstoff	CH_3OH	Methanol
SO_2	Schwefeldioxid	CH_3CCH	Propin
NH_3	Ammoniak	CH_3NH_2	Methylamin
CN	Cyan	CH_3CHO	Ethanal (Acetaldehyd)
CO	Kohlenmonoxid	$HCOOCH_3$	Methylformiat (Ameisensäuremethylester)
HCN	Cyanwasserstoff (Blausäure)	CH_3CH_2OH	Ethanol (Ethylalkohol)
HCHO	Methanal (Formaldehyd)		

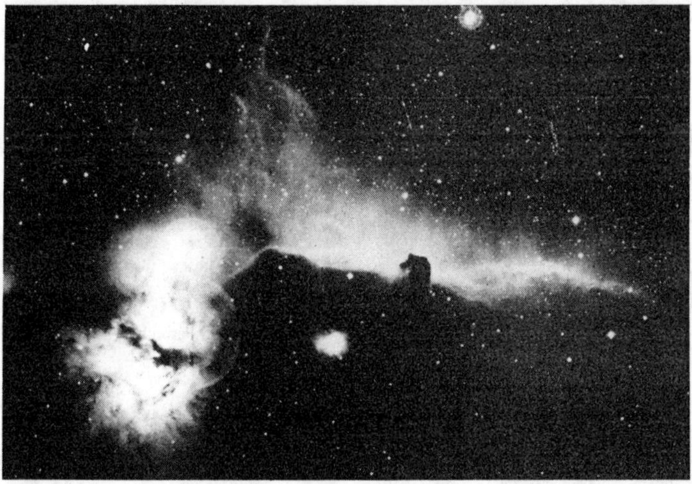

interstellarer Staub: Pferdekopfnebel im Orion

monde. Er besitzt eine Atmosphäre aus Schwefeldioxid (SO_2) und weist viele aktive Vulkankrater auf. Auf Io befinden sich Ozeane aus geschmolzenem Schwefel. ↑ Tab. Satelliten. – *Abb.*

Die **Ionisation** oder *Ionisierung* [⟨lat. ⟨griech.] ist die Bildung von Ionen durch Abtrennung oder Anlagerung von Elektronen an neutrale Atome oder Moleküle. In der Astronomie wird vorwiegend die Abtrennung von Elektronen betrachtet, die zur Entstehung positiver Ionen

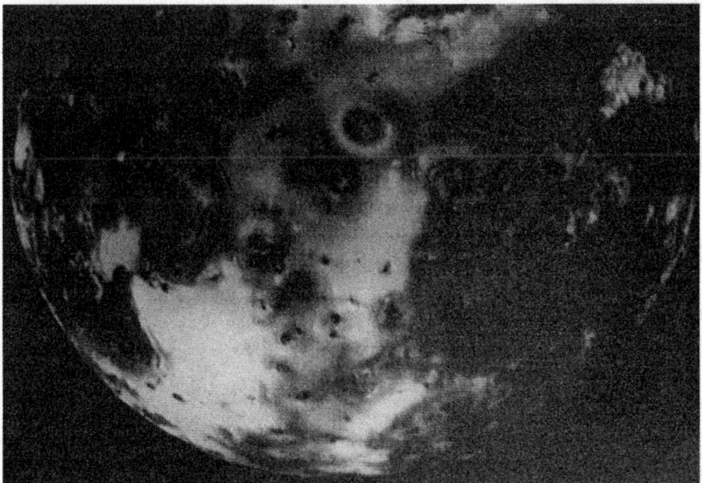

Jupitermond Io

führt. Sie wird z.B. durch hohe Temperaturen bewirkt, wobei neutrale Teilchen mit großer Energie aufeinanderstoßen. Weitere Ionisationsursachen sind die Einwirkung energiereicher (kurzwelliger) elektromagnetischer Strahlung oder der Stoß durch Elektronen oder andere Teilchen. Die dem Atom oder Molekül übertragene Energie muß mindestens die *Ionisierungsenergie* des betreffenden Elements erreichen.
In der Astronomie ist es üblich, neutrale Atome durch das römische Zahlzeichen I (z.B. H I), einmal ionisierte durch II (z.B. H II) usw. zu kennzeichnen. Der der Ionisation entgegengesetzte Vorgang ist die ↑ Rekombination.

In Höhen zwischen 70 und 150 km fließen elektrische Ströme, deren Magnetfelder auf das Erdmagnetfeld zurückwirken. *Tab.*
Ionosphärenstörungen [s.o. + ⟨dt.] sind stets ein Zeichen kurzzeitig erhöhter Sonnenaktivität. Die bei einer ↑ chromosphärischen Eruption freigesetzte Ultraviolettstrahlung wird in der Ionosphäre der Erde absorbiert; dadurch erhöht sich die Anzahl der Ionen und der freien Elektronen. Dieses hat Veränderungen im Verhalten der Ionosphäre gegenüber irdischen Radiowellen, insbesondere aus dem Kurzwellenbereich, zur Folge. Normalerweise reflektieren bestimmte Schichten der Ionosphäre Kurzwellen.

Ionosphäre: Aufbau

Schicht	Höhe in km	Elektronendichte in Elektronen/cm³ tags	nachts	Besonderheiten	ionisiert werden
D	60 bis 85	10^2 bis 10^4	—	nur nach ↗ chromosphärischen Eruptionen für kurze Zeit und nur auf der Tagseite der Erde vorhanden	—
E	85 bis 140	10^5	10^2 bis 10^3	Ausbildung abhängig vom Sonnenstand; nachts sehr schwach	O_2
F_1	140 bis 200	10^5	10^2 bis 10^3	wie E-Schicht, aber im Winter kaum vorhanden	O, N_2
F_2	200 bis 1000	10^5 bis 10^6	10^3	gleichmäßig ausgeprägt	O, N_2

Die **Ionosphäre** [⟨griech.] ist eine Schicht in der ↑ Erdatmosphäre in 60 bis 1000 km Höhe. In ihr erfolgt eine ↑ Ionisation der atmosphärischen Gase durch die Ultraviolett- und Röntgenstrahlung der Sonne. Nach ihren Eigenschaften unterscheidet man innerhalb der Ionosphäre 4 Schichten. Die Ionosphäre hat eine große Bedeutung für den Weitstreckenfunkverkehr über Kurzwellen. Sie reflektiert solche Wellen und macht dadurch den Empfang über große Entfernungen möglich. ↑ Ionosphärenstörungen durch Einflüsse der Sonnenaktivität haben deshalb Funkstörungen zur Folge.

Solche Reflexionen, und damit der Kurzwellen-Weitstreckenverkehr, werden nach starken chromosphärischen Eruptionen unterbrochen *(Mögel-Dellinger-Effekt).* Längere Wellen werden gelegentlich gleichzeitig verstärkt reflektiert. Diese Vorgänge können einige Stunden dauern; sie treten nur auf der Tagseite der Erde auf.
Ir: Zeichen für ↑ irreguläre Galaxien.
irdisch: die ↑ Erde betreffend.
Das **Irisblendenfotometer** [⟨griech. + ⟨dt. + ⟨griech.] ↑ Mikrofotometer.
Die **irregulären Galaxien** [⟨lat. bzw. ⟨griech.], Zeichen *Ir,* sind ↑ Sternsysteme

ohne erkennbaren Kern und ohne symmetrischen Aufbau. Sie enthalten von allen Galaxien den größten Anteil an ↑ interstellarer Materie und sehr viele junge Sterne.
Ihre Massen sind mit etwa 10 Md. Sonnenmassen kleiner als die der durchschnittlichen ↑ Spiralnebel. – ↑ Abb. Magellansche Wolken.

J

Jagdhunde oder lat. *Canes Venatici* (Genitiv *Canum Venaticorum*), Abk. *CVn*, heißt ein aus lichtschwachen Sternen bestehendes Sternbild des Nordhimmels. Es ist zwischen den Sternbildern Großer Bär, Bootes und Haar der Berenike gelegen; ein Teil ist zirkumpolar. Das Sternbild enthält viele außergalaktische Sternsysteme, darunter das Spiralsystem M 51 *(Jagdhundenebel).*
Ein **Jahr** ist der Zeitraum, den die Erde für einen Umlauf um die Sonne benötigt. Ein Umlauf der Sonne von Frühlingspunkt zu Frühlingspunkt ist das ↑ *tropische Jahr;* bezieht man den Umlauf der Sonne auf einen Stern, so ist die Zeitdauer das ↑ *siderische Jahr.* Der ↑ Kalender verwendet das *gregorianische* Jahr (365,2425 Tage). ↑ Schaltjahr, ↑ anomalistisches Jahr.
Das *astronomische* **Jahrbuch** enthält die ↑ Ephemeriden der Sonne, des Mondes und der Planeten für ein Kalenderjahr, ferner Angaben über Finsternisse und andere wichtige astronomische Erscheinungen.
Die **Jahreszeiten** sind die 4 Abschnitte, in die das Jahr unterteilt wird. In der *Astronomie* ist unter Jahreszeit der Zeitabschnitt zwischen einer ↑ Sonnenwende und der folgenden ↑ Tagundnachtgleiche bzw. zwischen dieser und der folgenden Sonnenwende zu verstehen. Wegen der ungleichförmigen Geschwindigkeit der Erde auf ihrer Bahn um die Sonne sind die Jahreszeiten nicht gleich lang. Für die Nordhalbkugel der Erde gilt:

Jahreszeit	Dauer
Frühling	92 d 19 h
Sommer	93 d 15 h
Herbst	89 d 20 h
Winter	89 d 0 h

In der *Meteorologie* gelten die Monate März, April und Mai als Frühling, die Monate Juni bis August als Sommer; der meteorologische Herbst umfaßt die Monate September bis November und der meteorologische Winter die Monate Dezember, Januar und Februar.
Der **Jakobstab** war **1.** ein einfaches Visiergerät im Altertum. Es wurde zum Messen von Winkelabständen an der scheinbaren Himmelskugel verwendet. Das Instrument bestand aus einem Visierstab mit verschiebbarem Querholz.
2. Jakobstab heißen auch die 3 „Gürtelsterne“ des Sternbildes ↑ Orion.
Karl **Jansky,** geb. 22. 10. 1905, gest. 14. 2. 1950, war ein Hochfrequenztechniker aus den USA, der 1931 bei der Untersuchung von Funkstörungen erstmals eine kosmische ↑ Radiofrequenzstrahlung nachwies. Er wurde damit zum Begründer der ↑ Radioastronomie, die sich aber erst um 1950 zu entwickeln begann.
Der **Janus** heißt ein Mond des ↑ Saturn. Er wurde 1966 entdeckt, aber von der IAU nicht bestätigt. Ein 1980 entdeckter 10. Saturnmond ist sehr wahrscheinlich mit dem Objekt von 1966 identisch; deshalb wurde der Name Janus 1983 endgültig an den 10. Saturnmond vergeben. ↑ Tab. Satelliten.
Der **Japetus** heißt ein Mond des Saturn. ↑ Tab. Satelliten.
JD: Abk. für ↑ Julianisches Datum.
In **Jodrell Bank** [engl.; sprich dschotrəl bänk] (Großbritannien) befindet sich das Radioobservatorium der Universität Manchester mit einem Radioteleskop von 76 m Reflektordurchmesser.
Das **Julianische Datum** [nach dem Gelehrten J. Scaliger] oder die *Julianische Zählung,* Abk. *JD,* ist eine durchgehende Zählung der Tage ohne Einteilung in größere Einheiten (Wochen, Monate, Jahre). Jeder Tag erhält eine Nummer; der Beginn dieser Zählung wurde will-

kürlich auf den 1. 1. 4713 v. u. Z. festgesetzt. Vorteil des Julianischen Datums ist, daß sich Zeitdifferenzen leicht durch Subtraktion ermitteln lassen. Tagesbeginn ist 12^h Weltzeit (13^h MEZ). Das entspricht der bis 1925 in der Astronomie allgemein üblich gewesenen Praxis, mit der der Wechsel des Datums während der Beobachtungsnacht vermieden werden sollte.

Die **Jungfrau** oder lat. *Virgo* (Genitiv *Virginis*), Abk. *Vir*, heißt ein Sternbild, das zum ↑ Tierkreis gehört. Es kulminiert Ende März um Mitternacht. Sein Hauptstern ist Spika, in ihm liegt der ↑ Herbstpunkt. Das Sternbild enthält eine große Zahl außergalaktischer Sternsysteme, die den ↑ Virgohaufen bilden.

Die **Juno** ist ein ↑ Planetoid. Mit einem Durchmesser von 247 km steht sie in der Reihe der Planetoiden an 13. Stelle. Ihr mittlerer Abstand von der Sonne beträgt 2,67 AE; in der Opposition erreicht ihre scheinbare Helligkeit im Mittel 9,6 Größenklassen.

Der **Jupiter** [nach dem röm. Gott] ist der größte und massereichste Planet des Sonnensystems (er enthält 70 % der Gesamtmasse aller Planeten). Er gehört zu den ↑ jupiterartigen Planeten. ↑ Tab. Planeten.

Wegen seiner schnellen Rotation ist Jupiter sehr stark abgeplattet. Die beobachtbare Oberfläche ist eine undurchsichtige Wolkenhülle. Sie besteht vermutlich aus Ammoniak- und Eiskristallen sowie Ammoniak- und Wassertropfen. Auffällig sind die zum Äquator parallelen dunklen Streifen, in denen heftige Bewegungen festgestellt wurden. In einem dieser Streifen befindet sich der ↑ Große Rote Fleck. Auf dem Jupiter ist die Sonnenstrahlung 27mal geringer als auf der Erde. An der Wolkenoberfläche herrscht eine mittlere Temperatur von etwa −130 °C und ein Druck von rund 100 kPa. In den Polregionen ist die Temperatur deutlich niedriger, aber Tag- und Nachtseite weisen die gleiche Temperatur auf.

In der Atmosphäre, die nur bis etwa 1000 km über die sichtbare Wolkendecke hinausreicht, wurden Wasserstoff (H_2), Helium (He), Methan (CH_4), Ammoniak (NH_3) und Wasser festgestellt. Im wesentlichen aber besteht Jupiter aus Wasserstoff und Helium und hat damit eine der Sonne und den Sternen entsprechende Zusammensetzung. Die tieferen Schichten des Planeten sind zunehmend dichter und heißer; eine scharfe Grenze zwischen dem gasförmigen und dem flüssigen Zustand gibt es nicht. Sein Kern von etwa 15000 km Durchmesser besteht wahrscheinlich aus Eisen und Silikaten, darum erstreckt sich ein 40000 bis 50000 km dicker Mantel aus flüssig-metallischem Wasserstoff. Die Temperatur im Kern wird auf 30000 °C geschätzt.

Jupiter strahlt 2- bis 3mal mehr Energie ab als er von der Sonne erhält. Es muß also in ihm noch eine Energiequelle geben, die auch starke Strömungen und Wirbelstürme in der Jupiteratmosphäre hervorruft.

Jupiter besitzt ein Magnetfeld, dessen Feldstärke an der Wolkenobergrenze zehnmal stärker als das Erdmagnetfeld an der Erdoberfläche ist und das bis in eine Entfernung von über 6,5 Mill. km nachgewiesen wurde. In ihm sind Elektronen und Protonen eingefangen, die einen scheibenförmigen Strahlungsgürtel bilden. Auf der sonnenabgewandten Seite ist dieses Magnetfeld zu einem langen Magnetschweif auseinandergezogen. Jupiter ist auch Quelle einer Teilchen-

Jupiter mit Großem Roten Fleck; fotografiert von Voyager 1 (15. 2. 1979) aus 32,7 Mill. km Entfernung

strahlung. Er hat einen schwachen, von der Erde aus unsichtbaren Ring.
Um den Planeten bewegen sich 16 Monde, von denen die 4 hellsten bereits im Fernglas beobachtbar sind. ↑ Tab. Satelliten. – *Abb.*
Als **jupiterartige Planeten** [s.o. bzw. ⟨lat. ⟨griech.] bezeichnet man die Planeten Jupiter, Saturn, Uranus und Neptun. Sie haben wesentlich größere Durchmesser, größere Massen und kleinere mittlere Dichten als die ↑ erdartigen Planeten. Eine genauere Unterteilung unterscheidet innerhalb der jupiterartigen Planeten zwischen *großen* (Jupiter und Saturn) und *äußeren Planeten* (Uranus und Neptun). Auch ↑ Pluto ist – im Gegensatz zu früheren Angaben – hinsichtlich seiner Dichte und mutmaßlichen Zusammensetzung ein jupiterartiger Planet, jedoch nimmt er bezüglich Masse und Durchmesser eine Sonderstellung ein.

K

Der **Kalender** [⟨lat.] ist ein System zur Zeiteinteilung in große Einheiten. Alle Kalender verwenden als Zeitmaß den Tag (Sonnentag) und stellen (unterschiedlich viele) Tage zu größeren Einheiten (Woche, Monat) zusammen.
Kalender lassen sich nur nach 3 Gesichtspunkten aufstellen.: a) nach der Umlaufzeit der Erde um die Sonne (365,2422 Tage; tropisches Sonnenjahr); b) nach der Umlaufzeit des Mondes um die Erde (12 synodische Monate = 1 Mondjahr zu 354,3671 Tagen); c) als Kombination aus a und b.
Der in Mitteleuropa allgemein benutzte Kalender ist der *Gregorianische.* Das gregorianische Jahr ist ein Sonnenjahr und hat 365,2425 Tage; es unterscheidet sich

Kalender: einige gebräuchliche Kalender

Bezeichnung	Jahreslänge	Besonderheiten
Gregorianischer Kalender	Gemeinjahr 365 Tage Schaltjahr 366 Tage	meistverwendeter Kalender; heutige Jahreszählung erst um 607 u.Z. eingeführt
Julianischer Kalender	Gemeinjahr 365 Tage Schaltjahr 366 Tage	im deutschsprachigen Raum teilweise bis in das 18.Jh. in Gebrauch; Jahreszählung häufig seit der sagenhaften Gründung Roms (753 v.u.Z.)
Persischer Kalender	Gemeinjahr 365 Tage Schaltjahr 366 Tage	Jahreszählung seit der Thronbesteigung des Perserkönigs Kyros II. (558 v.u.Z.)
Mohammedanischer Kalender	Gemeinjahr 354 Tage Schaltjahr 355 Tage	Jahreszählung seit der Flucht Mohammeds (622 u.Z.)
Jüdischer Kalender	Gemeinjahr 353 oder 354 oder 355 Tage Schaltjahr 383 oder 384 oder 385 Tage	Jahreszählung seit 3761 v.u.Z.; recht komplizierter Kalender
Chinesischer Kalender	Gemeinjahr 353 oder 354 oder 355 Tage Schaltjahr 383 oder 384 oder 385 Tage	Jahresbeginn ist der Neumondtag, an dem die Sonne im Tierkreiszeichen Wassermann steht
Julianisches Datum (Julianische Zählung)	–	in der Astronomie häufig verwendete durchgehende Zählung der Tage; Tagesbeginn ist 12^h Weltzeit, Zählungsbeginn der 1.1.4713 v.u.Z. – Der 1.1.1980, 13.00 Uhr MEZ, hat das Julianische Datum 2444240,00

vom tropischen Sonnenjahr nur um 0,0003 Tage. Da ein Kalender nur ganze Tage enthalten kann, müssen sich Jahre mit unterschiedlicher Länge abwechseln, um nach einigen Jahren wieder eine größtmögliche Annäherung an den wahren Zeitverlauf zu erreichen. Es folgen nach dem Gregorianischen Kalender auf 3 Gemeinjahre 1 Schaltjahr. Durch eine weitere Schaltregel wird die verbleibende Abweichung sehr gering gehalten (↑ Schaltjahr). – Der Vorläufer des Gregorianischen Kalenders, der Julianische Kalender, wurde im Römischen Reich 46 v. u. Z. eingeführt (damals gab es einmalig ein Jahr mit 445 Tagen, um den Kalender mit dem wahren Zeitverlauf in Übereinstimmung zu bringen). Das julianische Jahr enthält 365,2500 Tage, daher entsteht im Laufe der Zeit eine beträchtliche Differenz zwischen ihm und dem tropischen Jahr (1 Tag innerhalb 130 Jahren). Dieser Kalender ist in manchen Kirchen zur Berechnung der kirchlichen Feiertage noch heute in Gebrauch. *Tab.*

Die **Kallisto** [Gestalt aus der griech. Mythologie] heißt der 4. große Jupitermond. Ihre Oberfläche ist mit Kratern übersät und wahrscheinlich mit Eis bedeckt. ↑ Tab. Satelliten.

Der **Kanopus** oder *Canopus* [⟨griech.; vielleicht nach dem Steuermann des Menelaos in der griech. Sage], Abk. *α Car*, heißt der hellste Stern, ein Überriese, im Sternbild Schiffskiel am Südhimmel. Wegen seiner großen scheinbaren Helligkeit von −0,77 Größenklassen – er ist nach Sirius der hellste Stern des Himmels – wird er bei Raumfahrtunternehmen oft als Orientierungspunkt benutzt. In Mitteleuropa ist Kanopus nicht sichtbar.

Immanuel **Kant,** geb. 22. 4. 1724, gest. 12. 2. 1804, war ein deutscher Philosoph, der sich in den jüngeren Jahren auch mit naturwissenschaftlichen Problemen beschäftigte. Er vertrat als erster die (materialistische) Ansicht, daß auch im Weltall eine Entwicklung stattfindet und erarbeitete eine Theorie über die Entstehung des Sonnensystems („Allgemeine Naturgeschichte und Theorie des Himmels", 1755). Damit wurde er der Begründer der wissenschaftlichen Kosmogonie.

Die **Kapella** oder lat. *Capella* [„Ziege"], Abk. *α Aur*, heißt der Hauptstern des Sternbildes Fuhrmann. Er ist ein gelber Riesenstern mit der scheinbaren Helligkeit 0,09 Größenklassen, er hat einen unsichtbaren Begleiter. Kapella ist in Mitteleuropa zirkumpolar, kann also in jeder klaren Nacht gesehen werden.

Die **Kassiopeia** oder lat. *Cassiopeia* (Genitiv *Cassiopeiae*), Abk. *Cas*, heißt ein zirkumpolares Sternbild des nördlichen Himmels. Durch die kennzeichnende W-Form („Himmels-W") ist es sehr leicht aufzufinden. Die Kassiopeia befindet sich in bezug auf den Polarstern etwa dem Großen Bären gegenüber.

Der **Kastor** oder lat. *Castor*, Abk. *α Gem*, ein Mehrfachstern, ist der nach ↑ Pollux hellste Stern des Sternbildes Zwillinge; 2 bläulichweiße Sterne 2. und 3. Größe und ein rötlicher Stern von 9,5 Größenklassen haben je einen weiteren Begleiter. Kastor ist also ein Sechsfachstern.

Die **kataklysmischen Doppelsterne** [⟨griech. bzw. ⟨dt.] sind ↑ Doppelsterne, bei denen ein Materiestrom von dem größeren zu dem kleineren, dichteren Stern fließt und um diesen eine Materiescheibe bildet. Die Gesamthelligkeit eines kataklysmischen Doppelsterns wird in hohem Maße durch die Vorgänge in dieser Scheibe bestimmt. Sie ist sehr oft veränderlich, deshalb heißen solche Objekte auch *kataklysmische Veränderliche.*

Der **Kegelschnitt** ist die ebene Schnittfigur eines geraden Kreiskegels mit einer Ebene. Wenn die Ebene nicht durch die Kegelspitze verläuft, können – je nach dem Winkel zwischen der Ebene und der Grundkreisebene des Kegels – *Kreise*, ↑ *Ellipsen*, ↑ *Parabeln* oder ↑ *Hyperbeln* entstehen. *Abb.*

Der **Kentaur** [⟨griech.] oder lat. *Centaurus* (Genitiv *Centauri*), Abk. *Cen*, heißt ein in Mitteleuropa unsichtbares Sternbild des Südhimmels. In der Nähe seines Hauptsternes *Toliman* (α Cen) befindet sich ↑ Proxima Centauri, der Stern mit der geringsten Entfernung von der Sonne.

Der **Kepheus** [⟨griech.] oder lat. *Cepheus* (Genitiv *Cephei*), Abk. *Cep*, heißt ein zirkumpolares Sternbild am Nordhimmel. Der bekannteste Stern in ihm ist *Delta Cephei*, ein ↑ Pulsationsveränderlicher, dessen Radius sich mit einer Periode von 5,37 Tagen um etwa 2,7 Mill. km ändert. Nach ihm sind die ↑ Delta-Cephei-Sterne benannt.

Johannes **Kepler**, geb. 27.12.1571, gest. 15.11.1630, war ein deutscher Mathematiker und Astronom, einer der Begründer der klassischen Naturwissenschaften. 1601/12 war er kaiserlicher Mathematiker und Astronom in Prag. Hier fand er nach jahrelangen Berechnungen die mathematische Beschreibung der Planetenbewegung (die 3 *Keplerschen Gesetze*), wobei er die Beobachtungsergebnisse seines Amtsvorgängers T. ↑ Brahe nutzte. Das heliozentrische Weltbild des Kopernikus war somit verbessert worden und durch Beobachtungen genau belegt. Keplers Berechnungen bewiesen die Überlegenheit des heliozentrischen Weltbilds. Von Kepler stammen auch die theoretischen Grundlagen des astronomischen Fernrohrs. *Abb.* ↑ S. 132.

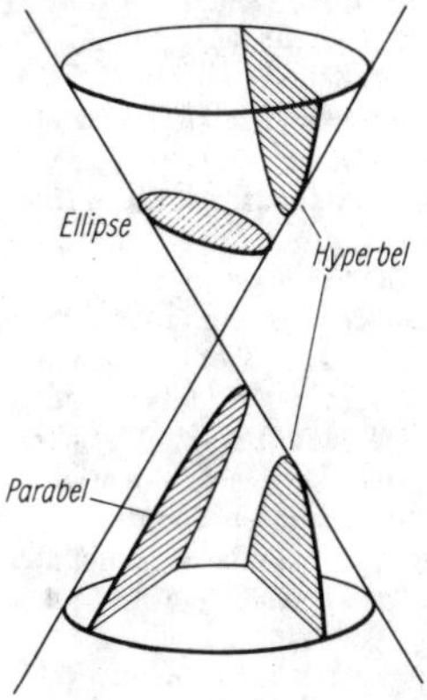

Kegelschnitte

Keplersche Gesetze [nach J. ↑ Kepler] heißen 3 Bewegungsgesetze der Himmelsmechanik, die die Bewegung eines Himmelskörpers im Schwerkraftfeld eines anderen mathematisch beschreiben. Sie gelten für die Bewegungen der Planeten um die Sonne ebenso wie für die Bewegung eines Satelliten (Mond, Raumflugkörper) um seinen Planeten. Auf die Planetenbewegung im Sonnensystem angewendet, lauten die Keplerschen Gesetze: 1. Die Bahnen der Planeten sind Ellipsen, in deren einem Brennpunkt die Sonne steht. – 2. Der Leitstrahl Sonne – Planet überstreicht in gleichen Zeiten gleiche Flächen (d. h., ein Planet bewegt sich im sonnennahen Teil seiner Bahn schneller als im sonnenfernen). – 3. Die Quadrate der Umlaufzeiten zweier Planeten verhalten sich wie die dritten Potenzen der großen Halbachsen ihrer Bahnen (d. h., die Umlaufzeit ist desto größer und die Bahngeschwindigkeit desto kleiner, je weiter sich eine Planetenbahn von der Sonne entfernt befindet). – Das 3. Keplersche Gesetz ist in dieser Form eine Näherung, da in ihm die Planetenmassen gegen die Sonnenmasse vernachlässigt werden. – ↑ Zweikörperproblem.

Der **Kern der Galaxis** [⟨dt. bzw. ⟨griech.] ist das zentrale Gebiet des Milchstraßensystems. Er befindet sich in Richtung auf das Sternbild Schütze, ist jedoch optisch von der Erde aus nicht sichtbar, da dichte und große Staubwolken alles Licht absorbieren. Nur Infrarot- und Radiostrahlung kann diese Staubmassen durchdringen. Der Kern der Galaxis ist ellipsoidisch geformt, er hat eine Dicke von rund 300 pc. In ihm befindet sich eine Scheibe aus Wasserstoff und in deren Zentrum eine Anzahl starker Radio- und Infrarotquellen von nur 10 pc Durchmesser. Hier ist wahrscheinlich das eigentliche Zentrum des Milchstraßensystems – das *galaktische Zentrum* – zu suchen. ↑ Abb. Milchstraßensystem.

Die **Kernfusion** [s. o. + ⟨lat.] ist die Verschmelzung mehrerer leichter Atomkerne zu einem neuen, stabilen Atomkern. Dabei können zusätzlich ein oder mehrere Elementarteilchen (z. B. Positronen, Protonen, Neutrinos) frei werden. Bei vielen Kernfusionsprozessen werden bedeutende Energiemengen freigesetzt (↑ Energiefreisetzung).

Damit 2 Atomkerne miteinander verschmelzen können, müssen sie einander sehr nahe gebracht werden, weil die Reichweite der zur Verschmelzung führenden Kernkräfte sehr klein ist. Wegen der gleichnamigen (positiven) Ladung der Kerne wirkt aber zwischen ihnen eine starke elektrostatische Abstoßung. Deshalb ist zur Einleitung einer Kernfusion eine sehr hohe Temperatur erforderlich, damit die Atomkerne infolge ihrer großen thermischen Energie die Abstoßung überwinden können. Für die im Innern der Sterne ablaufenden Kernfusionen gelten folgende Anlauftemperaturen: Wasserstoffusion (Endprodukt Helium) 4–10 Mill. K; Heliumfusion (Endprodukt Sauerstoff) 100 Mill. K; Sauerstofffusion (Endprodukt Silicium) 1 Md. K; Siliciumfusion (Endprodukt Eisen) 2 Md. K.

Der **Kernschatten** ↑ Finsternis.

Die **Kettengebirge** auf der ↑ Mondoberfläche sind langgestreckte Gebirgszüge, die sich vor allem an den Rändern der ↑ Mare befinden und sich bis zu 6000 m über diese erheben. Sie wurden nach irdischen Gebirgen benannt (z. B. Alpen, Apenninen, Karpaten).

Kiel ↑ Schiffskiel.

Das **Kiloparsek**, Kurzzeichen *kpc*, ist eine Maßeinheit der Entfernung (↑ Parsek).

1 kpc = 1000 pc = 326000 ly (Lichtjahre) = $3{,}086 \cdot 10^{16}$ km.

Zum Beispiel sind der Krebsnebel 1,2 kpc, das Zentrum der Milchstraße 10 kpc, der Andromedanebel 690 kpc entfernt.

Die **kinetische Temperatur** [⟨griech. bzw. ⟨lat.] ↑ Temperatur.

Kitt Peak [sprich: -pihk; ⟨engl.] ↑ Tucson.

Der **Kleine Planet** ↑ Planetoid.

Kleiner Bär oder lat. *Ursa Minor* (Genitiv *Ursae Minoris*), Abk. *UMi*, heißt das Sternbild, in dem sich der nördliche Himmelspol befindet. Sein hellster Stern ist der etwa 1° vom Pol entfernte ↑ Polarstern. Das Sternbild wird wegen seiner Ähnlichkeit mit dem Großen Wagen auch als *Kleiner Wagen* bezeichnet.

Kleiner Hund oder lat. *Canis Minor* (Genitiv *Canis Minoris*), Abk. *CMi*, heißt ein kleines Sternbild des Nordhimmels, das Mitte Januar gegen Mitternacht kulminiert. Sein Hauptstern ↑ Prokyon gehört zum Wintersechseck.

Kleiner Löwe oder lat. *Leo Minor* (Genitiv *Leonis Minoris*), Abk. *LMi*, heißt ein wenig bekanntes, kleines Sternbild am nördlichen Himmel. Es befindet sich zwischen den Sternbildern Großer Bär und Löwe und kulminiert Ende Februar gegen Mitternacht.

Kleiner Wagen ↑ Kleiner Bär.

Kleine Wasserschlange, mitunter auch: *männliche* oder *südliche Wasserschlange*, oder lat. *Hydrus* (Genitiv *Hydri*), Abk. *Hyi*, heißt ein Sternbild in der Nähe des Himmelssüdpols. In Mitteleuropa ist es nicht zu sehen. ↑ Wasserschlange.

Als **Knoten** bezeichnet man diejenigen Punkte in der Bahn eines Himmelskörpers, in denen die Bahn die Ebene der Ekliptik durchstößt. Beim Übertritt von Süd nach Nord durchläuft der Himmelskörper den *aufsteigenden*, bei der Bewegung nach Süden den *absteigenden* Knoten. Die beiden Knoten werden durch die *Knotenlinie* miteinander verbunden. Bei der Mondbahn sind die Knoten bedeutsam für das Zustandekommen von ↑ Finsternissen. ↑ Abb. Mondbahn. – Die Länge des aufsteigenden Knotens ist eines der ↑ Bahnelemente.

Die **Kohlenstoffsterne** oder *C-Sterne* sind Sterne der ↑ Spektralklassen R und N. In ihren Spektren treten Banden von Cyan und Kohlenmonoxid auf. Die Kohlenstoffsterne haben niedrige Temperaturen und leuchten deshalb rötlich.

Der **Kolur** [⟨griech.] ist ein ausgewählter ↑ Großkreis an der scheinbaren Himmelskugel. Man unterscheidet den durch Frühlings- und Herbstpunkt führenden *Kolur der Tagundnachtgleichen* (Äquinoktialkolur) und den durch Sommer- und Winterpunkt der Ekliptik verlaufenden *Kolur der Sonnenwenden* (Solstitialkolur).

Die **Koma** [⟨griech.]: **1.** ↑ Komet, **2.** ↑ Tab. Abbildungsfehler.

Der **Komet** [griech. kométes „Haarstern“ (der Schweif wurde mit einem Haarbüschel verglichen)] ist ein Himmelskörper, der sich im Sonnensystem auf einer Ellipsenbahn um die Sonne bewegt. In den sonnenfernen Bereichen ihrer Bahnen befinden sich die meisten Kometen weit außerhalb der Plutobahn. Ihre Gesamtheit heißt ↑ Oortsche Kometenwolke; sie

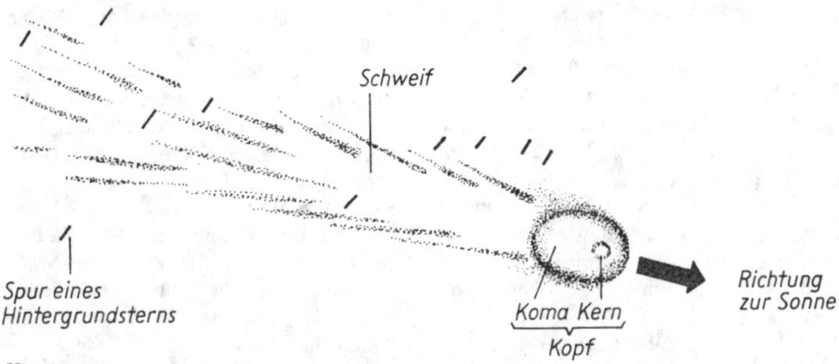

Komet

bilden im Sonnensystem ein Untersystem (↑ Tab. Sonnensystem). Sie bestehen aus gefrorenen Gasen (zu 9/10) und Meteoritenstaub (zu 1/10) und haben Durchmesser zwischen 1 und 100 km. Das Gasgemisch setzt sich aus Molekülen von Methan (CH_4), Ammoniak (NH_3), Wasser (H_2O), Stickstoff (N_2), Kohlendioxid (CO_2) und Dicyan (C_2N_2) zusammen. Wahrscheinlich überwiegt Wassereis. Diese Gebilde heißen *Kometenkerne*, sie sind in der Regel unsichtbar.

Bei Annäherung an die Sonne auf 5 bis 3 AE verflüchtigen sich die Gase und bilden eine den Kern umgebende Wolke, die *Koma*. Zum Teil werden die darin enthaltenen chemischen Verbindungen durch die energiereiche Strahlung der Sonne zerlegt, so daß einfachere Substanzen entstehen (z. B. CN, CH, CO, OH). Gleichzeitig regt die kurzwellige Sonnenstrahlung die Gase zum Eigenleuchten an, so daß die Koma als verschwommene Wolke sichtbar wird. Sie bewegt sich relativ schnell unter den Sternen am Himmel weiter; Durchmesser und scheinbare Helligkeit nehmen zu. In 1–2 AE Entfernung von der Sonne treibt der Druck des ↑ Sonnenwindes und – in geringerem Maße – der Strahlungsdruck des Sonnenlichtes Moleküle aus der Koma heraus. Der *Schweif* des Kometen entsteht, der im Perihel seine

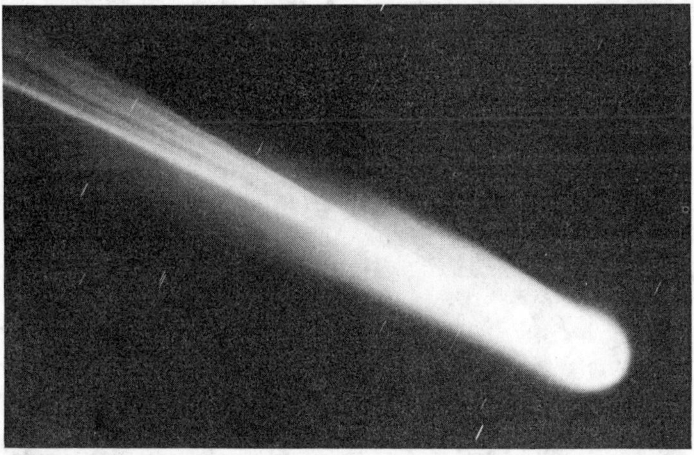

Komet

größte Ausdehnung erreicht und stets von der Sonne weggerichtet ist. In ihm können wolken- oder strahlenförmige Einzelheiten auftreten, in denen sich die Teilchen mit Geschwindigkeiten bis zu 1000 km/s bewegen. Auch feste Teilchen aus dem Kern werden dabei mitgerissen. Wenn sich der Komet nach dem Durchgang durch das Perihel wieder von der Sonne entfernt, verkleinern sich Schweif und Koma bis zum völligen Verschwinden.

Wahrscheinlich entstanden die Kometen bei der Bildung der jupiterähnlichen Planeten. Sie sind demnach überschüssiges Material, das in die äußeren Gebiete des Sonnensystems geriet. Die *kurzperiodischen* Kometen, die die Sonne in geringeren Entfernungen (etwa bis 30 AE) umlaufen, sind wahrscheinlich durch die Gravitationswirkung der Planeten aus ihren ursprünglichen Bahnen gedrängt worden.

Kometen verlieren bei jedem Periheldurchgang an Masse, da die Koma und der Schweif ständig abströmen. Daher können sie höchstens 1 Mill. Jahre in dem gegenwärtig beobachteten Zustand bestehen. Sie lösen sich allmählich auf; die festen Bestandteile bewegen sich als ↑ Meteoroide im Raum weiter. Durchläuft die Erde einen solchen Meteoroidenstrom, so ist eine starke Häufung von ↑ Meteoren zu beobachten. *2 Abb., Tab.*

Komet: einige kurzperiodische Kometen

Name	Umlaufzeit in Jahren	geringste Entfernung von der Sonne in AE
Encke	3,3	0,3
Grigg-Skjellerup	4,9	0,9
Honda-Mrkos-Pajdušáková	5,2	0,6
Tempel 2	5,3	1,4
Tempel-Swift	5,7	1,2
Pons-Winnecke	6,1	1,2
Perrine-Mrkos	6,5	1,2
Wirtanen	6,7	1,6
d' Arrest	6,7	1,4
Crommelin	27,9	0,7
↗ Halley	76,0	0,6

Der **Kometensucher** [s. o. + ⟨dt.] ist ein Fernrohr mit hoher Lichtstärke und großem Sehfeld, das sich zur Beobachtung lichtschwacher, flächenhafter Objekte besonders eignet.

Kompaktgalaxien [⟨lat. + ⟨griech.] sind besonders stark konzentrierte ↑ Sternsysteme in großer Entfernung vom Milchstraßensystem. Sie können veränderlich sein, also plötzliche oder langsame Helligkeitsänderungen zeigen. Gegenüber normalen Galaxien haben die Kompaktgalaxien sehr kleine Winkeldurchmesser (10″ bis weniger als 1″) und ähneln etwas verwaschen abgebildeten Sternen. Schätzungsweise 1/4 aller Sternsysteme sind Kompaktgalaxien.

Der **Komparator** [⟨lat.] ist ein Auswertungsgerät für fotografische Himmelsaufnahmen. Er dient dazu, 2 Aufnahmen der gleichen Himmelsgegend auf Veränderungen und Abweichungen zu untersuchen. Beim *Blinkkomparator* fällt durch eine besondere optische Vorrichtung der Blick des Beobachters abwechselnd auf die beiden Aufnahmen. Ein Stern, der auf beiden Aufnahmen unterschiedlich hell ist (z. B. ein Veränderlicher), zeigt sich dabei durch rhythmisches „Blinken“. – Der *Stereokomparator* ordnet jedem Auge des Betrachters eine Aufnahme zu. Objekte, die auf den beiden Aufnahmen unterschiedlich abgebildet sind, fallen hier durch einen stereoskopischen Effekt auf.

Kompaß [⟨ital.] oder lat. *Pyxis* (Genitiv *Pyxidis*), Abk. *Pyx*, ist der Name eines unscheinbaren Sternbildes am Südhimmel, das in Mitteleuropa Anfang Februar um Mitternacht knapp über dem Südhorizont kulminiert.

Die **Komponente** [⟨lat.; „Bestandteil“] ↑ Doppelstern.

Die **Konjunktion** [⟨lat.] ist eine besondere Stellung zweier Gestirne zueinander an der scheinbaren Himmelskugel. Die Gestirne befinden sich dann auf dem gleichen ↑ Längenkreis. Ein Planet, der sich in Konjunktion zur Sonne befindet, steht in der Regel gleichzeitig mit der Sonne am Tageshimmel, bleibt also zeitweilig unsichtbar. Bei den „inneren Planeten“ (Merkur, Venus) unterscheidet man *obere* und *untere* Konjunktion. ↑ Abb. Opposition, ↑ Tab. Konstellation.

Die **Konstellation** [⟨lat.] ist die Stellung zweier Gestirne relativ zueinander an der scheinbaren Himmelskugel. Sie wird gemessen an der Differenz der ekliptikalen Längen (Winkelabstand). Die Konstellation eines Gestirns zur Sonne ist wesentlich für seine Sichtbarkeit. Wichtige Konstellationen sind ↑ Konjunktion und ↑ Opposition. ↑ Abb. Opposition. – *Tab.*

bestimmten Phasen ihrer Entwicklung beträchtliche Energiemengen durch Kontraktion frei.

Die **Konvektion** [⟨lat.] ist eine Strömungsbewegung, die durch Temperaturunterschiede hervorgerufen wird. In der Astronomie kann Konvektion im Inneren und in den Atmosphären der Sterne auftreten; sie ist dort ein sehr effektives Mittel für den Energietransport. Konvektion wird wirksam, wenn die im Sterninneren freigesetzte Energie durch die Strahlung allein nicht abgeführt werden kann.

Konstellation: wichtige Konstellationen der Planeten zur Sonne

Bezeichnung	Längendifferenz	Stellung des Planeten	Sichtbarkeit des Planeten
↗ Opposition	180°	Planet gegenüber der Sonne	Planet die ganze Nacht hindurch sichtbar
Quadratur	90°	Planet rechts oder links der Sonne	Planet am Morgen- oder am Abendhimmel sichtbar
obere ↗ Konjunktion	0°	Planet jenseits (hinter) der Sonne	Planet unsichtbar
untere ↗ Konjunktion	0°	Planet diesseits (vor) der Sonne	Planet unsichtbar

Koordinaten: astronomische Koordinatensysteme

System	Grundebene	1. Koordinate: Abstand von der Grundebene	2. Koordinate: Richtungswinkel
Horizontsystem	Ebene des Horizonts	Höhe (im Winkelmaß)	Azimut (im Winkelmaß)
ruhendes Äquatorsystem	Ebene des Himmelsäquators	Deklination (im Winkelmaß)	Stundenwinkel (im Zeitmaß)
rotierendes Äquatorsystem	Ebene des Himmelsäquators	Deklination (im Winkelmaß)	Rektaszension (im Zeitmaß)
Ekliptiksystem	Ebene der Ekliptik	ekliptikale Breite (im Winkelmaß)	ekliptikale Länge (im Winkelmaß)
galaktisches System	Ebene des galaktischen Äquators	galaktische Breite (im Winkelmaß)	galaktische Länge (im Winkelmaß)

Das **Kontinuum** [⟨lat.] ↑ Spektrum.

Die **Kontraktion** [⟨lat.] ist die Zusammenziehung, Verkleinerung eines Körpers. Sie hat bei Gas-Staub-Wolken Bedeutung für die Temperaturerhöhung bei der ↑ Sternentstehung. Sterne setzen in

Koordinaten [⟨lat.] sind Zahlen, die die Lage eines Punktes (z. B. Objekte) auf einer Fläche oder im Raum kennzeichnen. Sie werden in der Astronomie verwendet, um den Ort eines Gestirns an der scheinbaren Himmelskugel eindeutig festzulegen. Es handelt sich dabei um (jeweils 2) *sphärische Koordinaten*, die in Winkelmaß (°, ′, ″) oder in Zeitmaß (h, min, s) gezählt werden. Je nach der gewählten Grundebene unterscheidet man verschiedene Koordinatensysteme. *Abb., Tab.*

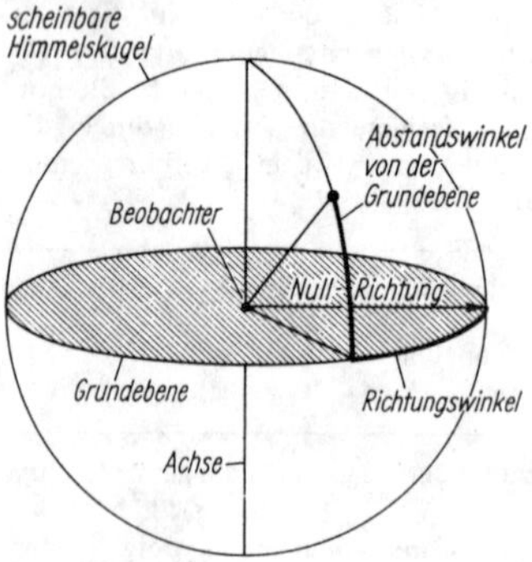

Aufbau eines astronomischen Koordinatensystems

Das **Koordinatenmeßgerät** [s. o. + ⟨dt.] ist ein Auswertungsgerät für Himmelsfotografien, das zum Ausmessen der Sternpositionen auf solchen Aufnahmen dient. Es arbeitet – mit Mikroskopoptik ausgerüstet – mit einer Genauigkeit von 0,001 mm.

koordinierte Weltzeit [s. o. + ⟨dt.] ↑ Zeit.

Das **kopernikanische Weltbild** ↑ heliozentrisches Weltbild.

Nikolaus **Kopernikus**, lat. *Copernicus* oder poln. Mikołaj *Kopernik*, geb. 19.2.1473, gest. 24.5.1543, war ein polnischer Astronom, Arzt und Domherr. Er erkannte, daß sich die Planeten – unter ihnen die Erde – um die Sonne bewegen. Mit seinem Buch „Über die Umlaufbewegungen der Himmelskörper" (1543 erschienen) verhalf er diesem ↑ heliozentrischen Weltbild zum Durchbruch. Seine Lehre wurde in der Folgezeit heftig bekämpft und von der katholischen Kirche bis in das 19. Jh. hinein verboten. – Im kopernikanischen Weltbild bewegen sich die Planeten auf exzentrischen *Kreisbahnen* um die Sonne. Wegen dieser falschen Annahme über die Bahnform traten erhebliche Abweichungen der errechneten von den beobachteten Planetenörtern auf, die anfänglich zur Ablehnung des kopernikanischen Weltbildes – auch durch die Astronomen – führten. Erst 1609 erkannte J. ↑ Kepler, daß die Planetenbahnen Ellipsenform haben. *Abb.* ↑ S. 132.

Die **Korona** [⟨lat. ⟨griech.; „Kranz"] oder *Sonnenkorona* ist die Gashülle der Sonne, die äußerste Schicht der Sonnenatmosphäre (↑ Photosphäre; ↑ Chromosphäre; ↑ Sonne). Das Eigenleuchten der Korona beträgt nur ein Millionstel der Photosphärenhelligkeit, es ist so schwach, daß sie normalerweise ohne Hilfsmittel nicht gesehen werden kann. Lediglich bei totalen Sonnenfinsternissen erscheint sie während der Totalität als schwacher, ausgedehnter Strahlenkranz um die verfinsterte Sonne. – Die Korona besteht vorwiegend aus Protonen und Elektronen; auch ionisierte Atome einiger Elemente kommen vor. Im Spektrum der Korona treten helle Linien *(Koronalinien)* auf, die hochgradig ionisiertes Eisen und Nickel anzeigen. Die Temperatur in der Korona wurde zu rund 1 Mill. K bestimmt. In Abhängigkeit von den Erscheinungen der ↑ Sonnenaktivität wechselt die Korona ihre Form. *Abb.*

Der **Koronograph** (s. o. + ⟨griech.] ist ein Fernrohr zur Beobachtung der inneren Korona. Das von der ↑ Photosphäre stammende Licht wird durch eine Blende aus dem Strahlengang entfernt; in dem Instrument wird also eine künstliche Sonnenfinsternis erzeugt.

Die **Korpuskularstrahlung** [⟨lat. + ⟨dt.] ↑ Teilchenstrahlung.

Die **Korrektionsplatte** [⟨lat. + ⟨lat.] ⟨griech.] ist eine kompliziert geformte Linse im Strahlengang eines ↑ Schmidtspiegels.

kosmisch [griech. kosmein „ordnen"; das Weltall, den Kosmos betreffend]: im Weltall befindlich, aus dem Weltall kommend (z. B. kosmische Strahlung).

kosmische Hintergrundstrahlung [s. o. bzw. ⟨dt.] ↑ Drei-Kelvin-Strahlung.

kosmische Objekte [s. o. bzw. ⟨lat.] ↑ Aufbau des Weltalls.

kosmische Physik [s. o. bzw. ⟨griech.] ↑ Astrophysik.

Korona der Sonne (totale Sonnenfinsternis vom 31. 7. 1981)

Die **kosmische Strahlung** [s. o. bzw. ⟨dt.] oder auch *Höhenstrahlung, Ultrastrahlung* besteht aus Elementarteilchen und Atomkernen (99 % Wasserstoff- und Heliumkerne), die sich nahezu mit Lichtgeschwindigkeit und hoher Energie durch das Weltall bewegen. Diese Strahlung heißt *Primärstrahlung*, da sie unmittelbar aus dem Weltall (Kosmos) kommt. Ihre Teilchen werden in der Erdatmosphäre (oberhalb 20 km Höhe) abgebremst und vollständig absorbiert. Daher sind auch Beobachtungen dieser Strahlung im Hochgebirge und von Ballonstationen und Raumflugkörpern aus erforderlich. Beim Auftreffen der kosmischen Strahlung auf die Gasteilchen der Erdatmosphäre finden Kernreaktionen (Kernumwandlungen) statt. Primärteilchen und Kernbruchstücke können weitere Atomkerne zerlegen, bis die ursprüngliche Energie aufgebraucht ist. Die bei dieser Wechselwirkung mit der Erdatmosphäre entstandenen Teilchen bilden die *Sekundärstrahlung.* Primärstrahlung trifft nicht auf den Erdboden.

Da die Teilchen der Primär- und der Sekundärstrahlung elektrische Ladungen tragen, werden sie von den kosmischen Magnetfeldern und vom Erdmagnetfeld abgelenkt. Die Energien der primären Teilchen liegen zwischen 10^9 und 10^{20} eV („hochenergetisch"), das ist wesentlich mehr, als in Beschleunigern bisher erzielt worden ist.

Der Ursprung der kosmischen Strahlung ist noch nicht sicher bekannt. Wahrscheinlich sind Ausbrüche von ↑ Supernovae ergiebige Quellen kosmischer Strahlung; ein erheblicher Anteil dürfte in der Umgebung rasch rotierender ↑ Neutronensterne gebildet werden. Quellen von Teilchen mit sehr hohen Energien könnten auch ↑ Quasare und aktive Kerne von Sternsystemen sein. – ↑ Tab. elektromagnetische Wellen.

Die **Kosmobiologie** [⟨griech.] ↑ Astrobiologie.

Die **Kosmogonie** [s. o.] ist ein Teilgebiet der ↑ Astronomie, das sich mit der Entstehung und Entwicklung der Himmelskörper beschäftigt. Sie bedient sich vorwiegend theoretischer Modelle, da entwicklungsbedingte Veränderungen an einem Himmelskörper im Laufe eines Menschenlebens nur in äußerst seltenen Fällen beobachtbar sind. Kosmogonische Überlegungen setzen stets voraus, daß die Entwicklung kosmischer Gebilde nach physikalischen Gesetzen erfolgt.

Wichtige Arbeitsbereiche sind die Kosmogonie der Sternsysteme und der Planeten sowie die Theorie der ↑ Sternentstehung. Während die beiden erstgenannten Gebiete noch viele ungeklärte Fragen enthalten, gelang es seit 1950 durch den Einsatz großer elektronischer Datenverarbeitungsanlagen, die Entwicklung der Sterne weitgehend aufzuklären. – Die Entwicklung der Welt als Ganzes wird von der ↑ Kosmologie erforscht.

Die **Kosmologie** [s. o.], ein Teilgebiet der ↑ Astronomie, ist die Lehre vom Weltall. Sie behandelt das Weltall als Ganzes und erforscht die allgemeinen Gesetze des Baues und der Entwicklung des Weltalls. Sie untersucht die Anordnung und die Anzahl der kosmischen Körper sowie die Entwicklung, das Alter und die Ausdehnung des Weltalls. Grundlage der Kosmologie sind astronomische Beobachtungen und physikalische Theorien. Alle wesentlichen Vorstellungen vom Aufbau des Weltalls beruhen auf folgenden Voraussetzungen:

1. Alle auf der Erde gefundenen physikalischen Gesetze gelten an jedem Punkt des Weltalls.
2. Das Weltall ist im Großen in allen Teilen und in allen Richtungen gleichmäßig von Materie erfüllt.
3. Der ↑ Hubbleeffekt beschreibt eine tatsächliche ↑ Expansion des Weltalls.
4. Die wesentliche Kraft im Weltall ist die Gravitation.

Die meisten modernen Weltmodelle gehen davon aus, daß die kosmische ↑ Singularität (der Urknall) den Anfang des gegenwärtigen Zustandes des überschaubaren Weltalls darstellt. Ob die derzeitige ↑ Expansion des Weltalls in ferner Zukunft einmal von einer Kontraktion (Zusammenziehung) abgelöst wird *(geschlossener Kosmos)* oder ob es sich für immer ausdehnt (expandiert; *offener Kosmos*), hängt von der Dichte der Materie im Weltall ab. Sie ist heute noch nicht mit genügender Genauigkeit bekannt.

Der **Kosmos** [s. o.] ↑ Weltall.

kpc: Kurzzeichen für ↑ Kiloparsek.

Kranich oder lat. *Grus* (Genitiv *Gruis*), Abk. *Gru*, ist der Name eines Sternbildes am Südhimmel, das in Mitteleuropa unsichtbar bleibt.

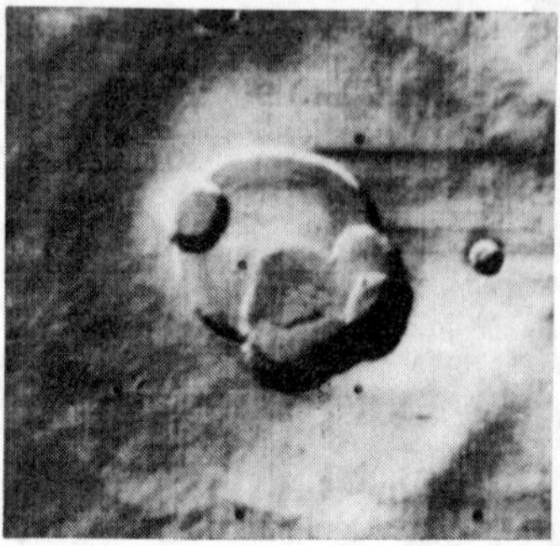

Krater Olympus Mons auf dem Mars; aufgenommen von Mariner 9

Krater: bedeutende Krater auf der Mondoberfläche

Die Angaben sind Durchschnittswerte

Name	Durchmesser in km	Wallhöhe in m
Albategnius	136	5000
Alphonsus	118	2700
Archimedes	83	2150
Aristarch	45	1700
Aristillus	55	3650
Aristoteles	87	7500
Arzachel	97	3600
Catharina	97	3100
Clavius	225	5700
Cleomedes	126	4000
Endymion	125	4500
Eratosthenes	58	3570
Eudoxus	67	3700
Gassendi	110	1860
Hipparch	150	3300
Kepler	32	2750
Kopernikus	93	3800
Langrenus	132	3000
Petavius	177	3700
Piccolomini	90	5000
Plato	100	1400
Posidonius	100	2300
Ptolemäus	153	2400
Purbach	118	3000
Regiomontanus	120	1700
Schickard	227	3000
Theophilus	100	4400
Tycho	85	4850

Die **Krater** [(griech.] sind die am häufigsten anzutreffenden Oberflächenformen auf dem Mond, auf den Planeten Merkur, Venus, Mars, auf den Mars-, Jupiter- und Saturnmonden, möglicherweise auch auf anderen Körpern des Sonnensystems. (Große Krater heißen *Ringgebirge* oder *Wallebenen.*) Ihre Durchmesser liegen zwischen wenigen Zentimetern und mehreren hundert Kilometern. Die meisten Krater auf den genannten Himmelskörpern sind durch den Einschlag von ↑ Meteoriten in der Frühgeschichte des Sonnensystems gebildet worden. Beim Aufschlag eines Meteoriten wird soviel Energie frei, daß das Gestein verdampft. Die anschließende Explosion dieses Gesteinsdampfes erzeugt den Krater. Große Krater weisen häufig eine zentrale Erhebung, den *Zentralberg,* auf.

Einer der jüngsten Mondkrater entstand am 13. 5. 1972. Der erzeugende Meteorit hatte einen Durchmesser von etwa 3 m und rief einen Explosionskrater von 100 m Durchmesser hervor. Auf Mars und Io wurden auch Kraterformen entdeckt, die eindeutig vulkanischen Ursprungs sind, also nicht durch äußere Einwirkungen entstanden. *2 Abb., Tab.*

Mondkrater Alphonsus

Krebs oder lat. *Cancer* (Genitiv *Cancri*), Abk. *Cnc,* heißt ein wenig auffälliges Sternbild am nördlichen Himmel, das Ende Januar gegen Mitternacht kulminiert. Es gehört zum ↑ Tierkreis. In ihm befindet sich der offene Sternhaufen *Praesepe* (Krippe).

Der **Krebsnebel** oder *Crabnebel* gehört zu den ↑ planetarischen Nebeln. Er ist das sichtbare Ergebnis des Ausbruchs einer ↑ Supernova, der sich am 4. 7. 1054 ereignete. Seine Masse ist etwa der Sonnenmasse gleich, seine Entfernung beträgt

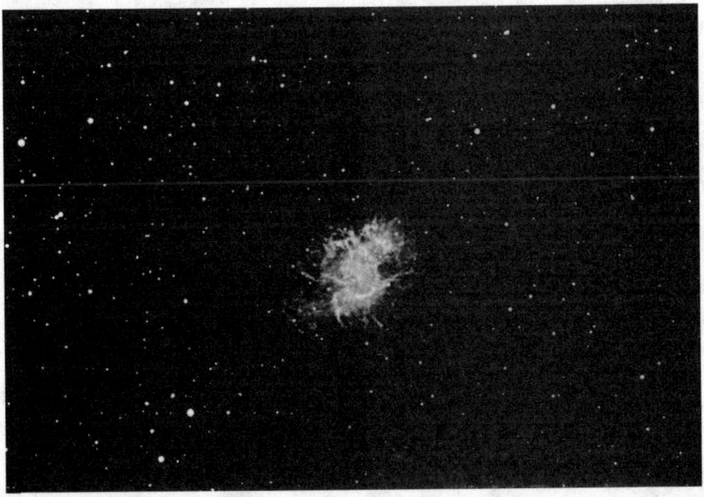

Krebsnebel

2 kpc. Der Durchmesser des noch immer in Ausdehnung begriffenen Objekts beträgt zur Zeit etwa 4 pc. Der Nebel sendet elektromagnetische Strahlung in allen Wellenlängenbereichen aus.

Der Reststern des Supernova-Ausbruchs ist ein ↑ Pulsar innerhalb des Nebels. Dieser ↑ Neutronenstern rotiert 30mal pro Sekunde und strahlt dabei pulsierende Infrarot-, Radio-, Röntgen- und Gammawellen ab. Auch im optischen Bereich pulsiert die Strahlung 30mal in jeder Sekunde. *Abb.*

Kreuz des Südens oder lat. *Crux* (Genitiv *Crucis*), Abk. *Cru*, heißt ein aus hellen Sternen gebildetes auffälliges Sternbild am Südhimmel. Von Mitteleuropa aus kann es nicht gesehen werden.

Das **Krimobservatorium** in Simeis auf der Krim (Ukraine, UdSSR) ist eine große Sternwarte. Ihr Hauptinstrument, ein Spiegelteleskop, hat einen Hauptspiegel von 2,64 m Durchmesser. Dem Krimobservatorium ist eine radioastronomische Abteilung angeschlossen.

Ein **K-Stern** ist ein Stern der ↑ Spektralklasse K.

Ein **Kugelsternhaufen**, d.h. ein kugelförmiger Sternhaufen, ist eine sehr dichte Ansammlung sehr vieler gleichaltriger Sterne. Die Zentralgebiete von Kugelsternhaufen lassen sich nicht in Einzelsterne auflösen, deshalb müssen die Sternzahlen geschätzt werden. Sie dürften zwischen 100000 und 50 Mill. liegen. In den Randgebieten wurden viele ↑ RR-Lyrae-Sterne beobachtet, die eine fotometrische ↑ Entfernungsbestimmung ermöglichen. Die Kugelsternhaufen sind in einem ↑ Halo von etwa 50 kpc Durchmesser um das Zentrum des Milchstraßensystems verteilt und nehmen an der Rotation des Systems nicht teil. Sie gehören zu den ältesten Objekten im Milchstraßensystem. *Abb., Tab.*

Kugelsternhaufen im Sternbild Herkules

Das **Kuiper Airborne Oberservatory** [sprich: eəbornəbsehwetri; nach dem niederländ. Astronomen G. P. Kuiper] ist eine in ein Flugzeug eingebaute astronomische Beobachtungsstation mit einem Spiegelteleskop von 91 cm Öffnung. Das Trägerflugzeug ist mit einem besonderen Stabilisierungssystem ausgestattet. Das

Kugelsternhaufen: wichtige Kugelsternhaufen

Sternbild	Katalognummer	Rektaszension (AR) in h min	Deklination (Dekl.) in °	scheinbarer Durchmesser in ′	scheinbare Gesamthelligkeit (^{m})
CVn Jagdhunde	M 3	13.40	+28,6	10	6,4
Ser Schlange	M 5	15.16	+ 2,3	13	6,2
Sco Skorpion	M 80	16.14	−22,9	3	7,7
Sco Skorpion	M 4	16.21	−26,4	14	6,4
Her Herkules	M 13	16.40	+36,6	10	5,7
Her Herkules	M 92	17.16	+43,2	8	6,1
Sgr Schütze	M 22	18.33	−24,0	17	5,9
Peg Pegasus	M 15	21.28	+12,0	7	6,0
Aqr Wassermann	M 2	21.31	− 1,1	8	6,3

fliegende Observatorium gehört der USA-Raumfahrtbehörde NASA; mit ihm wurden 1977 die Ringe um den Planeten Uranus entdeckt.

Die **Kulmination** [lat. culmen „Gipfel"] ist der Durchgang eines Gestirns durch den Meridian des Beobachtungsortes. Bei der oberen Kulmination erreicht das Gestirn seine größte Höhe über dem Horizont.

L

Die **Lacerta** (⟨lat.⟩ ↑ Eidechse.

Der **Lacus** [⟨lat.; „See"] ist die Bezeichnung für eine relativ glatte und ebene Oberflächenform auf der Mondoberfläche oder auf dem Planeten Mars. Sie wird in Verbindung mit einem Eigennamen verwendet (z. B. Lacus Solis auf dem Mars).

Die **Länge** ist eine Koordinate in verschiedenen Koordinatensystemen: a) Im Gradnetz der Erde ist die ↑ *geographische Länge* der Winkel zwischen den Längenkreisen (Meridianen) eines Ortes und dem Nullmeridian, der durch die Sternwarte von Greenwich (London) verläuft. Sie wird von 0° bis 360° oder nach Osten und Westen jeweils bis 180° gezählt. – b) Die *ekliptikale Länge* ist im ↑ Ekliptiksystem der Winkel zwischen dem Längenkreis des Gestirns und dem des Frühlingspunktes, gemessen in west-östlicher Richtung. – c) Die *galaktische Länge* ist der Winkelabstand eines Gestirns auf dem galaktischen ↑ Äquator. Nullpunkt der galaktischen Länge ist die Richtung zum Zentrum der Galaxis. Ekliptikale und galaktische Länge werden ebenso wie die zugehörigen Koordinaten (↑ Breite) in Grad von 0° bis 360° gezählt. – ↑ Tab. Koordinaten.

Längenkreise sind im Gradnetz der Erde alle durch den Nord- und Südpol verlaufenden Kreise (auf der Erdoberfläche; auch *Meridiane* genannt). Sie verlaufen senkrecht zum Äquator und den anderen Breitenkreisen. – In der Astronomie sind *Längenkreise* die größten Kugelkreise an der scheinbaren Himmelskugel, die durch die Pole der ↑ Ekliptik verlaufen und die Ekliptik rechtwinklig schneiden. Die durch die Rektaszensionen 0^h, 6^h, 12^h und 18^h verlaufenden Längenkreise heißen *Koluren* (↑ Kolur).

Bei **La Silla** (Chile) befindet sich die Europäische Südsternwarte (ESO), ein von mehreren westeuropäischen Ländern gemeinsam betriebenes Observatorium. Hauptinstrument ist ein 3,6-m-Spiegelteleskop.

Ob **Leben auf anderen Himmelskörpern** möglich ist, hängt wesentlich davon ab, welche physikalischen und chemischen Bedingungen auf diesen Himmelskörpern herrschen. Die chemischen Elemente, aus denen Lebewesen bestehen – vor allem Kohlenstoff – müssen in genügender Menge vorhanden sein. Außerdem muß hinreichend Sauerstoff zur Verfügung stehen. Die Temperatur sollte zwischen −60 °C und +100 °C liegen und, damit Wasser in flüssigem Zustand vorliegen kann, wenigstens zeitweise den Gefrierpunkt überschreiten. Da höheres Leben eine Entwicklungsdauer von mindestens 1 Md. Jahre benötigt, müssen die betreffenden Himmelskörper genügend alt sein. Im Sonnensystem dürfte außer der Erde kein Himmelskörper Lebewesen tragen. Mutmaßlich sind aber rund 5 % aller Sterne im Milchstraßensystem Zentren von ↑ Planetensystemen, in denen günstige Bedingungen für die Entstehung und die Entwicklung von Lebewesen vorhanden sind.

Von besonderem Interesse ist die Möglichkeit, daß Lebewesen auf anderen Himmelskörpern eine technisch hochentwickelte Zivilisation gebildet haben könnten. Bereits 1960 wurde deshalb mit Radioteleskopen nach Signalen solcher außerirdischer Zivilisationen gesucht, allerdings ohne Erfolg (↑ Ozma). Ein Informationsprogramm über das Leben auf der Erde wurde 1974 von den USA mit dem damals größten Radioteleskop in Arecibo ins Weltall gesendet (↑ CETI, ↑ SETI). Dennoch besteht nur eine verschwindend geringe Wahrscheinlichkeit, daß Menschen jemals mit intelligenten Lebewesen von anderen Himmelskörpern Kontakt aufnehmen; Ursache dafür sind die ungeheueren Entfernungen.

Die **Leda:** Mond des Jupiter. ↑ Tab. Satelliten.

Leier oder griech. *Lyra* (Genitiv *Lyrae*), Abk. *Lyr,* heißt ein kleines, aber auffälliges Sternbild des Nordhimmels. Es kann von Mai bis Dezember am Abendhimmel beobachtet werden. Der Hauptstern ↑ Wega gehört zum Sommerdreieck. Der Stern β Lyrae, ein Doppelstern, kann bereits mit kleinen Fernrohren leicht getrennt gesehen werden. In der Leier befindet sich der Ringnebel M 57, ein bekannter ↑ planetarischer Nebel.

Das **Leitrohr** ↑ Fernrohr.

Als **Leitstern** bei längerbelichteten fotografischen Himmelsaufnahmen benutzt man einen hellen Stern im Gesichtsfeld des *Leitrohres* (↑ Fernrohr). Er wird während der Aufnahme im Fadenkreuz gehalten, wobei gegebenenfalls die Nachführung durch hand- oder motorbetriebene Feinbewegungen korrigiert werden muß.

Leo [⟨lat.] ↑ Löwe.

Leo Minor [⟨lat.] ↑ Kleiner Löwe.

Die **Leoniden** [⟨lat. ⟨griech.] sind ein ↑ Meteorstrom.

Die **Leptonenära** [⟨griech. + ⟨lat.; unter Leptonen werden massearme Elementarteilchen wie Elektronen und Neutrinos verstanden] ist ein Frühzustand des gegenwärtigen Weltalls, und zwar die Zeitspanne von 10^{-4} s bis 10 s nach der kosmologischen ↑ Singularität. In diesem Zeitraum fiel die Temperatur des Weltalls von 10^{12} K auf $5 \cdot 10^{9}$ K; die Strahlungsdichte verringerte sich von 10^{14} g/cm³ auf 10^{4} g/cm³. In der Leptonenära befanden sich Leptonen und Photonen in ständiger Wechselwirkung.

Der **Lepus** [⟨lat.] ↑ Hase.

letztes Viertel ↑ Mondphasen.

Die **leuchtenden Nachtwolken** treten in etwa 80 km Höhe auf und sind deshalb lange nach Sonnenuntergang noch sichtbar. Sie werden von der Sonne noch beschienen, wenn die Erdoberfläche unter ihnen längst im Nachtdunkel liegt. Sie leuchten nicht selbst. Die weißlichen Wolken bestehen aus Staub irdischer und kosmischer Herkunft. *Abb.*

Die **Leuchtkraft** ist die Strahlungsleistung eines Sterns, Sternhaufens oder Sternsystems. Ihre Maßeinheit ist Watt (W) oder Einheiten der Sonnenleuchtkraft (L_S). Die Leuchtkraft gehört zu den ↑ Zustandsgrößen der Sterne. Die Leuchtkräfte der meisten Sterne liegen zwischen 100000 L_S und 0,001 L_S, die der Sonne beträgt $3{,}8 \cdot 10^{23}$kW. In der Praxis wird die Leuchtkraft oft durch die absolute ↑ Helligkeit angegeben.

Die Bestimmung der Leuchtkraft eines Sterns erfolgt mit Hilfe von ↑ Leuchtkraftkriterien, die z. B. aus dem Spektrum des Sterns entnommen werden können. Für Sterne gilt folgende Beziehung zwischen scheinbarer Helligkeit m, absoluter Helligkeit M und Entfernung r: $M = m + 5 - 5 \cdot \lg r$. Sie kann bei Sternen, deren Entfernung – z. B. durch die Messung der ↑ Parallaxe – bekannt ist, zur Berechnung der absoluten Helligkeit und damit der Leuchtkraft genutzt werden.

Die **Leuchtkraftfunktion** ist eine Beziehung zwischen der Häufigkeit der Sterne und ihrer ↑ Leuchtkraft. In der Umgebung der Sonne steigt die Häufigkeit der Sterne mit abnehmender Leuchtkraft an, erreicht bei Sternen mit 10^{-4} Sonnenleuchtkräften ein Maximum und fällt anschließend stark ab. Dieser Abfall ist jedoch nicht gesichert, da sehr lichtschwache Sterne nur schwer beobachtbar sind.

Die **Leuchtkraftklasse** ist eine Angabe über einen Stern, die seine Zugehörig-

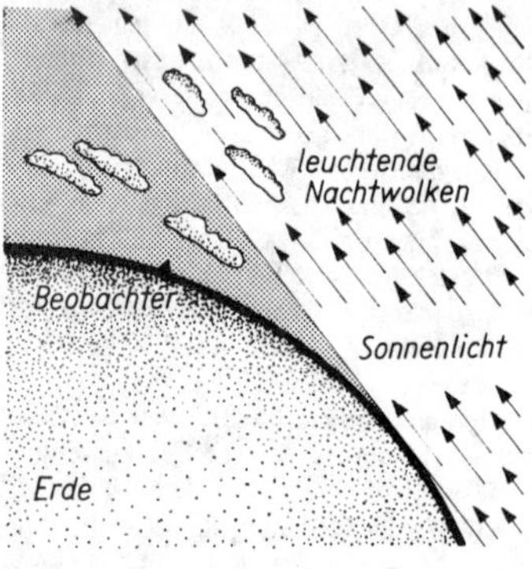

leuchtende Nachtwolken

Leuchtkraftklassen der Sterne

I	Überriesen
II	helle Riesen
III	(normale)Riesen
IV	Unterriesen
V	normale Zwerge; *Hauptreihensterne*
VI	Unterzwerge
VII	weiße Zwerge

keit zu einem bestimmten Besetzungsgebiet im ↑ Hertzsprung-Russell-Diagramm angibt. Sie wird aus den ↑ Leuchtkraftkriterien ermittelt. Um einen Stern physikalisch zu kennzeichnen, gibt man oft seine *Spektralklasse* (z. B. Sonne: G2) und die durch eine römische Zahl bezeichnete *Leuchtkraftklasse* (z. B. Sonne: V) an. Die Sonne ist demnach ein G2 V-Stern. *Tab.*

Die **Leuchtkraftkriterien** sind Unterschiede im Aussehen bestimmter Linien in den Spektren der Sterne. Diese Unterschiede weisen auf die unterschiedlichen Leuchtkräfte bzw. Leuchtkraftklassen hin. Eine angenäherte Aussage über die Leuchtkraftklasse ist aus der Schärfe der Spektrallinien zu gewinnen: Hauptreihensterne und Unterzwerge haben breite, Riesen und Unterriesen schmale Spektrallinien.

Der **Leuchtstreifen** ist eine Lichterscheinung am Nachthimmel, die durch ↑ interplanetaren Staub bewirkt wird, der in die hohe Erdatmosphäre eindringt.

Urbain Jean Joseph **Leverrier** [sprich: ləwerjeh], geb. 11. 3. 1811, gest. 23. 9. 1877, war ein französischer Astronom, zuletzt Direktor der Pariser Sternwarte. Er untersuchte die Störungen der Uranusbewegung durch einen noch unbekannten Planeten jenseits der Umlaufbahn des Uranus und berechnete dessen Position. Dieser Planet – der Neptun – wurde 1846 durch J. G. ↑ Galle entdeckt.

Die **Libra** [⟨lat.] ↑ Waage.

Die **Libration** [⟨lat.] ist eine scheinbare Schwankung im Anblick des Mondes von der Erde aus. Wegen der elliptischen Form der Mondbahn kann ein Beobachter auf der Erde zeitweilig über den Westrand und zu anderen Zeiten über den Ostrand des Mondes hinausblicken *(Libration in Länge)* und so auch schmale Bereiche der erdabgewandten Seite des Mondes sehen. Infolge der Achsenneigung des Mondes sind auch die Gebiete um seinen Nord- und Südpol zeitweilig dem Beobachter zu- bzw. vom Beobachter weggeneigt *(Libration in Breite).* Beide Librationen und ein parallaktischer Effekt bewirken, daß von der Erde aus – nacheinander – rund 9 % der erdabgewandten Seite des Mondes gesehen werden können.

Licht oder *sichtbares Licht* ist ein Bereich der ↑ elektromagnetischen Wellen.

Die **Lichtgeschwindigkeit**, Kurzzeichen *c*, ist die Geschwindigkeit, mit der sich ↑ elektromagnetische Wellen (dazu gehört auch das sichtbare Licht) ausbreiten. Im Vakuum beträgt sie c = 299 792 km/s, meistens rechnet man mit c = 300 000 km/s. Die Lichtgeschwindigkeit ist eine wichtige Naturkonstante; nach der Relativitätstheorie ist sie die größtmögliche Geschwindigkeit, mit der Energie transportiert und damit Signale (Information) übertragen werden können. Die Lichtgeschwindigkeit wurde erstmals 1676 von O. ↑ Römer durch die Verfinsterung zweier Jupitermonde gemessen.

Bewegte Massen können die Lichtgeschwindigkeit nie ganz erreichen. Die Ausbreitungsgeschwindigkeit der elektromagnetischen Wellen in stofflicher Materie ist ebenfalls geringer als die Lichtgeschwindigkeit (abhängig von Wellenlänge und Brechzahl). – Im Weltall breitet sich das Licht mit Lichtgeschwindigkeit aus. Das bedeutet, es benötigt etwas mehr als 1 s für die Entfernung Mond – Erde, gut 8 min für Sonne – Erde, über 4 Jahre von dem nächsten Stern (↑ Proxima Centauri) und mehrere Md. Jahre von den fernsten Sternsystemen zur Erde. ↑ Lichtjahr.

Lichtgestalt ↑ Phase.

Das **Lichtjahr**, Kurzzeichen *ly*, früher *Lj*, ist eine Maßeinheit der ↑ Entfernung in der Astronomie. Es ist die Strecke, die das Licht während eines Jahres zurücklegt (↑ Lichtgeschwindigkeit).

$$1\ \text{ly} = 0{,}3067\ \text{pc} = 63\,261\ \text{AE} = 9{,}461 \cdot 10^{12}\ \text{km}$$

So sind die Sonne 8,3 Lichtminuten, der

fernste Planet des Sonnensystems (Pluto) rund 5,5 Lichtstunden (0,0016 ly) und der Polarstern 650 ly von der Erde entfernt.
Gebräuchlichere Entfernungseinheiten in der Astronomie sind das ↑ Parsek und (innerhalb des Sonnensystems) die ↑ astronomische Einheit.
Die **Lichtkurve** eines Gestirns, z.B. eines Veränderlichen, einer Nova oder Supernova, ist eine graphische Darstellung der Helligkeitsänderung. Aus der Lichtkurve eines Veränderlichen kann dessen Typ bestimmt werden. Auch für Planetoiden und Kometen werden Lichtkurven erarbeitet. ↑ Abb. Bedeckungsstern, ↑ Abb. Delta-Cephei-Sterne.
Das **Lichtquant** [⟨lat.] ↑ Photon.
Das **Lickobservatorium** [nach J. Lick] der California-Universität bei San José (Kalifornien, USA) ist eine traditionsreiche Sternwarte, die auf eine Stiftung des Millionärs James Lick zurückgeht. Hauptinstrumente sind ein 90-cm-Linsenfernrohr und ein 3-m-Spiegelteleskop.
Das **Lineal** [⟨lat.] ↑ Winkelmaß.
Das **Linienspektrum** ist ein ↑ Spektrum (mit Tab.), in dem Emissions- oder Absorptionslinien auftreten.
Die **Linienverschiebung** ↑ Spektrum, ↑ Hubbleeffekt (mit Tab.).
Das **Linsenfernrohr** ↑ Fernrohr.
Lj war früher das Kurzzeichen für ↑ Lichtjahr.
Die **lokale Gruppe** [⟨lat. bzw. ⟨franz.] ist ein kleiner ↑ Galaxienhaufen, zu dem neben dem Milchstraßensystem auch der ↑ Andromedanebel, das Sternsystem M 33 im Sternbild Dreieck und die beiden ↑ Magellanschen Wolken gehören. Insgesamt umfaßt die lokale Gruppe mindestens 21 Galaxien und eine Anzahl Kugelsternhaufen im intergalaktischen Raum. Sie erstreckt sich über einige Megaparsek. *Tab.*
Löwe oder lat. *Leo* (Genitiv *Leonis*), Abk. *Leo*, heißt ein bekanntes Sternbild des Nordhimmels, das an Frühlingsabenden gut beobachtet werden kann. Es gehört zum ↑ Tierkreis; die Sonne befindet sich alljährlich um den 22. 8. sehr nahe bei dem Hauptstern ↑ Regulus. Der Stern γ Leonis ist ein auch mit kleinen Fernrohren leicht trennbarer Doppelstern.
Luchs oder lat. *Lynx* (Genitiv *Lyncis*), Abk. *Lyn*, heißt ein wenig auffälliges Sternbild des Nordhimmels. Er liegt zwischen Krebs, Zwillingen und Großem Bär.
Lufthülle ↑ Erdatmosphäre.
Luftpumpe oder lat. *Antlia* (Genitiv *Antliae*), Abk. *Ant*, heißt ein unscheinbares Sternbild des Südhimmels, das in Mitteleuropa Ende Februar um Mitternacht in geringer Höhe kulminiert.
Die **Lunation** [⟨lat.] ist der Zeitraum, in dem der Mond einen vollständigen ↑ synodischen Umlauf um die Erde vollzieht, also ein synodischer Monat. Als Lunation wird auch die Abfolge aller 4 Hauptphasen des Mondes bezeichnet.
Lunisolarpräzession [⟨lat.] ↑ Präzession.
Der **Lupus** [⟨lat.] ↑ Wolf.
ly: Kurzzeichen für ↑ Lichtjahr.
Der **Lynx** [⟨lat.] ↑ Luchs.
Die **Lyra** [⟨griech.] ↑ Leier.

lokale Gruppe: einige Mitglieder der lokalen Gruppe

Name (mit Katalognummer)	Entfernung in kpc	Durchmesser in kpc	Masse in Md. Sonnenmassen	absolute Helligkeit (M) in Größenklassen (^{m})
Milchstraßensystem	—	50	200	−21,2
Große Magellansche Wolke	50	11	0,61	−18,5
Kleine Magellansche Wolke	60	4,6	0,15	−16,8
Andromedanebel M31	690	50	310	−21,4
Dreiecksnebel M33	720	14	14	−18,9

Die **Lyriden** [⟨griech.] sind ein ↑ Meteorstrom.

Der **Lysithea** heißt ein Mond des Jupiter. ↑ Tab. Satelliten.

M

m ist **1.** die Abk. für ↑ Masse und **2.** die Abk. für die *scheinbare* ↑ *Helligkeit.* Deren Maßeinheit, die *Größenklasse*, wird durch ein hochgestelltes m: ^{m} bezeichnet.

M ist **1.** die Abk. für die *absolute* ↑ *Helligkeit.* Deren Maßeinheit, die *Größenklasse*, wird unterschiedlich, durch ^{m} und durch ^{M}, bezeichnet.

2. M bedeutet vor einer Katalognummer, daß es sich um ein Objekt aus dem ↑ Messier-Katalog handelt (z. B. M 13).

Die **Magellanschen Wolken** [nach F. de Magalhães oder Magellan] sind 2 auffallend helle Sternsysteme an der südlichen Himmelskugel. Beide sind Begleiter des Milchstraßensystems. Ihre scheinbaren Durchmesser betragen 12° und 4°. Meistens werden sie als ↑ irreguläre Galaxien bezeichnet, es gibt aber bei beiden Anzeichen für eine Spiralstruktur. Die *Große Magellansche Wolke* ist 50 kpc vom Milchstraßensystem entfernt und enthält etwa 6 Md. Sonnenmassen. Die Entfernung der *Kleinen Magellanschen Wolke* beträgt 60 kpc, ihre Masse 1,5 Md. Sonnenmassen. Beide rotieren und sind von einer gemeinsamen Wasserstoffhülle umgeben, in der sich nochmals eine balkenförmige Verbindung aus dichterem Gas befindet. In beiden Magellanschen Wolken wurden viele Einzelobjekte entdeckt, die auch aus unserem Sternsystem bekannt sind: Sternhaufen, Wolken interstellarer Materie und Veränderliche. Mit Hilfe von ↑ Delta-Cephei-Sternen in den Magellanschen Wolken wurde die ↑ Perioden-Leuchtkraft-Beziehung entdeckt. *Abb.*

Magnetfelder [⟨lat. ⟨griech. + ⟨dt.] bestimmen in erheblichem Ausmaß das Geschehen im Kosmos. Neben dem schon lange bekannten Magnetfeld der Erde wurden auch bei anderen Planeten, im interplanetaren Raum, auf der Sonne, im interstellaren Raum und bei einigen Sternen derartige Felder nachgewiesen.

Große und Kleine Magellansche Wolke

Die kosmischen Formen der Materie sind zum größten Teil ionisiert, gasförmig und elektrisch gut leitend. In dieser Materie fließen elektrische Ströme, und in Verbindung damit treten Magnetfelder auf. Turbulente Strömungen in kosmischen Körpern können in Verbindung mit der Rotation dieser Körper derart verlaufen, daß Bewegungsenergie in elektromagnetische Energie umgewandelt wird. So werden die kosmischen Magnetfelder aufrechterhalten.

Die *Erde* hat ein im Laufe einiger Jahrhunderte veränderliches Magnetfeld. Es entspricht dem eines gegen die Erdachse um gegenwärtig 11,5° geneigten Stabmagneten und wird durch elektrische Ströme im flüssigen Erdkern erzeugt. An der Erdoberfläche beträgt die magnetische Induktion zwischen 0,03 und 0,05 Millitesla. Das Erdmagnetfeld breitet sich verhältnismäßig weit in den interplanetaren Raum aus (↑ Magnetosphäre). – *Mond, Venus* und *Mars* besitzen keine nennenswerten Magnetfelder (weniger als 0,1 % des Erdfeldes). Bei *Merkur* wurden hingegen Feldstärken von 1 % des Erdfeldes nachgewiesen. Das Magnetfeld des *Jupiter* übersteigt das der Erde um den Faktor 10.

Im *interplanetaren Raum* wurden schwache Magnetfelder beobachtet, die, durch den ↑ Sonnenwind mitgeschleppt, bis weit über die Erdbahn hinaus wirksam sind.

Die *Sonne* besitzt ein schwaches allgemeines Magnetfeld und daneben sehr starke lokale, d.h. auf kleine Bereiche begrenzte Magnetfelder. In ihnen beträgt die magnetische Induktion einige Zehntel Tesla. Diese lokalen Magnetfelder sind die eigentliche Ursache der verschiedenen Erscheinungen der ↑ Sonnenaktivität.

Das *interstellare Magnetfeld* ist mit seinen Feldlinien parallel zu den Spiralarmen des ↑ Milchstraßensystems orientiert. Es ist sehr schwach; seine Stärke beträgt nur $1/100000$ der Erdfeldstärke. Bei einigen *Sternen* konnten z. T. extrem starke Felder nachgewiesen werden, deren Achsen in manchen Fällen bis zu 90° gegen die Rotationsachsen der Sterne geneigt sind. ↑ magnetische Sterne.

Magnetische Sterne [s.o. bzw. ⟨dt.] besitzen ein durch Spektralbeobachtungen nachweisbares Magnetfeld. Durch den ↑ Zeeman-Effekt sind ihre Spektrallinien verbreitert oder aufgespalten. Die magnetischen Induktionen betragen in der Regel einige Zehntel Tesla; in Einzelfällen wurden jedoch erheblich höhere Werte gemessen. Die Magnetfelder vieler magnetischer Sterne sind veränderlich; was

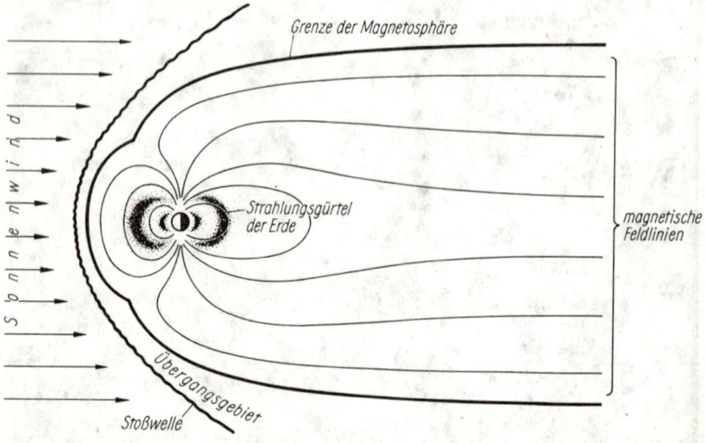

Magnetosphäre der Erde

wahrscheinlich aus der Rotation dieser Himmelskörper folgt. Magnetische Sterne enthalten einen überdurchschnittlich hohen Anteil an Metallen.

Ein **magnetischer Sturm** [s. o. bzw. ⟨dt.], eine ↑ solar-terrestrische Erscheinung, äußert sich in schnellen Veränderungen der magnetischen Feldstärke an einem bestimmten Ort auf der Erde. Solche Veränderungen können mehrere Tage anhalten; sie sind die Folge von Magnetfeldern, die in der Hochatmosphäre der Erde durch Teilchenstrahlung erregt werden, die bei einer ↑ chromosphärischen Eruption frei wird.

Die **Magnetopause** [s. o. + ⟨franz.] ist die Grenze der ↑ Magnetosphäre der Erde oder eines anderen Himmelskörpers gegenüber dem Sonnenwind.

Die **Magnetosphäre** [s. o. + ⟨griech.] ist der Raum um einen Himmelskörper, in dem dessen Magnetfeld wirkt. – Die *Magnetosphäre der Erde* wird durch den ↑ Sonnenwind zu einem langgestreckten, tropfenförmigen Gebilde geformt, das auf der sonnenzugewandten (Tag-) Seite 10 bis 12 Erdradien, auf der sonnenabgewandten Seite vermutlich mehr als 100 Erdradien in den Raum hinausreicht. Zwischen dem Sonnenwind und der Magnetosphäre befindet sich eine Stoßwelle (Schockfront). In der Magnetosphäre liegen die ↑ Strahlungsgürtel. *Abb.*

Die **Magnituto** [⟨lat.; Plural: Magnitudines], Größenklasse, ist die Einheit der scheinbaren und der absoluten ↑Helligkeit.

Das **Maksutowteleskop** [nach dem sowjet. Spezialisten D. D. Maksutow] oder *Meniskus-Teleskop* ist eine Art des Spiegelteleskops, bei der das Licht auf einen kugelförmigen Hohlspiegel fällt, nachdem es eine dicke Meniskuslinse durchlaufen hat. Diese Linse dient der Korrektur der ↑ Abbildungsfehler.

Maler oder lat. *Pictor* (Genitiv *Pictoris*), Abk. *Pic*, mitunter auch *Malerstaffelei*, heißt ein unscheinbares, in Mitteleuropa unsichtbares Sternbild des Südhimmels.

Das **Mare** [⟨lat.; „Meer"; Plural: Maria] ist eine auffällige Oberflächenstruktur auf dem Mond. Die großen Maregebiete können als ausgedehnte, dunkle Flecken bereits mit dem bloßen Auge gesehen werden. Es handelt sich um verhältnismäßig ebene Flächen, die nur vereinzelte, meistens kleine Krater aufweisen. Die Bezeichnung Mare wurde diesen Gebieten von den ersten Beobachtern gegeben, die glaubten, mit dem Fernrohr offene Wasserflächen auf dem Mond entdeckt zu haben.

Mare: Maregebiete auf dem Mond

lateinischer Name	deutscher Name
Mare Crisium	Meer der Gefahren
Mare Foecunditatis	Meer der Fruchtbarkeit
Mare Frigoris	Meer der Kälte
Mare Humorum	Meer der Feuchtigkeit
Mare Imbrium	Regenmeer
Mare Nectaris	Nektarmeer
Mare Nubium	Wolkenmeer
Mare Serentitatis	Meer der Heiterkeit
Mare Tranquillitatis	Meer der Ruhe
Mare Vaporum	Meer der Dämpfe
Oceanus Procellarum	Ozean der Stürme

Der lateinische Name ist die internationale Bezeichnung (z. B. auf Mondkarten). Die aufgeführten Mare befinden sich auf der erdzugewandten Oberflächenhälfte.

Die Maria entstanden durch die Einschläge sehr großer Meteoriten und ähnlicher Körper in der Frühgeschichte des Mondes und anschließende Überflutung der Becken durch Lava. Sie sind im Grunde gigantische Kraterformen. Durch künstliche Mondsatelliten wurde festgestellt, daß unter den kreisähnlichen Maria große Massenkonzentrationen vorhanden sind. Sie fehlen unter den unregelmäßig geformten Maregebieten. Auf der erdabgewandten Seite des Mondes sind – mit einer Ausnahme – keine Maregebiete vorhanden. *Tab.*

Markarjangalaxien [nach dem sowjet. Astronomen B. E. Markarjan] sind Sternsysteme mit starker, gleichmäßiger Strahlung im ultravioletten Spektralbereich und einem nahezu sternförmig erscheinenden, hellen Kern.

Der **Mars** ist ein der Erde benachbarter Planet des Sonnensystems. Er gehört zu den ↑ erdähnlichen Planeten. Maße und Daten ↑ Tab. Planeten.

Die höchste Oberflächentemperatur (am Äquator) liegt bei +17 °C, die niedrigste Oberflächentemperatur (an den Polen) bei −140 °C.

Der größte und der geringste Abstand des Mars von der Sonne beträgt 249 Mill. bzw. 207 Mill. km, der von der Erde 399,9 Mill. bzw. 55,8 Mill. km.

Die Rotationsachse des Mars ist um 25° gegen die Senkrechte zur Bahnebene geneigt; dadurch treten auf dem Planeten ausgeprägte jahreszeitliche Erscheinungen auf. Sie sind am besten an der wechselnden Ausdehnung der weißen, aus gefrorenem Wasser und gefrorenem Kohlendioxid bestehenden *Polkappen* zu erkennen. Im Marswinter wachsen die Polkappen an, im Sommer verkleinern sie sich. Außer den Polkappen sind von der Erde aus lediglich verwaschene hellere und dunklere Gebiete auf dem Mars zu beobachten. Naherkundungen mit Raumsonden zeigten, daß die *Marsoberfläche* viele Krater aufweist (↑ Abb. Krater). Sie werden jedoch – im Unterschied zu den Mondkratern – nicht ausschließlich als Einsturzkrater, sondern auch teilweise als Vulkane gedeutet. Der größte Vulkankegel heißt Olympus Mons. Er hat einen Grundflächendurchmesser von 600 km, einen Kraterdurchmesser von 90 km und ist 25 km hoch. Außer den Kraterregionen gibt es form- und strukturlose Gebiete, gebirgiges Gelände sowie weite Ebenen, die von Lavaüberflutungen herrühren. *Abb.* – Gewundene Täler, bis zu 1 500 km lang und bis zu 200 km breit, sind offensichtlich durch fließendes Wasser entstanden. Zu ihnen gehören auch Zuflußtäler. Dem steht entgegen, daß der Mars gegenwärtig ein sehr trockener Planet ist; jedoch ist denkbar, daß auf seiner Oberfläche in einer früheren Entwicklungsphase mehr Wasser vorhanden war. Die Flußbetten haben nichts mit den *Marskanälen* zu tun, die gegen Ende des 19. Jh. beobachtet wurden und sich inzwischen als optische Täuschungen erwiesen haben. Mars besitzt eine mit 600 Pa Oberflächendruck sehr dünne, aber stark bewegte *Atmosphäre.* In ihr treten Strömungsgeschwin-

Landschaft auf dem Mars. Links befindet sich ein Stein von 3 m Breite und 1,5 m Höhe, fotografiert von Viking 1

digkeiten bis zu 45 m/s auf, die zeitweilig starke, sichtbehindernde Staubstürme verursachen. Die Marsatmosphäre besteht zu 95 % aus Kohlendioxid. Stickstoff ist mit 2,7 % in ihr enthalten, Sauerstoff und Wasserdampf in noch geringeren Anteilen. Die im *Marsboden* häufigsten Elemente sind Silicium und Eisen. *Lebewesen* wurden bisher auf dem Mars nicht gefunden.

Der innere Aufbau des Mars ähnelt dem des Mondes. Ein Eisenkern von etwa 1000 km Durchmesser wird von einem 500 km dicken unteren Mantel mit hoher Dichte umgeben, dieser von einem 2000 km dicken oberen Mantel geringer Dichte. Die äußere Kruste hat eine Dichte von 2,4 g/cm³.

Mars wird von 2 Monden (↑ Tab. Satelliten) umlaufen.

Das **Mascon** [Kunstwort aus engl. „*mas*s" und „*con*centration"] ist ein Gebiet überdurchschnittlich hoher Gravitation auf der ↑ Mondoberfläche. Die Mascons sind durch Ansammlungen dichterer Gesteine unter diesen Bereichen der Mondoberfläche entstanden.

Die **Masse,** Formelzeichen *m*, ist eine der wichtigsten ↑ Zustandsgrößen eines Himmelskörpers. Sie kann nur auf Grund der von ihr bewirkten Gravitation bestimmt werden. – Um die Masse eines *Planeten* zu ermitteln, beobachtet man die Bewegung seiner Monde oder, wenn er keine Monde besitzt, seine eigene Bewegung im Gravitationsfeld der Sonne und der anderen Planeten. Die Massen der *Sterne* lassen sich am besten bei Doppelsternsystemen bestimmen, da in diesen Fällen die Bewegung direkt beobachtbar ist. Es gilt das 3. Keplersche Gesetz, das eine Beziehung zwischen den Sternmassen m_1 und m_2, der großen Halbachse a und der Umlaufzeit T herstellt:

$a^3/T^2 \sim m_1 + m_2$. Eine weitere Möglichkeit der Sternmassenbestimmung ergibt sich bei ↑ Weißen Zwergen. An ihren Oberflächen herrscht eine so große Schwerebeschleunigung, daß die Strahlung beim Verlassen dieser Sterne einen meßbaren Energieverlust erleidet. Er ist durch Linienverschiebungen in den Spektren nachweisbar (↑ Spektrum).

Bei den Sternen der Hauptreihe besteht in Gestalt der ↑ Masse-Leuchtkraft-Beziehung ein eindeutiger Zusammenhang zwischen der Masse und der Leuchtkraft. Daher ist für solche Sterne eine Massenbestimmung verhältnismäßig einfach, wenn die Leuchtkraft bekannt ist. – Die größte bei einem Stern bisher festgestellte Masse beträgt 120 Sonnenmassen. Sterne mit größeren Massen sind nicht stabil, da sie durch den Strahlungsdruck der in ihnen freigesetzten Energie auseinandergerissen werden. Andererseits können Sterne mit weniger als 0,08 Sonnenmassen keine Kernfusion in Gang bringen.

Die **Masse-Leuchtkraft-Beziehung** der Hauptreihensterne besagt, daß bei den Sternen der Hauptreihe im HRD die Leuchtkraft um so größer ist, je massereicher sie sind. In der Hauptreihe des HRD sind die Sterne ihrer Masse nach angeordnet. Der Zusammenhang zwischen Masse m und Leuchtkraft L lautet: $L \sim m^{3,5}$. *Abb.*

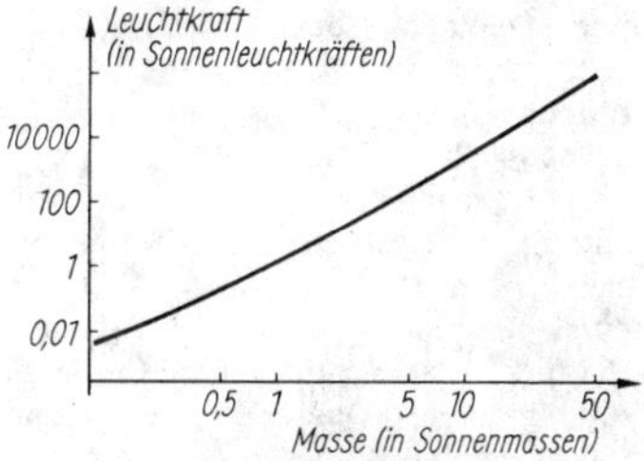

Masse-Leuchtkraft-Beziehung

Die **Massenanziehung** ↑ Gravitation.

Der **Mauerquadrant** ist ein Höhenmeßgerät, das in der Antike und im Mittelalter verwendet wurde. An einem in der Meridianebene errichteten Viertelkreis befand sich eine Visiereinrichtung; an der Kreisteilung konnte man die Kulminationshöhe des beobachteten Gestirns ablesen. *Abb.*

Auf dem **Mauna Kea**, einem erloschenen Vulkan auf der Insel Hawaii, befindet sich in über 4000 m Höhe über dem Meeresspiegel das Observatorium der Universität von Hawaii (zu USA gehörig). Die in dieser Höhenlage ausgezeich-

Mauerquadrant des Tycho Brahe

neten Beobachtungsbedingungen ermöglichen auch Untersuchungen im ↑ Infrarot.

Das **Megaparsek**, Kurzzeichen *Mpc*, ist eine Maßeinheit der Entfernung (↑ Parsek).

1 Mpc = 10^3 kpc = 10^6 pc

1 Mpc = 3,26 Mill. ly = $3{,}086 \cdot 10^{19}$ km

Das Megaparsek wird zur Angabe von Entfernungen zwischen den Sternsystemen verwendet.

Zum Beispiel sind der Virgohaufen 16 Mpc, die Radioquelle Cygnus A 200 Mpc, der Quasor 3 C 273 rund 500 Mpc entfernt.

Ein **Mehrfachstern** ist ein durch die Massenanziehung zusammengehaltenes System von 3 oder mehr Sternen, die sich um einen gemeinsamen Schwerpunkt bewegen (z. B. ↑ Kastor). ↑ Doppelstern.

Die **Mehrfarbenfotometrie** [⟨dt. + ⟨griech.] ist die Bestimmung der Helligkeit von Gestirnen in mehreren Wellenlängenbereichen. Im einfachsten Falle ermittelt man, wie hell das Objekt bei ↑ visueller oder ↑ fotovisueller und wie hell es bei fotografischer Beobachtung erscheint. Visuelle und fotovisuelle Strahlungsempfänger sind im gelbgrünen, fotografische Schichten meistens im blauen Spektralbereich am empfindlichsten. Die Differenz der gemessenen Helligkeiten ist eine besondere Größe, der ↑ Farbenindex. Meistens wird die Helligkeit im *u*ltravioletten, im *b*lauen und im *v*isuellen (gelbgrünen) Bereich gemessen; man erhält 2 Farbenindizes (*B-V* und *U-B*). Dieses *UBV-System* ermöglicht weitergehende Aussagen über die betreffenden Objekte. Auch im roten und im infraroten Spektralbereich werden fotometrische Messungen vorgenommen. *Tab.*

Das **Meniskusteleskop** [⟨lat. ⟨griech. + ⟨griech.] ↑ Maksutowteleskop.

Die **Mensa** [⟨lat.] ↑ Tafelberg.

Die **Meridiane** [⟨lat.] oder *Längenkreise* sind alle größten Kugelhalbkreise auf der Erde, die durch die beiden Pole verlaufen. Sie schneiden den Äquator rechtwinklig. Der *Himmelsmeridian* (Ortsmeri-

Mehrfarbenfotometrie

Wellenlängenbereich	Kurzbezeichnung	größte Energie bei einer Wellenlänge von
Ultraviolett	U	360 nm
Blau	B	450 nm
Visuell (Gelbgrün)	V	555 nm
Rot	R	670 nm
Infrarot	I	870 nm
Infrarot	J	1200 nm
Infrarot	K	2200 nm
Infrarot	L	3500 nm
Infrarot	M	5000 nm
Infrarot	N	9000 nm

dian) eines Beobachtungsortes ist der größte Kreis an der scheinbaren Himmelskugel, der senkrecht auf dem Horizont steht und durch Südpunkt, Zenit, Nordpol, Nordpunkt und Nadir verläuft.

Der **Meridiankreis** [⟨lat. ⟨dt.] ist eines der wichtigsten und genauesten ↑ astronomischen Beobachtungsinstrumente. Er besteht aus einem Fernrohr, das sich lediglich um eine horizontale (west-östliche) Achse bewegen läßt. Ein im Gesichtsfeld des Instruments befindlicher senkrechter Faden markiert die Meridianlinie. Man beobachtet den Durchgang eines Gestirns durch diesen Faden und bestimmt daraus die *Kulminationszeit*; mittels eines horizontalen Fadens und einer sehr genauen Kreisteilung kann auch die *Kulminationshöhe* ermittelt werden. ↑ Römer. – *Abb.*

Der **Merkur** ist der sonnennächste Planet des Sonnensystems. Er gehört zu den ↑ erdartigen Planeten. Maße und Daten ↑ Tab. Planeten.

Merkur ist von der Erde aus nicht leicht zu beobachten, da er sich innerhalb der Erdbahn um die Sonne bewegt und sein Winkelabstand von der Sonne deshalb höchstens 27° betragen kann. Er zeigt

Meridiankreis

Phasen wie der Mond; Fernrohrbeobachtungen lassen günstigstenfalls schwache Helligkeitsunterschiede in einigen Oberflächengebieten erkennen.

Naherkundungen durch Raumsonden zeigten, daß Merkur eine mit Kratern

Merkur aus 76000 km Entfernung gesehen; fotografiert von Mariner 10

übersäte *Oberfläche* besitzt und in seinem Anblick dem Erdmond sehr ähnelt. Ein Unterschied besteht aber im Vorhandensein von glatten Ebenen in Hochlandgebieten des Merkur und im Auftreten vieler Steilhänge, die sich über Hunderte von Kilometern erstrecken. Diese Hänge sind ein Anzeichen dafür, daß das Merkurinnere in der Frühgeschichte des Planeten größer war und dann geschrumpft ist. Die Oberfläche ist in 2 unterschiedlich beschaffene Hälften geteilt; Merkur besitzt eine kraterreiche und eine vorwiegend mit Ebenen bedeckte Halbkugel. Auch darin ähnelt er dem Mond. *Abb.*

Eine *Atmosphäre* wie die Erde besitzt Merkur nicht. Seine Gashülle hat nur ein Hundertmilliardstel der Dichte der Erdatmosphäre und besteht vorwiegend aus Edelgasen. Auch in der Vergangenheit kann Merkur keine nennenswerte Atmosphäre gehabt haben. Entgegen früheren Annahmen wurde 1974 ein schwaches *Magnetfeld* nachgewiesen, das an der Merkuroberfläche etwa 1/100 der Stärke des Erdmagnetfeldes besitzt. Die *Temperaturen* sind wegen der geringen Entfernung von der Sonne auf der Tagseite des Planeten sehr hoch. Am Äquator wurde eine Nachmittagstemperatur von +300 °C gemessen; nach Sonnenuntergang fiel die Temperatur rasch auf −90 °C und dann bis Mitternacht weiter auf −180 °C.

Bei Merkur ist die Oberfläche mondähnlich, das Innere erdähnlich. 60 bis 80 % des Gesamtvolumens dürften von einem massiven Eisenkern eingenommen werden; die äußeren Schichten sind sicher aus Silikaten aufgebaut. ↑ Tab. Durchgang.

Charles **Messier** [sprich: -sjeh], geb. 26. 6. 1730, gest. 11. 4. 1817, war ein französischer Astronom, der besonders durch den von ihm zusammengestellten ↑ Messierkatalog bekannt wurde. Messier entdeckte 14 Kometen.

Der **Messierkatalog** [s. o.] ist ein Verzeichnis von Nebeln und Sternhaufen, das 1784 von dem französischen Astronomen Charles Messier angelegt wurde. Die Objekte darin sind numeriert, zur Unterscheidung von anderen Katalogen wird der Nummer ein M vorangestellt. – Beispiele: M 42 ist die Messiernummer des Orionnebels, M 13 die des hellen Kugelsternhaufens im Sternbild Herkules, M 32 ein Begleiter (elliptisches Sternsystem) des ↑ Andromedanebels.

MESZ: Abk. für Mitteleuropäische Sommerzeit. ↑ Zonenzeit.

Die **Metagalaxis** [‹griech.] ist ein großes kosmisches System, dessen nächstkleinere Bestandteile ↑ Galaxienhaufen und ↑ Sternsysteme sind. Bisher konnte noch nicht endgültig geklärt werden, ob dieses System tatsächlich existiert. Möglicherweise ist der heute überschaubare Teil des Weltalls, der einen Radius von 3 bis 4 Md. pc aufweist, nur ein Bruchteil der Metagalaxis. In ihm befinden sich viele Milliarden Sternsysteme.

Als **Metalliniensterne** (Am-Sterne) bezeichnet man Sterne der Spektralklasse A, in deren Spektren die Linien der Metalle stärker als normal auftreten. Sie zählen zu den Hauptreihensternen und gehören in vielen Fällen zu Doppelsternsystemen.

Das oder der **Meteor** oder die *Sternschnuppe* erscheint als schnell über den Himmel ziehender Lichtpunkt, häufig mit nachleuchtendem Schweif. Es entsteht als Leuchterscheinung, wenn ein ↑ *Meteoroid* in die dichteren Schichten der Erdatmosphäre eindringt und infolge der Zusammenstöße mit den Gasteilchen hell aufglüht. Sehr helle Meteore heißen ↑ *Feuerkugeln (Boliden)*; sie sind sehr selten.

Meteore können optisch und mit dem ↑ Radio-Echo-Verfahren beobachtet werden. Letzteres gestattet auch Beobachtungen bei bedecktem Himmel und bei Tageslicht. Die Meteore leuchten meist in Höhen zwischen 80 und 120 km auf und treten entweder einzeln (als sporadische Meteore) oder in Schwärmen (als ↑ Meteorstrom) auf. Da die in Bewegungsrichtung der Erde vorn liegende Erdhälfte von mehr Meteoriten getroffen wird als die Gegenseite, ist die Zahl der beobachteten Meteore morgens vor Beginn der Dämmerung am größten. Außerdem sind im Herbst meistens mehr Meteore zu sehen als in anderen Jahreszeiten. *Abb.*

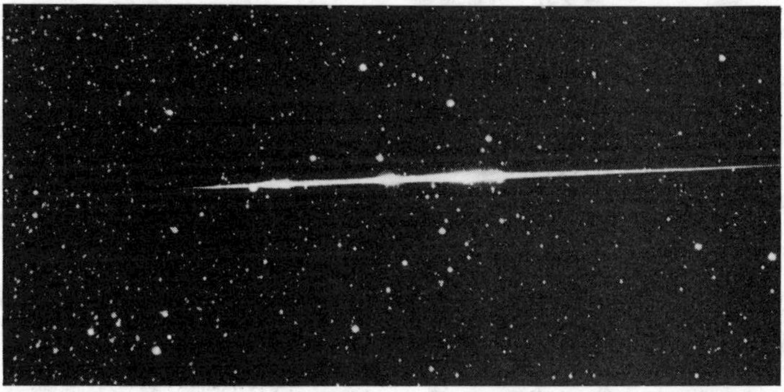

Meteorspur

Der **Meteorit** [(griech.] ist der kosmische Kleinkörper, der bei seiner Abbremsung durch den Luftwiderstand der Erdatmosphäre die Leuchterscheinung eines ↑ *Meteors* hervorruft und die Erdoberfläche erreicht. ↑ Tab. Sonnensystem.

Nach ihrer Herkunft unterscheidet man *planetarische* Meteorite, die aus dem Planetoidengürtel stammen und zu denen viele Riesenmeteorite gehören, und *kometarische* Meteorite. Diese aus dem System der ↑ Kometen stammenden Körper, die sich in langgestreckten Ellipsen um die Sonne bewegen, sind sehr locker zusammengesetzt. Sie bestehen aus gefrorenen Gasen, gefrorenem Wasser und Staub. Die planetarischen Meteorite bewegen sich in kreisähnlicheren Bahnen um die Sonne und sind relativ feste Körper.

Meteorite haben Massen zwischen einem Milliardstel Gramm und 10 Mill. Tonnen. Ihre Geschwindigkeiten beim Eintritt in die Erdatmosphäre liegen zwischen 10 und 70 km/s. Bei den festen Meteoriten unterscheidet man ↑ Chondrite und ↑ Achondrite – die zur Klasse der *Steinmeteorite* zusammengefaßt werden – sowie *Eisenmeteorite. Abb.* – Die *Stein-Eisen-Meteorite* nehmen eine Mittelstellung ein. Eine Untergruppe, die *kohligen Chondrite*, enthält in ihrem Ma-

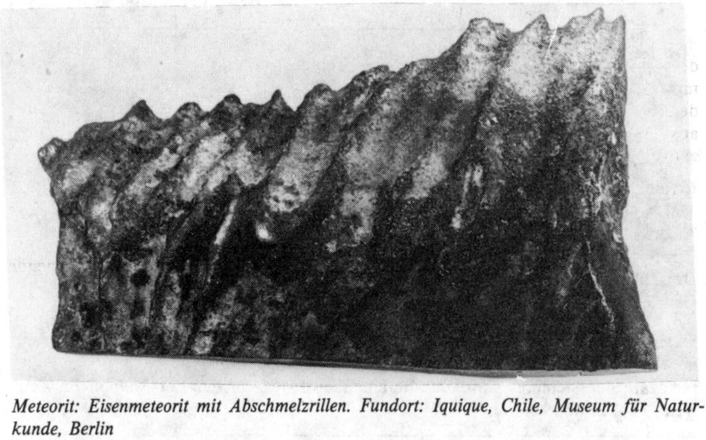

Meteorit: Eisenmeteorit mit Abschmelzrillen. Fundort: Iquique, Chile, Museum für Naturkunde, Berlin

terial u. a. freien Kohlenstoff, Schwefel und organische Verbindungen. Man vermutet, daß diese Meteorite im Laufe ihrer Entwicklung niemals hohen Temperaturen ausgesetzt waren und betrachtet sie als wichtige Zeugen aus der Entstehungszeit des Sonnensystems. Mit rund 90% sind die Steinmeteorite weitaus in der Mehrzahl. ↑ Tab. Elementenhäufigkeit.

Die großen Meteorite, die auf die Erde stürzen, rufen z.T. erhebliche Krater hervor. Ein in vorgeschichtlicher Zeit entstandener Meteoritenkrater mit fast 1,3 km Durchmesser und 175 m Tiefe befindet sich in Arizona (USA). Demgegenüber entstanden bei dem Meteoritenfall am 30. 6. 1908 in Sibirien (Steinige Tunguska) zwar Verwüstungen über viele Quadratkilometer, aber kein Großkrater. Auch der Meteorit, der am 4. 12. 1974 über der westlichen ČSSR eine Feuerkugel von tausendfacher Vollmondhelligkeit verursachte, erzeugte keinen Krater. Bis vor wenigen Jahren wurden auch die ↑ Meteoroide (die die Erdoberfläche nicht erreichen) als Meteorite bezeichnet.

Der **Meteoroid** [⟨griech.] ist ein kosmischer Kleinkörper, der sich auf einer elliptischen Bahn um die Sonne bewegt. Gelangt er in die Erdatmosphäre, dann ist die Erscheinung als ↑ Meteor zu beobachten; fällt er auf die Erde, dann wird dieser Körper als ↑ Meteorit bezeichnet.

Der **Meteorstrom** [s. o. + ⟨dt.] (eigentlich ein *Meteoroidenstrom*) wird beobachtet, wenn die Erde auf ihrer Bahn um die Sonne einen Schwarm Meteoroiden durchquert. In diesem Falle erhöht sich die Zahl der stündlich beobachtbaren ↑ Meteore gegenüber dem Normalwert um ein Vielfaches; in extremen Fällen wurde ein unaufhörlicher „Sternschnuppenregen“ verzeichnet.

Wenn sich die Körper über die gesamte Bahn gleichmäßig verteilt haben, so tritt bei jedem Durchgang der Erde durch diesen Punkt, also in jedem Jahr, eine Häufung der Sternschnuppenfälle auf. Man spricht dann von *permanenten Strömen.* Bilden dagegen die Meteoroide einen wenig ausgedehnten Schwarm, so kommt es nur in den Jahren zu größeren Meteorhäufigkeiten, in denen Erde und Schwarm den Schnittpunkt gleichzeitig durchlaufen *(periodische Ströme).*

Da der Beobachter stets in den ihm entgegenlaufenden Schwarm hineinblickt, scheinen die Meteore am Himmel strahlenförmig auseinanderzulaufen. Diese Erscheinung ist durch die Perspektive verursacht. Der Punkt, aus dem die Meteore zu kommen scheinen, heißt *Radiant* des Stromes. Aus dem Radianten kann man die Richtung der Meteoroiden, bezogen auf die Sonne, ermitteln. *Abb.*

Meteorströme werden mit Namen bezeichnet, die angeben, in welchem Sternbild der Radiant liegt. So bedeutet der

Meteorstrom: einige permanente Meteorströme

Name	Radiant im Sternbild	Maximum am	Anzahl[2]	Dauer in Tagen
Quadrantiden	Bootes[1]	03.01.	30	1–2
Lyriden	Leier	22.04.	10	4
Mai-Aquariden	Wassermann	05.05.	12	7
August-Aquariden	Wassermann	27.07.	20	10
Perseiden	Perseus	12.08.	50	20
Orioniden	Orion	20.10.	16	10
Geminiden	Zwillinge	12.12.	50	6

[1] Der Name ist von einem auf alten Sternkarten bezeichneten Sternbild „Quadrant“ abgeleitet

[2] Anzahl der Meteore je Stunde, die ein Beobachter, für den der Radiant im Zenit steht, beobachten könnte

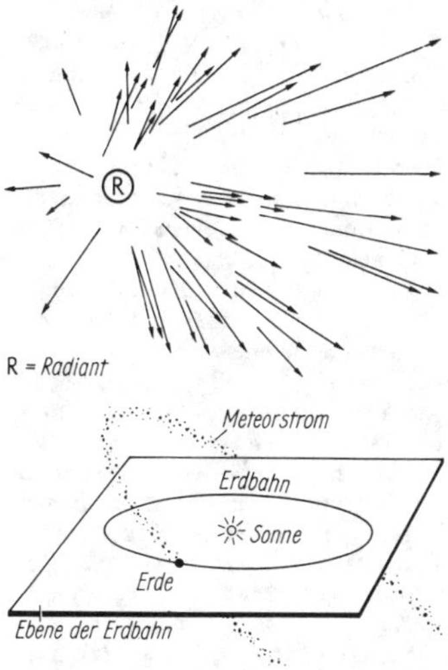

Meteorstrom: oben Anblick eines Meteorstroms von der Erde aus; unten Bahn der Erde und eines Meteorstroms

Name *Geminiden*, daß sich der Radiant im Sternbild Zwillinge (⟨lat. Gemini) befindet. Die meisten Meteorströme werden durch die Auflösungsprodukte von ↑ Kometen verursacht. *Tab.*

Der **Metis** [⟨lat.] heißt ein Mond des Jupiter. ↑ Tab. Satelliten.

MEZ ist die Abk. für die Mitteleuropäische Zeit. ↑ Zonenzeit.

Microscopium [⟨lat.] ↑ Mikroskop.

Das **Mikrofotometer** [⟨griech.; mikros „klein"] ist ein Meßgerät für die fotografische ↑ Fotometrie. Man bestimmt damit auf einer Himmelsfotografie den Grad der Schwärzung, die ein Objekt in der fotografischen Schicht bewirkt, und ermittelt daraus die scheinbare Helligkeit.

Der **Mikrometeorit** [s. o.], eigentlich Mikrometeoroid, ein sehr kleiner ↑ Meteoroid, bewirkt ein nur im Fernrohr sichtbares ↑ Meteor. Mikrometeorite sind in der Regel Teilchen des ↑ interplanetaren Staubes.

Das **Mikrometer** [s. o.] ist ein Meßinstrument, das am Okularende des Fernrohrs befestigt wird und die Ermittlung kleiner Winkelabstände, z. B. zwischen 2 Gestirnen, gestattet. Im *Fadenmikrometer* wird ein beweglicher Faden um einen meßbaren Betrag gegen ein Fadenkreuz verschoben. Das *Positionsfadenmikrometer* gestattet Messungen des Winkelabstandes und des ↑ Positionswinkels. Beim *Ringmikrometer* werden mit feststehendem Fernrohr die Zeiten gemessen, in denen die beiden Gestirne einen im Gesichtsfeld befindlichen Kreisring durchlaufen. Daraus kann man ebenfalls den Abstand berechnen.

Mikroskop [⟨griech.] oder lat. *Microscopium* (Genitiv *Microscopii)*, Abk. *Mic*, heißt ein wenig auffälliges Sternbild am Südhimmel, das in Mitteleuropa nicht beobachtet werden kann.

Die **Milchstraße** ergibt sich als Innenanblick des ↑ Milchstraßensystems (der Ga-

Milchstraße im Sternbild Schütze

laxis) vom Ort der Erde aus. Da das System in erster Näherung eine flache Scheibe aus Sternen und interstellarer Materie ist, erscheint es an der Himmelskugel als schwach leuchtendes Band, das sich bei der Beobachtung mit dem Fernrohr in eine Vielzahl von Sternen auflösen läßt. – Gelegentlich ist mit dem Wort Milchstraße auch das Milchstraßensystem gemeint. *Abb.*

Das **Milchstraßensystem** oder die *Galaxis* ist das Sternsystem, zu dem die Sonne neben rund 200 Md. anderen Sternen und einer beträchtlichen Menge ↑ interstellarer Materie gehört. Es ist gewissermaßen „unser Sternsystem" (unsere Galaxie). Es ist Teil der ↑ lokalen Gruppe, eines Galaxienhaufens. – Um einen *Kern*, in dem sich kleine, aber starke Infrarot- und Radiostrahlungsquellen befinden (↑ Kern der Galaxis), ordnet sich die Hauptmasse der Sterne und der interstellaren Materie in Form einer *Scheibe* an (↑ Spiralstruktur der Galaxis). Der Scheibendurchmesser beträgt 25 kpc. Kern und Scheibe werden von einem *Halo* (einer etwa kugelförmigen, lockeren Wolke) aus ↑ Kugelsternhaufen, einzelnen Gaswolken und ↑ Haufenveränderlichen umgeben. Sein Durchmesser beträgt etwa 50 kpc. Kern, Scheibe und Halo sind in eine sehr dünne, aber weit ausgedehnte *Korona* aus Gas eingebettet; diese Korona weist einen Durchmesser von mehr als 120 kpc auf. Das System vereinigt in sich etwa 200 Md. Sonnenmassen, davon liegen 2 % in Form der interstellaren Materie vor.

Die Erforschung des Milchstraßensystems ist sehr schwierig, weil alle Beobachtungen von einem Punkt im Inneren des Systems aus erfolgen und weil wegen der ↑ interstellaren Absorption nur ein kleiner Teil davon überhaupt optisch sichtbar ist. So verbirgt sich z. B. der Kern hinter dicken Staubwolken, die für sichtbares Licht undurchdringlich sind. Die *Sonne* befindet sich etwa 10 kpc von ihm entfernt, etwa 15 pc nördlich der Mittelebene der Scheibe. Sie umläuft das Zentrum auf einer nahezu kreisförmigen Bahn mit einer Geschwindigkeit von

Milchstraßensystem: oben Aufsicht, unten Querschnitt (links Ort unserer Sonne)

250 km/s und vollendet dabei einen Umlauf in 250 Mill. Jahren.
In der galaktischen Scheibe sind die hellsten, heißesten und jüngsten Sterne und die interstellare Materie in Spiralarmen konzentriert. Sie bilden gemeinsam eine ↑ Sternpopulation, die extreme Population I. Die insgesamt 5 Sternpopulationen sind Untersysteme im Milchstraßensystem.
Außer ihrer ↑ Pekuliarbewegung führen alle Körper im Milchstraßensystem eine Umlaufbewegung um den Kern aus, so daß sich eine ↑ differentielle Rotation des Systems ergibt. Der Kern selbst rotiert wahrscheinlich wie ein starrer Körper.
Das *Magnetfeld* im Milchstraßensystem ist vorwiegend längs der Spiralarme orientiert, es kommen jedoch auch kompliziertere Einzelheiten vor. Die magnetische Induktion ist außerordentlich gering; trotzdem werden die Teilchen des interstellaren Staubes durch dieses Magnetfeld ausgerichtet und bewirken die ↑ Polarisation des Sternlichtes. *Abb.*

Der **Mimas** heißt ein Mond des Saturn. ↑ Tab. Satelliten.

Mira Ceti [⟨lat.] heißt der Stern Omikron im Sternbild Walfisch. Der rote Riesenstern wurde als erster Veränderlicher im Jahre 1596 entdeckt. Im Helligkeitsmaximum hat Mira Ceti eine scheinbare Helligkeit von 2 Größenklassen, im Minimum ist der Stern mit 10 Größenklassen selbst in kleinen Fernrohren nur schwer zu sehen. Der Lichtwechsel vollzieht sich mit einer Periode von etwa 332 Tagen.

Miranda heißt ein Mond des Uranus. ↑ Tab. Satelliten.

Die **Mirasterne** [⟨lat.] ↑ Pulsationsveränderliche.

Der **Mittag** ist der Zeitpunkt, zu dem die Sonne den Meridian des Beobachtungsortes in ihrer oberen Kulmination überquert. Man spricht vom *wahren Mittag* (12 Uhr wahrer Ortszeit bzw. wahrer Sonnenzeit), wenn die wahre Sonne kulminiert. Die Kulmination der (gedachten) ↑ mittleren Sonne gibt den *mittleren Mittag* (12 Uhr mittlerer Ortszeit bzw. mittlerer Sonnenzeit).

Mitteleuropäische Zeit ↑ Zonenzeit.

Die **mittlere Sonne** ist eine für die Definition der Zeiteinheit wichtige gedachte Sonne, die ihre scheinbare jährliche Bewegung im Gegensatz zur wahren Sonne völlig gleichförmig vollzieht. Außerdem wird die mittlere Sonne auf dem Himmelsäquator – nicht auf der Ekliptik – umlaufend angenommen. Die mittlere und die wahre Sonne treffen viermal jährlich zusammen (etwa am 16.4., 14.6., 1.9. und 25.12.); an diesen Tagen sind mittlere und wahre Sonnenzeit einander gleich. ↑ Mittag.

Mizar [⟨arab.; „Mantel"], Abk. ζ *UMa*, heißt der vorletzte Deichselstern im Großen Wagen (↑ Großer Bär). Er bildet mit ↑ *Alkor* einen optischen Doppelstern. Mizar selbst ist ein visueller Doppelstern, seine Komponenten sind 14″ voneinander entfernt. Sie sind jeweils spektroskopische Doppelsterne, so daß Mizar insgesamt ein Vierfachsystem darstellt.

MMT ↑ Fernrohr 2.

Der **Mögel-Dellinger-Effekt** ↑ Ionosphärenstörungen.

Die **Molekülurh** [⟨franz.] ↑ Uhr.

Der **Monat** [von Mond] ist ein vom Umlauf des Mondes um die Erde abgeleitetes Zeitmaß. Die Zeit zwischen zwei aufeinanderfolgenden gleichen Phasen (z.B. zwischen 2 Vollmonden) heißt *synodischer Monat* (im Mittel 29 Tage 12 h 44 min 3 s). Betrachtet man einen Umlauf des Mondes um die Erde in bezug auf einen bestimmten Stern, so erhält man den *siderischen Monat* (im Mittel 27 Tage 7 h 43 min 12 s). Der Unterschied ergibt sich aus der Bewegung, die das System Erde – Mond während eines Mondumlaufs gemeinsam um die Sonne ausführt (dabei verändert sich die Stellung zu dem Stern geringfügig).
Weiterhin gibt es den ↑ anomalistischen, den ↑ tropischen und den ↑ drakonitischen Monat. Die in unserem Kalender verwendeten Monatslängen sind willkürlich festgelegte Zeiteinheiten. Sie entsprechen genähert einem synodischen Monat.

Ein **Mond** [⟨althochdt.; mano „Wanderer am Himmel"] ist **1.** ein ↑ Satellit eines Planeten. Er umläuft den Planeten und reflektiert das Licht der Sonne.
2. Der *Mond der Erde* oder *Erdmond*, auch

Mond, Tab. 1: Der Mond als Satellit

mittlerer Radius: 1738 km = 0,27 Erdradien
Masse: $7{,}352 \cdot 10^{22}$ kg = 1/81 Erdmasse
mittlere Dichte: 3,345 g/cm³
Rotationsdauer: 27 Tage 7 h 43 min 12 s
Schwerebeschleunigung an der Oberfläche: 1,62 m/s²
größte Helligkeit: $-12^{m},7$

Mondgestein, das die sowjetische Mondsonde Luna 16 am 24. 9. 1970 zur Erde brachte

Mond, Tab. 2: System Erde–Mond

Entfernung Erde–Mond im Perigäum: 356410 km
Entfernung Erde–Mond im Apogäum: 406740 km
mittlere Entfernung Erde–Mond: 384000 km
siderische Umlaufzeit des Mondes: 27 Tage 7 h 43 min 12 s = 27,32166 Tage = Rotationsdauer
synodische Umlaufzeit: 29 Tage 12 h 44 min 3s = 29,53059 Tage
Bahnneignung gegen die Ekliptik: 5,15°
mittlere Bahngeschwindigkeit: 1,02 km/s
mittlere Zeitspanne zwischen zwei oberen Kulminationen: 24 h 50 min 28 s

Luna oder *Erdtrabant*, ist der Satellit des Planeten Erde. ↑ Tab. Satelliten. – *2 Tab.*
Bewegung: Der Mond bewegt sich auf einer elliptischen *Bahn um die Erde*; diese Bewegung ist jedoch durch die Gravitationswirkung der Sonne stark gestört. ↑ Mondbahn. – Außerdem führt der Mond eine *Rotation* um seine Achse aus, bei der er der Erde immer die gleiche Seite zuwendet (↑ *gebundene Rotation*).

Mondkraterlandschaft

Die Rotationsdauer des Mondes ist demnach gleich der mittleren siderischen Umlaufzeit. Wegen der ↑ Libration kann dennoch von der Erde aus mehr als die Hälfte der Mondoberfläche gesehen werden.

Wegen der ständigen Änderung des Winkels Sonne – Erde – Mond erscheint der Mond von der Erde aus in unterschiedlichem Maße beleuchtet. So entstehen die ↑ Mondphasen. Der zunehmende Mond kann nur am Abendhimmel, der abnehmende nur am Morgenhimmel stehen. Da der Mond keine Atmosphäre besitzt, ist die ↑ Mondoberfläche von der Erde aus ungehindert beobachtbar.

Der *Aufbau* des Mondes ist durch deutlich voneinander getrennte Schichten gekennzeichnet. Außen befindet sich eine etwa 60 km dicke, starre Kruste. Darunter liegt, bis in eine Tiefe von 1000 km, ein ebenfalls starrer Mantel aus schwerem Silicatgestein. Der Kern des Mondes ist zumindest teilweise flüssig; ob er aus Silicaten oder aus Eisen besteht, ist noch unklar. Das Übergangsgebiet zwischen Mantel und Kern ist die Zone der Mondbeben. Im Gegensatz zu den Erdbeben werden sie wahrscheinlich durch äußere Einflüsse ausgelöst; dabei spielen die Gravitationswirkungen von Sonne und Erde eine wesentliche Rolle.

Die *Oberfläche* des Mondes ist einem ständigen Einfluß der kosmischen Strahlung, des ↑ Sonnenwindes und aufschlagender Meteoriten ausgesetzt. Auf der Tagseite steigt die Bodentemperatur während der nahezu 2 irdische Wochen währenden ungehinderten Sonneneinstrahlung auf +130 °C, auf der Nachtseite sinkt sie bis −160 °C ab. Nach heutigen Kenntnissen ist der Mond gleichzeitig mit der Erde und den anderen Planeten vor etwa 4,5 Md. Jahren entstanden. *2 Abb.*

Das **Mondalter** [s. o. + ⟨dt.] ist die seit dem jeweils letzten Neumond verflossene Zeit. Sie wird in Tagen angegeben. Zur Vollmondphase beträgt das Mondalter 14,8 d. ↑ Mondphasen. – *Abb.*

Die **Mondbahn** [s. o. + ⟨dt.] ist eine kreisähnliche Ellipse um die Erde. Im erdnächsten Punkt beträgt die Entfernung Erde–Mond 356410 km, im erdfernsten 406740 km. Die Mondbahnebene ist um den Winkel i = 5,15° gegen die Ebene der Ekliptik (der Erdbahn) geneigt; die Punkte, in denen die Mondbahn die Ekliptikebene durchstößt, heißen ↑ Knoten. Von der Sonne aus betrachtet, unterscheidet sich die Mondbahn nur wenig von der Erdbahn. *Abb.*

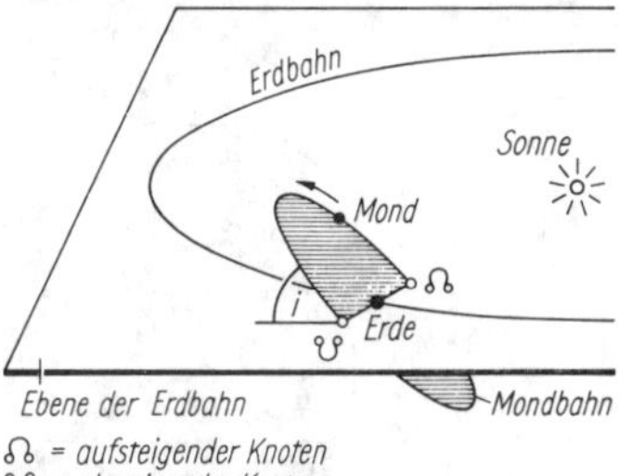

Mondbahn und Erdbahn

Die **Mondfinsternis** [s. o.] ↑ Finsternis 2.

Das **Mondgestein** ↑ Mondoberfläche.

Die **Mondoberfläche** [s. o. + ⟨dt.] weist 3 wichtige Typen von Oberflächengebilden auf. Es sind die Kettengebirge, die ↑ Kra-

Mondalter. Mond 3 d 8 h nach Neumond (im umkehrenden Fernrohr)

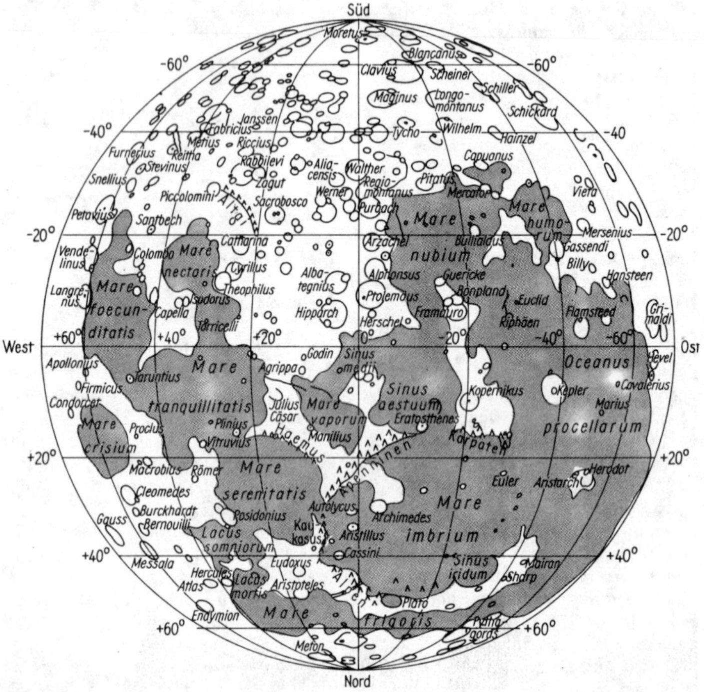

Mondoberfläche: Karte der erdzugewandten Hälfte

ter und die ↑ Mare-Gebiete. *Mare* (Plural Maria) heißen die dunklen, weitgehend glatten Flächen, die z. T. bereits mit dem bloßen Auge gesehen werden können. Die rauhen, kraterdurchsetzten Regionen, in denen sich auch die Kettengebirge befinden, heißen *Terrae* (Singular Terra).

Die häufigsten Oberflächengebilde sind die Mondkrater. Sie sind nach berühmten Naturwissenschaftlern benannt (↑ Tab. Krater). In den Maregebieten treten flache ↑ *Dome* auf. Während die Krater weitgehend durch Einschläge von Meteoriten erzeugt wurden, sind Dome wahrscheinlich inneren, vulkanischen Ursprungs.

Weitere Gebilde auf der Mondoberfläche sind ↑ Rillen, ↑ Rücken und ↑ Strahlensysteme. Vereinzelt treten *Verwerfungen* auf, das sind waagerechte oder senkrechte Verschiebungen der Gesteine gegeneinander. Die bekannteste ist die Lange Wand im Mare Nubium, eine gerade Böschung von rund 120 km Länge.

Die Gesteine der Mondoberfläche sind von einer mehrere Zentimeter dicken Staubschicht bedeckt. Darunter befindet sich eine mehrere Meter dicke Schuttschicht, der ↑ *Regolith*, in die einzelne Gesteinstrümmer eingebacken sind. Sie entstand durch den ständigen Einfluß der aus dem Weltraum auf den Mond herabstürzenden Meteoriten. Das Gestein der Mare-Gebiete ist dem irdischen Basalt ähnlich, auch Feldspat wurde gefunden. Nach heutiger Kenntnis sind die ältesten Gesteine der Mondoberfläche rund 4 Md. Jahre alt. – *2 Abb.*

Die **Mondphasen** [s. o. + ⟨griech.⟩] sind die Lichtgestalten des Mondes. Man unterscheidet 4 Hauptphasen. Bei *Neumond*

Mondoberfläche des Vollmonds (im umkehrenden Fernrohr)

befindet sich der Mond von der Erde aus gesehen etwas oberhalb oder unterhalb der Sonne und wendet dem Beschauer seine unbeleuchtete Seite zu. (Steht der Neumond genau vor der Sonne, so ereignet sich eine Sonnenfinsternis). Bei *Vollmond* blickt ein irdischer Beobachter auf die voll beleuchtete Seite des Mondes. Im *ersten Viertel* und im *letzten Viertel* ist der Mond, von der Erde aus gesehen, zur Hälfte beleuchtet (↑ Mondalter). – *Abb.* **Monoceros** [⟨griech.] ↑ Einhorn.

Der **Monochromator** [⟨griech. + ⟨lat.] ist eine Vorrichtung zum Erzeugen (Aussondern) eines sehr engen optischen Wellenlängenbereiches. In seinem Aufbau entspricht er weitgehend einem ↑ Spektrographen. Anstelle eines Monochromators kann man auch spezielle Farbfilter benutzen.

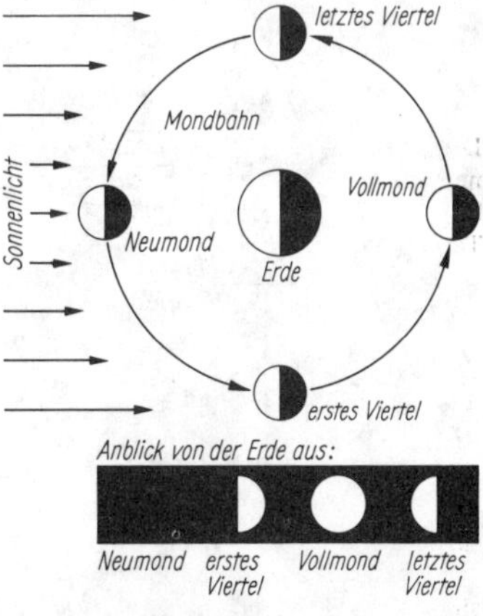

Entstehung der Mondphasen

Der **Mons** [⟨lat.] ist die Bezeichnung für einen einzeln stehenden Berg oder ein begrenztes Gebirgsmassiv auf der Oberfläche des Mondes und des Mars. Diese Bezeichnung wird in Verbindung mit einem Eigennamen verwendet, z. B. Mons Huygens (auf dem Mond), Olympus Mons (auf dem Mars).

Die **Montierung eines Fernrohrs** besteht im allgemeinen aus einem Stativ (z. B. Dreibeinstativ) oder einer stabilen Säule und dem darauf befestigten Achsensystem. Sie hat die Aufgabe, das Instrument erschütterungsfrei und präzise in jeder Beobachtungsrichtung festzuhalten; deshalb besteht das Achsensystem meistens aus 2 Achsen, um die das Fernrohr gedreht werden kann. Kleine Fernrohre besitzen oft eine *azimutale Montierung*; bei ihr liegt die eine Drehachse *(Standachse)* senkrecht, die andere *(Kippachse)* waagerecht. – Größere Instrumente erhalten eine *äquatoriale* oder *parallaktische Montierung.* Sie besitzt eine ständig zum Himmelspol weisende Achse *(Stundenachse)* und die dazu senkrechte *Deklinationsachse.* Mit einer parallaktischen Montierung kann das Fernrohr leichter der scheinbaren täglichen Bewegung der Himmelskörper nachgeführt werden, da lediglich eine gleichförmige Drehung um die Stundenachse erforderlich ist. Sie wird durch einen Motor (meist elektrisch, bei älteren Montierungen noch mit Gewichtsuhrwerk) bewirkt, dessen Drehbewegung durch ein Getriebe auf eine Umdrehung je Sterntag (↑ Tag) untersetzt ist. Diese *Nachführung* ist beim Fotografieren und beim Beobachten mit stärkerer Vergrößerung unerläßlich.

Azimutal montierte Fernrohre erfordern bei der Nachführung stets Bewegungen um beide Achsen. Da sich aber bei ihr u. a. die Achsen einfacher stabilisieren lassen, besitzt z. B. das größte Fernrohr der Welt in ↑ Selentschukskaja ebenfalls eine azimutale Montierung. Bei diesem Instrument werden die Nachführungsbewegungen durch Computer gesteuert. *Abb.*

Der **Morgenstern** ↑ Venus.

Als **Morgenweite** bezeichnet man den Winkel zwischen dem Aufgangspunkt eines Gestirns im Horizont und dem Ostpunkt. Sie wird in Winkelmaß mit

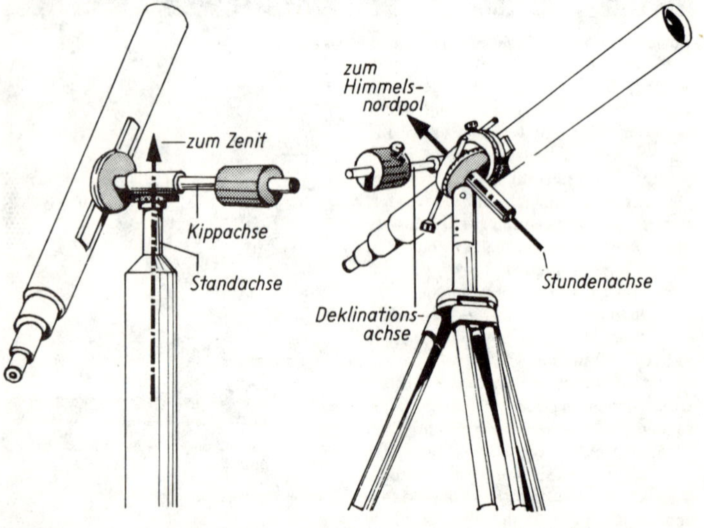

Montierung eines Fernrohrs: links azimutale und rechts parallaktische Montierung

dem Zusatz „nördlich“ bzw. „südlich“ ausgedrückt. Die Morgenweite der Sonne zu Sommersanfang beträgt in Berlin nördlich 41°. ↑ Abendweite.

Mount Palomar und **Mount Wilson** [sprich: maunt; ⟨engl.; „Berg“] heißen 2 bedeutende Sternwarten in Kalifornien, USA. Auf Mount Palomar befindet sich das ↑ Haleteleskop. ↑ Haleobservatorium.

Mpc: Abk. für ↑ Megaparsek.

Ein **M-Stern** ist ein Stern der ↑ Spektralklasse M.

Die **Musca** [⟨lat.] ↑ Fliege.

Das **mythologische Weltbild** [⟨griech. bzw. ⟨dt.] ist eine sehr frühe Vorstellung vom Bau des Weltalls. Es enthält keine Deutung der beobachteten Erscheinungen. Die Erde wird als Scheibe beschrieben, die auf dem Wasser des Ozeans schwimmt. Über Erde und Ozean wölbt sich der Himmel, an dem die Gestirne befestigt sind. Dieses Bild findet sich, mit nur geringen Abweichungen, in allen alten Kulturkreisen. Es wird dann als altgriechisches bzw. primitives Weltbild bezeichnet. *Abb.*

mythologisches Weltbild

Der **Nadir** [⟨arab.] oder *Fußpunkt* ist der Gegenpunkt zum ↑ Zenit. Er befindet sich in Verlängerung der Lotlinie senkrecht unter dem Beobachter auf der unsichtbaren Himmelshalbkugel.

Das **nautische Dreieck** [⟨lat. bzw. ⟨dt.] Pol – Zenit – Stern wird von drei Großkreisen an der scheinbaren Himmelskugel gebildet. Die Seite Pol – Zenit ist ein Teil des Ortsmeridians, die Seite Zenit – Stern ein Stück des ↑ Vertikalkreises des Sterns, die Seite Pol – Stern ein Teil des ↑ Stundenkreises des Sterns. Am nautischen Dreieck werden mit Hilfe der sphärischen Trigonometrie die Formeln für die geographische Ortsbestimmung und die Umrechnung astronomischer ↑ Koordinaten hergeleitet. – *Abb.*

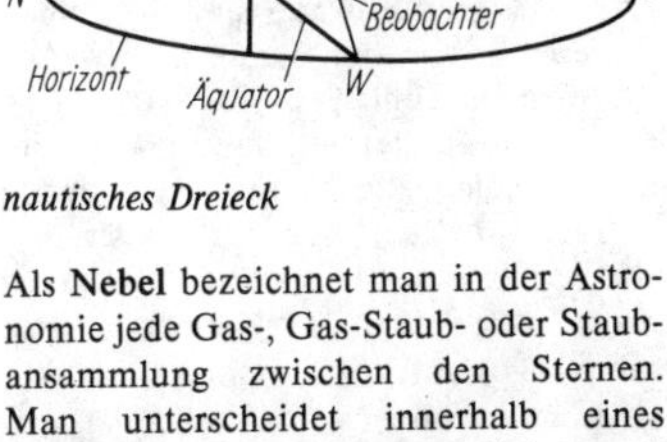

nautisches Dreieck

N

Die **Nachführung** ↑ Montierung.

Der **Nachtbogen** ist eine Bezeichnung für den unter dem Horizont befindlichen, also unsichtbaren Teil der scheinbaren täglichen Bahn eines Gestirns. ↑ Tagbogen (mit Abb.).

Das **Nachthimmelslicht** ist eine ständig vorhandene Aufhellung des Nachthimmels. Sie hat nichts mit Streulicht irdischen Ursprungs oder mit gestreutem Mondlicht zu tun, sondern entsteht vorwiegend durch atomare Vorgänge in den äußersten Schichten der Erdatmosphäre und durch Streuung des Sonnenlichtes an den Teilchen des ↑ interplanetaren Staubes. Die Stärke des Nachthimmelslichtes ist von der Tageszeit und von der Jahreszeit sowie von der Sonnenaktivität abhängig.

Als **Nebel** bezeichnet man in der Astronomie jede Gas-, Gas-Staub- oder Staubansammlung zwischen den Sternen. Man unterscheidet innerhalb eines Sternsystems *Emissionsnebel* (↑ interstellares Gas), *Reflexionsnebel* und *Dunkelwolken* (↑ interstellarer Staub). Eine

Sonderstellung nehmen die ↑ *planetarischen Nebel* ein. Oft werden auch Sternsysteme außerhalb der Galaxis als Nebel bezeichnet (↑ Spiralnebel).

Die **nebelfreie Zone** ist ein unregelmäßig begrenzter Streifen beiderseits des galaktischen Äquators, in dem keine ↑ außergalaktischen Sternsysteme (früher ungenau als Spiralnebel bezeichnet) zu beobachten sind. Das scheinbare Fehlen solcher Objekte erklärt sich durch die lichtschwächende Wirkung des ↑ interstellaren Staubes im Milchstraßensystem. Die Sonne befindet sich innerhalb der Staubschicht. ↑ Hubble.

Nebelveränderliche sind ↑ Veränderliche mit unregelmäßigen Helligkeitsänderungen, die vorwiegend in ↑ galaktischen Nebeln oder in deren Nähe auftreten.

Das **Nebulium** [⟨lat.] war im 19. Jh. der Name eines unbekannten chemischen Elements, dem bestimmte Emissionslinien zugeordnet wurden, die in den Spektren der interstellaren Nebel (↑ interstellares Gas) auftreten. Diese Emissionslinien senden Gase unter irdischen Bedingungen nicht aus. Es gibt kein solches Nebulium; die Emissionslinien sind ↑ verbotene Linien von Sauerstoff und Stickstoff.

Neigungswinkel ↑ Bahnelemente.

Der **Neptun** [⟨lat.; nach dem röm. Gott] ist ein Planet des Sonnensystems. Er gehört zu den ↑ jupiterartigen Planeten. Maße und Daten ↑ Tab. Planeten.

Neptun ist in seinen physikalischen Eigenschaften dem ↑ Uranus ähnlich. In der Atmosphäre sind Methan (CH_4), Ethan (CH_2-CH_3) und Wasserstoff (H_2) nachgewiesen worden. Auf Neptun herrschen Temperaturen um −220 °C; das sind 11 K mehr, als aufgrund der großen Entfernung von der Sonne zu erwarten ist. Wahrscheinlich besitzt Neptun – ebenso wie Jupiter und Saturn – eine innere Energiequelle. Neptun hat 2 Monde (↑ Tab. Satelliten) und ein – allerdings von der Erde aus nur indirekt nachweisbares – Ringsystem. – Neptun wurde im Jahre 1846 auf der Grundlage theoretischer Berechnungen des Franzosen U. J. J. Leverrier (gleichzeitig berechnete ihn der Engländer J. C. Adams) von dem deutschen Astronomen J. G. Galle entdeckt.

Die **Nereide** heißt der kleinere Mond des Neptun. ↑ Tab. Satelliten.

Netz oder lat. *Reticulum* (Genitiv *Reticuli*), Abk. *Ret*, heißt ein kleines Sternbild am Südhimmel. Es ist in Mitteleuropa unsichtbar.

Neuer Stern ↑ Nova.

Der **Neumond** ↑ Mondphasen.

Die **Neutrinoastronomie** [⟨lat. + ⟨ital. + ⟨griech.] ist ein Teilgebiet der Astronomie, das sich mit der Beobachtung der von den Sternen ausgesandten Neutrinos befaßt. Neutrinos sind Elementarteilchen, die beim Zerfall von Neutronen (einem Baustein der Atomkerne) entstehen. Ihr Nachweis ist außerordentlich schwierig. Da Neutrinos mit anderen Teilchen wie den Protonen nur sehr selten in Wechselwirkung treten, werden die bei der ↑ Energiefreisetzung im Innern der Sterne entstehenden Neutrinos kaum von der übrigen Sternmaterie beeinflußt. Daher können derartige Teilchen die Möglichkeit bieten, das Innere der Sonne und der Sterne direkt zu erforschen. Die Neutrinoastronomie befindet sich erst am Anfang ihrer Entwicklung, hat aber bereits viele Probleme aufgeworfen.

Der **Neutronenstern** [⟨lat. + ⟨griech. + ⟨dt.] ist eines der möglichen Endstadien der ↑ Sternentwicklung. Im Verlaufe ihrer Entwicklung geben die Sterne Masse ab. Ist ihre Restmasse zwischen 1,4 und 2 Sonnenmassen, so können sie sich zu Neutronensternen entwickeln.

Nach dem Erlöschen der Kernenergiequellen fallen die Sterne in sich zusammen. Dies geschieht sehr rasch; dabei wird Energie frei und es kommt zu einem explosionsartigen Ausbruch (↑ Supernova). Der hohe Druck im Sterninneren bewirkt, daß die Elektronen in die Atomkerne eindringen und sich mit den Protonen zu Neutronen vereinigen. Erst die Kernkräfte können die Kontraktion aufhalten. Es entsteht ein weitgehend aus Neutronen bestehender Stern. Seine Dichte liegt zwischen 10^{14} und 10^{16} g/cm³, d. h., die Sonne hätte als Neutronenstern nur rund 20 km Durchmesser. Wahrscheinlich haben Neutronensterne eine starre Kruste von einigen Kilometern Dicke, die auf einer Art Neutronenflüssigkeit schwimmt. Zu den Neutronensternen gehören die ↑ Pulsare.

Sir Isaac **Newton** [sprich: njutən], geb. 4. 1. 1643, gest. 31. 3. 1727, war ein englischer Physiker, Mathematiker und Astronom. Er fand das Gravitationsgesetz und begründete die Mechanik, damit konnte er die von J. ↑ Kepler gefundenen Gesetze der Planetenbewegung physikalisch begründen. Auf Newton gehen auch viele Erkenntnisse aus dem Bereich der Optik zurück, z. B. die Erfindung des nach ihm benannten Spiegelteleskops. Die Mathematik verdankt ihm die Begründung der Differential- und Integralrechnung (unabhängig von Gottfried Wilhelm Leibniz). *Abb.* ↑ S. 55.

Das **Newtonteleskop** [s. o.; nach I. Newton] stellt den Grundtyp aller Spiegelteleskope dar. Das von einem parabolischen Hauptspiegel reflektierte Licht fällt auf einen ebenen Hilfsspiegel, der im Tubus um 45° gegen die optische Achse geneigt befestigt ist. Dieser lenkt das Licht in das seitlich am Tubus befindliche Okular. *Abb.*

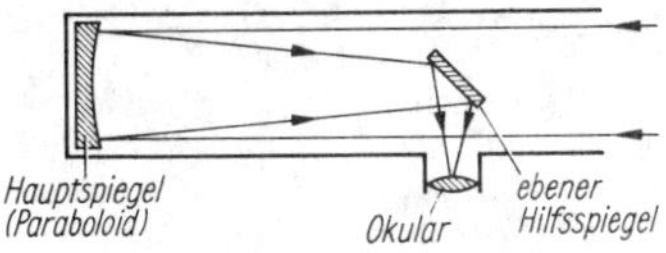

Newtonteleskop: Bauschema mit Strahlengang

N-Galaxien ↑ Sternsystem.

NGC ist die engl. Abk. für den „Neuen Generalkatalog der Nebel und Sternhaufen". Die Abk. wird der Katalognummer vorangestellt. Die Bezeichnung NGC224 steht für den ↑ Andromedanebel (ein außergalaktisches Sternsystem), NGC205 steht für einen seiner Begleiter, einen elliptischen Nebel.

nm: Kurzzeichen für Nanometer, eine Einheit der Länge (ein Millionstel Millimeter): $1\,nm = 10^{-9}\,m$, $10^6\,nm = 1\,mm$.

Der **Nordamerikanebel** ist ein ↑ galaktischer Nebel im Sternbild Schwan. Er befindet sich wenige Grade östlich von dessen Hauptstern Deneb und ist etwa 280 pc von der Erde entfernt. Im wesentlichen leuchtet das ↑ interstellare Gas des Nebels unter dem Einfluß der Strahlung benachbarter heißer Sterne. *Abb.*

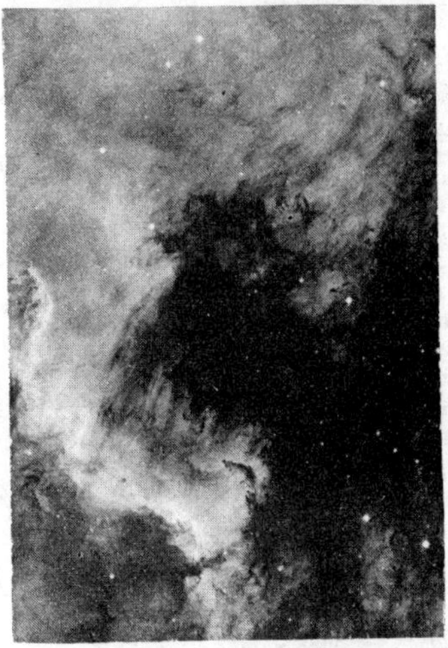

Nordamerikanebel

Nördliche Krone oder lat. *Corona Borealis* (Genitiv *Coronae Borealis*), Abk. *CrB*, heißt ein kleines, aber auffallendes Sternbild am Nordhimmel. Es kulminiert Mitte Mai um Mitternacht. ↑ Gemma.

Nordlicht ↑ Polarlicht.

Nordpol heißt der Punkt auf der Nordhalbkugel der Erde, an dem die Rotationsachse der Erde die Erdoberfläche durchstößt. Die gedachte Verlängerung der Erdachse über den Nordpol hinaus zeigt auf den *Himmelsnordpol*, der durch den nahebei gelegenen Polarstern markiert wird. Für einen Beobachter auf der Nordhalbkugel der Erde ist der Himmelsnordpol der Mittelpunkt der scheinbaren täglichen Bewegung der Gestirne. ↑ Südpol.

Der **Nordpunkt** markiert die Nordrichtung auf dem Horizont. Er liegt senkrecht unter dem Himmelsnordpol; in ihm schneidet der Ortsmeridian des Beobachters den Horizont. ↑ Südpunkt.

Norma [⟨lat.] ↑ Winkelmaß.

normaler Riese ↑ Riesenstern.

normaler Zwerg ↑ Hauptreihe.

Eine **Nova**, [(lat.; „neu"; Plural: Novae], auch irreführend *Neuer Stern* genannt, ist ein durch einen explosionsartigen Vorgang im Vergleich zum vorhergehenden Zustand *(Praenova)* sehr hell gewordener Stern. Bei einer *gewöhnlichen Nova* steigt die Helligkeit in wenigen Stunden oder Tagen um 7 bis mehr als 16 Größenklassen an, um dann allmählich wieder abzunehmen. *Abb.* – Die Helligkeit einer *Zwergnova* erhöht sich nur um wenige Größenklassen, erfährt aber wiederholte Helligkeitsausbrüche. Wenn die Helligkeit einer Nova auf den ursprünglichen Wert gesunken ist, spricht man von einer *Postnova. Novulae* sind *wiederkehrende Novae*; die Ausbrüche folgen mit Abständen von einigen Jahren oder Jahrzehnten aufeinander.

Novae sind alte, weit in ihrer Entwicklung fortgeschrittene Sterne, die einem engen ↑ Doppelsternsystem angehören.

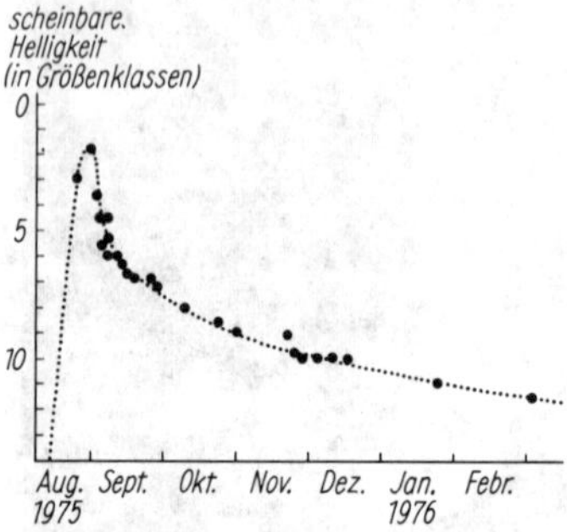

Nova: Lichtkurve der Nova Cygni

offene Sternhaufen

Sternbild	Katalognummer	Rektaszension in h min	Deklination in °	scheinbarer Durchmesser in Bogenminuten (′)	scheinbare Gesamthelligkeit in Größenklassen (ᵐ)
Cas	NGC457	1.16	+58,1	10	7,5
Cas	M103	1.30	+60,5	5	7,4
Cas	NGC663	1.43	+61,0	11	7,1
And	NGC752	1.55	+37,4	45	7,0
Per	h	2.16	+56,9	36	4,4
Per	χ	2.19	+56,9	36	4,7
Per	M34	2.39	+42,6	18	5,5
Tau	M45	3.44	+24,0	100	1,4[1]
Tau	—	4.17	+15,5	400	0,8[2]
Aur	M38	5.25	+35,8	20	7,4
Aur	M36	5.32	+34,1	12	6,3
Aur	M37	5.49	+32,6	20	6,2
Gem	M35	6.06	+24,3	40	5,3
Mon	NGC2244	6.30	+ 4,9	40	6,2
CMa	M41	6.45	−20,7	30	5,0
Mon	NGC2301	6.49	+ 0,5	15	5,8
Mon	M50	7.01	− 8,3	16	6,9
Hya	M48	8.11	− 5,6	30	5,3
Cnc	M44	8.38	+19,9	95	3,7[3]
Cnc	M67	8.48	+12,0	15	6,1
Oph	NGC6633	18.25	+ 6,5	20	4,9
Sct	M11	18.48	− 6,3	10	6,3
Vul	NGC6885	20.10	+26,3	20	9,1
Cyg	M39	21.30	+48,2	30	5,2

[1] Plejaden, [2] Hyaden, [3] Praesepe

Die Ausbrüche sind auf die Wechselwirkung mit dem zweiten Stern des Systems zurückzuführen.
Ein **N-Stern** ist ein Stern der – sehr seltenen – ↑ Spektralklasse N. In seinem Spektrum treten Banden von Cyan und von Kohlenmonoxid auf. N-Sterne gehören zu den ↑ Kohlenstoff-Sternen.
Die **Nutation** [⟨lat.] ist eine periodische Schwankung bei der Verlagerung des Frühlingspunktes infolge der Lunisolarpräzession. Sie überlagert sich der ↑ Präzession und äußert sich in Änderungen der Schiefe der Ekliptik und der ekliptikalen Länge der Gestirne. ↑ Bradley.

O

Die **O-Assoziation** ↑ Sternassoziation.
Oberon heißt ein Mond des Uranus. ↑ Tab. Satelliten.
Objekte im Weltall ↑ Aufbau des Weltalls.
Das **Objektiv** [⟨lat.] ↑ Fernrohr.
Das **Objektivprisma** [⟨lat. + ⟨griech.] dient zum Fotografieren von Sternspektren. Ein Glasprisma mit kleinem brechendem Winkel wird vor dem Objektiv des Fernrohrs angebracht. Es entwirft in der Brennebene des Instruments kurze Spektren der Sterne. Daraus lassen sich die Spektralklassen bestimmen.
Das **Observatorium** [⟨lat.] ↑ Sternwarte.
Ochsentreiber ↑ Bootes.
Octans [⟨lat.] ↑ Oktant.
Ofen ↑ Chemischer Ofen.
Als **offene Sternhaufen** bezeichnet man diejenigen Ansammlungen gleichaltriger Sterne, die eine geringe Sterndichte aufweisen und zwischen 20 und einiger hundert Sterne umfassen. Diese Sterne gehören überwiegend der ↑ Hauptreihe im HRD an. Wie weit der Bereich der Riesensterne besetzt ist, hängt vom Alter des betreffenden Sternhaufens ab. Offene Sternhaufen sind zwischen 2 Mill. und 3 Md. Jahre alt. Zur ↑ Altersbestimmung wird das aus den Haufenmitgliedssternen gebildete ↑ HRD benutzt.
Die offenen Sternhaufen liegen im Gegensatz zu den ↑ Kugelsternhaufen fast ausnahmslos in der Symmetrieebene des Milchstraßensystems; sie werden deshalb auch *galaktische Haufen* genannt. Offene

offener Sternhaufen: Doppelsternhaufen im Sternbild Perseus

Sternhaufen sind keine stabilen Gebilde. Durch innere und äußere Kräfte, z.B. die Gravitationswirkung anderer Sterne und Sternhaufen werden sie allmählich aufgelöst. *Abb., Tab.*

Das **Öffnungsverhältnis** ist das Verhältnis von Objektivdurchmesser (Öffnung) zu Brennweite eines optischen Instruments, z. B. eines Fernrohrs. Fernrohre mit großem Öffnungsverhältnis (1:3 und größer) sind besonders lichtstark.

Der **Oktant** oder lat. *Octans* (Genitiv *Octanis*), Abk. *Oct*, heißt ein unauffälliges Sternbild am Südhimmel. In ihm befindet sich der Himmelssüdpol.

Das **Okular** [⟨lat.] ↑ Fernrohr.

Wilhelm **Olbers**, geb. 11. 10. 1758, gest. 2. 3. 1840, war ein deutscher Arzt und Astronom. Sein Hauptarbeitsgebiet war die Beobachtung von Planetoiden (Entdeckung von Pallas und Vesta) und Kometen. Er formulierte das ↑ Olberssche Paradoxon der Kosmologie.

Das **Olberssche Paradoxon** [⟨griech.] ist eine von dem deutschen Astronomen W. ↑ Olbers beschriebene Überlegung zur Unendlichkeit des Weltalls:

„Wäre das Weltall unendlich, so müßte sich von der Erde aus gesehen in jeder Richtung mindestens ein Stern befinden. Deshalb müßte der Himmel in allen Richtungen so hell wie die Sonnenoberfläche sein. Daß der Nachthimmel dunkel ist, ist unverständlich."

Das Olberssche Paradoxon kann mit der Existenz lichtabsorbierender Materie zwischen den Sternen erklärt werden. Wesentlich ist aber, daß die ↑ Rotverschiebung das Licht der extrem weit entfernten Sternsysteme so beeinflußt, daß es keinen Beitrag im optischen Bereich mehr liefert.

Die **Oortsche Kometenwolke** [nach dem holländischen Astronomen J.H. Oort] ist die Gesamtheit der ↑ Kometen, die sich in elliptischen Bahnen um die Sonne bewegen. Sie erfüllt einen Raum mit einem Radius von etwa 150000 AE und umfaßt schätzungsweise 100 Md. Kometen.

Ophiuchus [⟨griech.] ↑ Schlangenträger.

Die **Opposition** [⟨lat.] ist eine besondere Stellung zweier Gestirne relativ zueinander, bei der die Längendifferenz 180° beträgt. Die Gestirne befinden sich dann in bezug auf den Beobachter in entgegengesetzten Richtungen. Wenn ein Planet in Opposition zur Sonne steht, geht er abends auf und morgens unter, ist also die ganze Nacht hindurch sichtbar. ↑ Konstellation. – *Abb.*

optisch [⟨lat. ⟨griech.]: das (sichtbare) Licht betreffend; das Linsensystem im ↑ Fernrohr (die Optik) betreffend.

Die **optische Tiefe** [s. o. bzw. ⟨dt.] ist ein Maß für die Durchsichtigkeit einer Schicht, z. B. von Sternmaterie oder interstellarem Staub. Durchsichtige Schichten heißen optisch dünn, undurchsichtige optisch dick.

Der **Orion** [⟨griech.] (Genitiv *Orionis*), Abk. *Ori*, ist das bekannteste Sternbild am Winterhimmel. Er wird vom Himmelsäquator durchzogen, dessen Verlauf sich angenähert durch die 3 „Gürtelsterne" markieren läßt. Der linke „Schulterstern" ↑ Beteigeuze und der rechte „Fußstern" ↑ Rigel gehören zum ↑ Win-

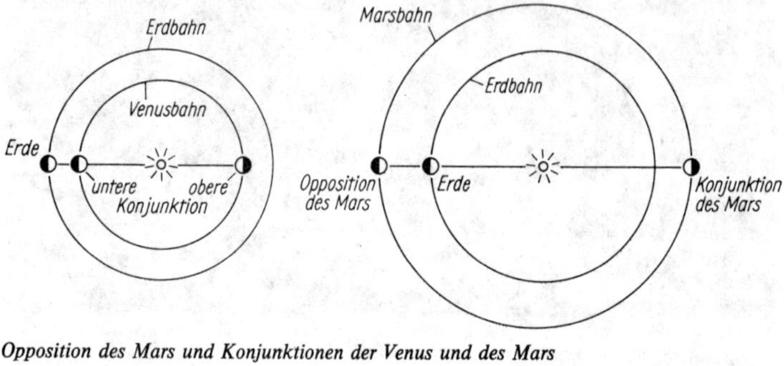

Opposition des Mars und Konjunktionen der Venus und des Mars

tersechseck. Im Orion befindet sich der ↑ Orionnebel M42, der hellste galaktische Nebel. Viele Sterne des Sternbildes, darunter die 3 „Gürtelsterne“, gehören zu einer ↑ Sternassoziation. Orion kulminiert Mitte Dezember um Mitternacht. ↑ Bellatrix.

Der **Orionarm** [s. o. + ⟨dt.; nach dem Sternbild Orion] ist ein Spiralarm unseres ↑ Milchstraßensystems. Die Sonne befindet sich am inneren Rande des Orionarms, der etwa 10 kpc vom ↑ Kern der Galaxis (galaktischen Zentrum) entfernt ist und eine Breite von etwa 600 pc aufweist.

Die **Orioniden** [s. o.] sind ein Meteorstrom.

Der **Orionnebel** [s. o. + ⟨dt.] ist eine große Wolke interstellaren Gases und Staubes, die als ein verwaschener Lichtfleck im Sternbild Orion mit dem bloßen Auge gesehen werden kann. Das Gas – vorwiegend Wasserstoff – wird von einigen sehr jungen, heißen Sternen ionisiert und dadurch zum Leuchten gebracht; diese Sterne sind unter der Bezeichnung *Trapez* bekannt. Im Bereich des Orionnebels wurde eine Wolke aus molekularem Wasserstoff entdeckt, in deren Mitte sich Infrarotquellen, vermutlich ↑ Protosterne, befinden. Es wird angenommen, daß sich das ionisierte Gas in die Molekülwolke hineinfrißt. Ein Teil des Lichtes, das vom Orionnebel ausgeht, ist Reflexionsleuchten des ↑ interstellaren Staubes. *Abb.*

Der **Ort** [Plural: Örter] oder die *Position* eines Gestirns ist die Stelle an der scheinbaren Himmelskugel, an der sich ein Gestirn, von einem bestimmten Beobachter aus gesehen, befindet. In der Regel wird der Ort durch astronomische ↑ Koordinaten angegeben. Man unterscheidet *scheinbare, wahre* und *mittlere Örter.* Beim scheinbaren Ort ist nur die ↑ Refraktion berücksichtigt, beim wahren auch die ↑ Aberration. Stellt man auch den Einfluß der ↑ Nutation in Rechnung, so erhält man den mittleren Ort. Für die Bestimmung der Gestirnsörter sind die in den ↑ Fundamentalkatalogen enthaltenen sehr genauen Örter der *Fundamentalsterne* eine wichtige Hilfe. Neuerdings werden häufig deren Örter auch relativ zu entfernten Galaxien bestimmt.

Die **Ortszeit** wird auf den Meridian des Beobachtungsortes auf der Erde bezogen. Alle durch astronomische Beobachtungen bestimmten Zeiten sind Ortszeiten. Die Ortszeiten zweier Orte unterscheiden sich voneinander um die Differenz ihrer geographischen Längen, wobei 1° geographischer Länge 4 min entspricht. ↑ Zonenzeit.

Orionnebel (diese Aufnahme wurde 30 min belichtet)

Die **oskulierenden Elemente** [⟨lat. bzw. ⟨lat.] sind die ↑ Bahnelemente eines Planeten oder anderen Himmelskörpers im Sonnensystem, in denen für einen bestimmten Zeitpunkt alle Störungen durch andere Himmelskörper (bei einem Planeten vor allem die Störungen durch die anderen Planeten) berücksichtigt sind.

Ein **O-Stern** ist ein Stern der ↑ Spektralklasse O.

Die **osteuropäische Zeit**, Abk. *OEZ*, ist die mittlere Ortszeit des 30. östlichen Längenkreises der nahe Leningrad, Kiew, Odessa und Izmir verläuft. Sie gilt als Zonenzeit u. a. für Bulgarien, Rumänien, Griechenland und Finnland. Die Mitteleuropäische Sommerzeit ist gleich der OEZ (↑ Zonenzeit).

Der **Ostpunkt** markiert die Ostrichtung auf dem Horizont. In ihm schneiden der Himmelsäquator und der Erste Vertikal den Horizont bei einem Azimut von 270°. ↑ Vertikalkreis.

Das Projekt **Ozma** war ein von dem amerikanischen Astronomen Franz Drake angeregtes Suchprogramm nach intelligentem ↑ Leben auf anderen Himmelskörpern. Mit einem Radioteleskop in ↑ Green Bank wurden 1960 die Sterne Epsilon im Eridanus und Tau im Walfisch nach Radiosignalen künstlichen Ursprungs untersucht. Solche Signale wurden nicht festgestellt; das Projekt Ozma löste jedoch eine anhaltende Aktivität auf diesem Gebiet aus (↑ CETI, ↑ SETI).

P

Johann Georg **Palitzsch**, geb. 11.6.1723, gest. 22.2.1788, war ein deutscher Bauer und Astronom. Er fand als erster den ↑ Halleyschen Kometen bei dessen Wiederkehr in Sonnennähe im Jahre 1758 auf, beobachtete 1761 den ↑ Durchgang der Venus vor der Sonne und entdeckte unabhängig von anderen Beobachtern die Veränderlichkeit des Sterns ↑ Algol.

Pallas [nach der griech. Göttin Pallas Athene] heißt der zweitgrößte ↑ Planetoid.

Palus [⟨lat.] ist die Bezeichnung für eine Oberflächenform (eine kleine Ebene) auf der Mondoberfläche und auf dem Mars. Sie wird in Verbindung mit einem Eigennamen verwendet.

Die **Parabel** [⟨griech.] ist ein ↑ Kegelschnitt. Sie entsteht als Menge aller Punkte, die von einem festen *Brennpunkt* und einer festen Geraden (der *Leitlinie*) den gleichen Abstand haben. Die durch den Brennpunkt verlaufende Senkrechte zur Leitlinie ist die *Parabelachse.* Das Bild der Parabel in der Ebene ist eine nicht geschlossene Kurve. ↑ Abb. Kegelschnitt. – Adjektiv: *parabolisch.*

Die **Parabolantenne** [s. o. + ⟨lat.] ist eine Empfangsantenne für ↑ Radiofrequenzstrahlung. Sie besteht aus dem eigentlichen Empfangsdipol und einem Reflektor in der Form eines ↑ Paraboloids. Parabolantennen können – z. B. in der Radartechnik – auch zum Aussenden von Radiowellen benutzt werden. ↑ Effelsberg.

Das **Paraboloid** [s. o.] ist eine besondere offene Fläche. Das bei astronomischen Instrumenten (Spiegelteleskopen, Radioteleskopen) wichtige *Rotationsparaboloid* ist ein Spezialfall des allgemeinen Paraboloids. Ein Rotationsparaboloid entsteht durch Drehung einer Parabel um ihre Achse. Ein spiegelndes Rotationsparaboloid hat die Eigenschaft, alle parallel zur Achse einfallenden Strahlen nach einmaliger Reflexion im Brennpunkt zu sammeln.

Paradiesvogel oder lat. *Apus* (Genitiv *Apodis*), Abk. *Aps*, heißt ein kleines Sternbild am Südhimmel in der Nähe des Himmelssüdpols.

Die **parallaktische Montierung** [⟨griech. bzw. ⟨franz.] ↑ Montierung eines Fernrohrs.

Die **Parallaxe** [s.o.; „Abweichung"] ist in der Astronomie die durch eine Ortsveränderung des Beobachters bewirkte Änderung der Blickrichtung zu einem Himmelskörper. *Abb.*

a) Durch die Rotation der Erde entsteht die *tägliche Parallaxe.* Sie ist gleich dem vom Gestirn aus gemessenen Winkel zwischen den Richtungen zum Erdmittelpunkt und zum Beobachter. Am größten ist dieser Winkel, wenn das Gestirn im Horizont steht; er beträgt für die Sonne dann 8,8″ *(Horizontalparallaxe).* Die täglichen Parallaxen der Sterne sind unmeßbar klein.

b) Die Jahresbewegung der Erde um die Sonne hat die *jährliche Parallaxe* der Gestirne zur Folge. Die Sterne beschreiben dadurch an der Himmelskugel scheinbar kleine Ellipsen. Deren große Halbachse (die auch für die nächsten Sterne kleiner als 1″ ist) wird ebenfalls als jährliche Parallaxe bezeichnet. Sie ist gleich dem vom Stern aus gemessenen Winkel, unter

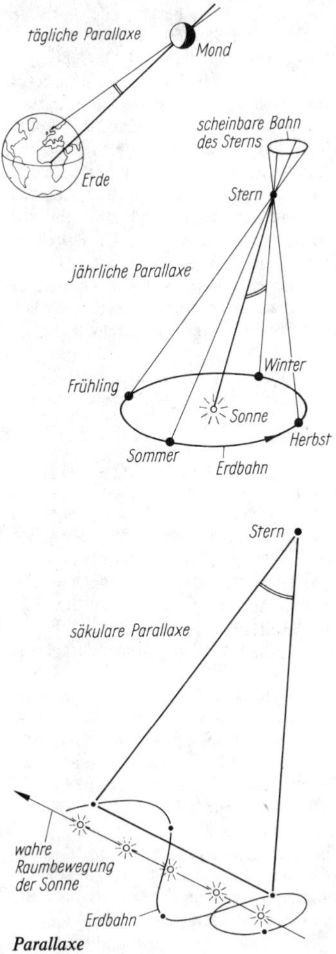

Parallaxe

dem die große Halbachse der Erdbahn erscheint. Die jährliche Parallaxe ist der Entfernung zum Stern umgekehrt proportional und kann deshalb zur ↑ Entfernungsbestimmung benutzt werden.

c) Die *säkulare Parallaxe* entsteht durch die Bewegung, die die Sonne mit dem Planetensystem innerhalb des Milchstraßensystems ausführt.

Als **Parallelkreis** [s. o. + ⟨dt.] bezeichnet man jeden zum Himmelsäquator oder zur Ekliptik parallel verlaufenden Kreis an der scheinbaren Himmelskugel. Gestirne auf einem Parallelkreis haben die gleiche Deklination bzw. die gleiche ekliptikale Breite. Auch die Breitenkreise auf der Erde werden Parallelkreise genannt.

Das **Parsek** [Kurzwort aus ↑ *Par*allaxe und *Sek*unde], Kurzzeichen pc, ist die Maßeinheit der Entfernung, die vor allem in der Stellarastronomie benutzt wird.

1 pc = 30 860 000 000 000 km
$= 3{,}01 \cdot 10^{13}$ km = 3,26 ly
1 kpc = 10^3 pc (Kiloparsek)
1 Mpc = 10^6 pc (Megaparsek)

Die **partielle Finsternis** [⟨lat.] ↑ Finsternis.

Die **Partikelstrahlung** [⟨lat.] ↑ Teilchenstrahlung.

Der **Pasiphae** [⟨lat.] heißt ein Mond des Jupiter. ↑ Tab. Satelliten.

Das **Passageinstrument** [sprich: -sahsche-; ⟨franz. + ⟨lat.] oder *Durchgangsinstrument* ist ein kleiner ↑ Meridiankreis ohne Teilkreise. Man kann mit ihm lediglich den Zeitpunkt der Kulmination eines Gestirns ermitteln.

Der **Pavo** [⟨lat.] ↑ Pfau.

pc: Abk. für ↑ Parsek.

Der **Pegasus** [⟨lat. ⟨griech.] (lat. Genitiv *Pegasi*), Abk. *Peg*, heißt ein Sternbild am Nordhimmel, das Mitte September um Mitternacht kulminiert.

Als **Pekuliarbewegung** [⟨lat. + ⟨dt.] eines Sterns wird seine Bewegung im Raum relativ zu den Sternen seiner Umgebung bezeichnet. Meistens kann vorausgesetzt werden, daß die Pekuliarbewegungen der Sterne regellos verlaufen. In der Astrometrie bedeutet Pekuliarbewegung den Teil der ↑ Eigenbewegung eines Sterns an der scheinbaren Himmelskugel, der nicht durch die ↑ Parallaxe hervorgerufen wird.

Der **Pendelquadrant** [⟨lat.] ist ein historisches Winkelmeßgerät, mit dem die Höhe eines Gestirns über dem Horizont ermittelt werden kann. Er besteht aus einem Viertelkreis (Quadrant), der mit einer Winkelteilung versehen und in dessen Mittelpunkt ein Fadenpendel als Zeiger angebracht ist. ↑ Mauerquadrant.

Pendeluhr oder lat. *Horologium* (Genitiv *Horologii*), Abk. *Hor*, heißt ein aus lichtschwachen Sternen bestehendes Sternbild am Südhimmel, das von Mitteleuropa aus nicht beobachtet werden kann.

Die **Penumbra** [⟨lat.; „Halbschatten"] ↑ Sonnenfleck.

Das **Periastron** [⟨griech.] ist der Punkt auf der Bahn des Begleiters um den Hauptstern in einem ↑ Doppelstern, in dem der Begleiter die geringste Entfernung von dem Hauptstern hat.

Das **Perigäum** [⟨lat. ⟨griech.; „Erdnähe"] ↑ Apogäum.

Das **Perihel** [⟨griech.; „Sonnennähe"] ↑ Aphel.

Die **Periheldrehung** [s. o. + ⟨dt.] der Planeten entsteht vorwiegend durch Bahnstörungen, die von anderen Planeten hervorgerufen werden. Sie äußert sich in einer langsamen Bewegung des Perihels in der Bahn im Sinne der Umlaufrichtung des Planeten. Am größten ist sie mit 43″ pro Jahrhundert bei Merkur. Die Periheldrehung der Erde, also die Bewegung des Perihels der Erdbahn, beträgt 5″ in 100 Jahren.

Perihelzeit ↑ Bahnelemente.

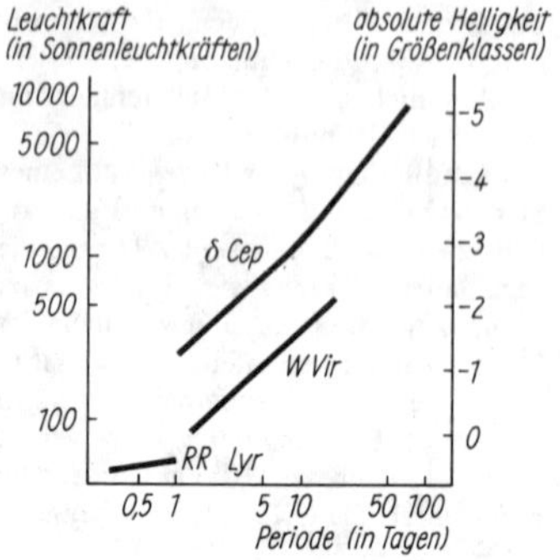

Perioden-Leuchtkraft-Beziehung

Die **Perioden-Leuchtkraft-Beziehung** stellt einen Zusammenhang zwischen der mittleren Leuchtkraft eines ↑ Delta-Cephei-Sterns und der Periode seines Lichtwechsels dar. Dieser Zusammenhang gilt auch für ↑ RR-Lyrae- und W-Virginis-Sterne. Eine weniger ausgeprägte Beziehung besteht auch zwischen Periode und Sternfarbe.

Die Perioden-Leuchtkraft-Beziehung ist ein wichtiges Hilfsmittel, um absolute Helligkeiten von Sternen zu ermitteln. Damit wird eine fotometrische ↑ Entfernungsbestimmung möglich. *Abb.*

Das **Perlschnurphänomen** besteht darin, daß bei totalen Sonnenfinsternissen kurz vor und nach der Totalität am Neumondrand eine Kette leuchtender Punkte erscheint. Das Sonnenlicht ist in diesen Momenten durch die Unebenheiten des Mondrandes hindurch zu sehen.

Die **Perseiden** [⟨griech.] sind ein ↑ Meteorstrom.

Der **Perseus** [⟨lat.; Genitiv *Persei*], Abk. *Per*, heißt ein in Mitteleuropa teilweise zirkumpolares Sternbild des Nordhimmels, das durch den hellen Doppelsternhaufen χ/h Persei und den Bedeckungsstern ↑ Algol bekannt ist.

Der **Perseusarm** [nach dem Sternbild ↑ Perseus] ist ein Spiralarm des ↑ Milchstraßensystems. Er verläuft außerhalb des ↑ Orionarms, dem die Sonne angehört. Seine Entfernung vom ↑ Kern der Galaxis beträgt etwa 12,5 kpc.

Pfau oder lat. *Pavo* (Genitiv *Pavonis*), Abk. *Pav*, heißt ein Sternbild des Südhimmels, das in Mitteleuropa unsichtbar bleibt.

Pfeil oder lat. *Sagitta* (Genitiv *Sagittae*), Abk. *Sge*, heißt ein kleines Sternbild am Nordhimmel, das in der 2. Julihälfte gegen Mitternacht kulminiert.

Der **Pfeilstern** ↑ Barnards Stern.

Pferdchen oder *Füllen* oder lat. *Equuleus* (Genitiv *Equulei*), Abk. *Equ*, heißt ein unscheinbares, knapp nördlich des Himmelsäquators gelegenes Sternbild, das Mitte August um Mitternacht kulminiert.

Der **Pferdekopfnebel** ist eine markante Wolke von ↑ interstellarem Staub im Sternbild Orion, die die Umrisse eines Pferdekopfes besitzt.

Die **Phase** [⟨griech.; „Erscheinung"] oder auch *Lichtgestalt* ist das Erscheinungsbild eines nicht selbst leuchtenden Himmelskörpers, das durch die unterschiedlich gerichtete Beleuchtung hervorgerufen wird. Die Phase wechselt, indem sich durch die gegenseitige Bewegung von

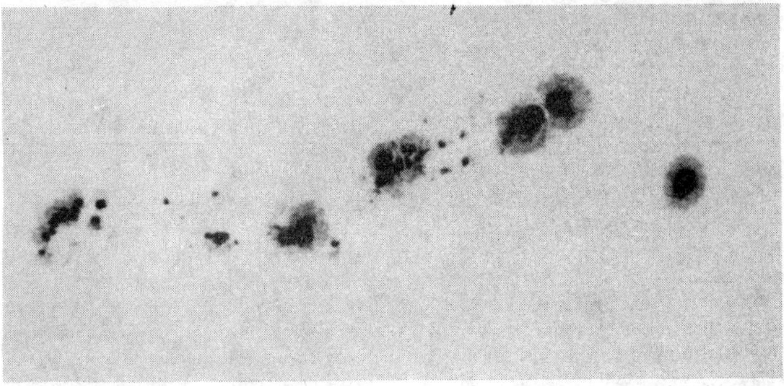

Photosphäre: Sonnenflecken

Sonne, Erde und beleuchtetem Objekt (z. B. Mond, Planet, künstlicher Satellit) der beleuchtete Teil der erdzugewandten Seite des Objekts verändert. Der Winkel Sonne – Objekt – Erde heißt *Phasenwinkel.* ↑ Mondphasen.

Die **Phöbe** oder *Phoebe* [sprich: föbe; ⟨griech.; „die Glänzende"] heißt ein Mond des Saturn. ↑ Tab. Satelliten.

Der **Phobos** [⟨griech.] heißt der größere der beiden Monde des Mars. Da er in einem Marstag den Mars mehr als dreimal umläuft, geht Phobos für einen Beobachter auf dem Mars täglich mehrmals im Westen auf und im Osten unter. Phobos ist ein kraterbedeckter, unregelmäßig geformter Körper von rund 27 km × 19 km Größe. Die längere Achse ist ständig auf den Mars gerichtet. ↑ Tab. Satelliten.

Der **Phönix** [⟨lat. ⟨griech.] oder lat. *Phoenix* (Genitiv *Phoenicis*), Abk. *Phe*, ist ein in Mitteleuropa unsichtbar bleibendes Sternbild des Südhimmels.

Das **Photon** [⟨griech.] oder *(Licht-) Quant* [⟨lat.] ist die kleinste auftretende Energiemenge, das kleinste Energieteilchen des elektromagnetischen Feldes. Photonen bewegen sich mit Lichtgeschwindigkeit. Ihre Energie beträgt für rotes Licht 1,65 eV, für ultraviolettes Licht 12 eV und für Röntgenwellen zwischen 10000 und 100000 eV = 100 keV. Es ist 1 eV = 1 Elektronenvolt = $1{,}602 \cdot 10^{-19}$ J.

Die **Photosphäre** [⟨griech.] ist die Übergangsschicht vom Inneren der Sonne zur Sonnenatmosphäre. Aus dieser nur wenige hundert km dicken Schicht wird das Licht in den Raum abgestrahlt. Die Photosphäre ist damit die eigentliche sichtbare „Oberfläche" der Sonne. Sie weist eine körnige Struktur, die ↑ *Granulation*, auf. Wegen der geringen Dicke der Photosphäre erscheint der Sonnenrand als scharfe Linie.

Die *Temperatur* nimmt innerhalb der Photosphäre von innen nach außen etwa von 7000 K bis auf 4000 K ab, der Druck sinkt ebenfalls von innen nach außen. Durch die Temperaturschichtung erscheint der mittlere Bereich der „Sonnenscheibe", in dem man in die tieferen Schichten der Photosphäre blickt, heller als die Randgebiete (↑ Randverdunkelung). In der Photosphäre treten ↑ Sonnenflecke und ↑ Fackeln auf. *Abb.*

Giuseppe **Piazzi**, geb. 16. 7. 1746, gest. 22. 7. 1826, war ein italienischer Astronom. Er entdeckte am 1. 1. 1801 den ersten Planetoiden (↑ Ceres).

Der **Pictor** [⟨lat.] ↑ Maler.

Pisces [⟨lat.] ↑ Fische.

Piscis Austrinus [s. o.] ↑ Südlicher Fisch.

Ein **Planet** [⟨lat. ⟨griech.; „der Umherschweifende"] ist ein kugelähnlicher Himmelskörper, der einen Stern umläuft und dessen Licht reflektiert. Im allgemeinen sind damit die Planeten der Sonne gemeint (das ↑ *Planetensystem*); zu ihnen gehört die Erde. Sie bilden ein Untersystem des Sonnensystems (↑ Tab. Sonnensystem) und werden unterteilt in ↑ erdartige Planeten und ↑ jupiterartige

Planeten des Sonnensystems

Planet	Äquatorradius in km	in Erdradien	Masse in Erdmassen	Mittlere Dichte in g/cm³	Rotationsdauer in Tagen
Merkur	2438	0,38	0,06	5,62	58,65
Venus	6056	0,95	0,8	5,09	242,98[1]
Erde	6378	1,00	1	5,52	0,997
Mars	3394	0,53	0,1	3,95	1,03
Jupiter	71825	11,26	317,9	1,30	0,41
Saturn	60335	9,46	95,2	0,68	0,43
Uranus	26200	4,06	14,6	1,2	0,90
Neptun	24600	3,86	17,2	1,65	0,82
Pluto	2000	0,31	0,002	0,5	6,39

[1] dem Umlaufsinn der Venus um die Sonne entgegengesetzt gerichtet

Planeten. Die 9 Planeten umlaufen die Sonne auf elliptischen Bahnen, wobei die Geschwindigkeit um so geringer bzw. die Umlaufzeit um so größer ist, je weiter sich der Planet im Mittel von der Sonne entfernt befindet (↑ Keplersche Gesetze). – An der scheinbaren Himmelskugel verändern die Planeten ihre Stellungen relativ zu den Sternen. Ihre scheinbaren Bahnen verlaufen in der Nähe der Ekliptik; lediglich Pluto kann sich weit von dieser scheinbaren Sonnenbahn entfernen. Da die Planeten sich nach dem 3. ↑ Keplerschen Gesetz mit unterschiedlichen Geschwindigkeiten um die Sonne bewegen, überholt die Erde in regelmäßigen Abständen (↑ synodische Umlaufzeit) die äußeren Planeten. Von der Erde aus beobachtet man dabei eine scheinbare Rückwärtsbewegung (Rückläufigkeit) des Planeten. Sie tritt auch bei den *inneren Planeten*, deren Umlaufbahnen innerhalb der der Erde verlaufen, also Merkur und Venus, auf. Mit dem 1978 entdeckten Plutomond besitzen 7 Planeten *Monde* (↑ Satelliten) – ↑ Planetenentstehung. – *Tab.*

planetarisch oder auch *planetar* [s. o.]: aus dem Raum des Planetensystems stammend oder zu ihm gehörend, die Planeten betreffend.

Ein **planetarischer Nebel** [s. o. bzw. ⟨dt.⟩] ist ein besonderer ↑ galaktischer Nebel, ein leuchtender Gasnebel. Er hat nichts mit einem Planeten zu tun, sondern ist eine meistens symmetrisch erscheinende Wolke ↑ interstellaren Gases (vorwiegend Wasserstoff), das von einem heißen Stern ionisiert und dadurch zum Leuchten gebracht wird. Planetarische Nebel entstehen durch den Auswurf von Gas aus den äußeren Schichten eines Sterns, der am Ende seiner Entwicklung steht. Der Zentralstern, der die Ionisationsenergie liefert, weist Temperaturen zwischen 50000 und 100000 K auf. Er ist

Planetarischer Nebel: einige planetarische Nebel

Sternbild	Katalognummer	Rektaszension in h min	Deklination in °	scheinbarer Durchmesser in′	scheinbare Gesamthelligkeit in ᵐ
Stier	M1	5.32	+22,0	5	8,4
Drache	NGC 6543	17.59	+66,6	1/3	8,8
Leier	M57	18.52	+33,0	1	9,3
Fuchs	M27	19.57	+22,6	60	7,6

der heiße Kern des ursprünglichen Sterns; der Nebel selbst entsteht aus der abgestoßenen Hülle. Bei einigen planetarischen Nebeln wird eine Ausdehnung der Gasschale beobachtet. ↑ Hantelnebel. – *Tab.*

Das **Planetarium** [s. o.] ist eine Einrichtung, in der bestimmte Erscheinungen und Vorgänge an der scheinbaren Himmelskugel anschaulich und unterrichtsmäßig vorgeführt werden können. Das geschieht dadurch, daß die Stellung der Gestirne zueinander und ihre Bewegungen gezeigt werden. Planetarien befinden

Planetarium (Projektionsgerät) des VEB Carl Zeiss Jena

sich in Räumen mit einer Kuppel (mattweiße Halbkugel von etwa 5 bis 30 m Durchmesser), an der die Gestirne in Form von Lichtpunkten dargestellt werden. Das Projektionsgerät enthält außer den Projektoren für Sonne, Mond, Planeten und Sterne auch Antriebsmotoren, mit denen sich die in der Natur sehr langsam ablaufenden Vorgänge innerhalb äußerst kurzer Zeit vorführen lassen. *Abb.*

Die **Planetenentstehung** [s. o. + ⟨dt.] ist heute noch nicht völlig geklärt. Es steht aber fest, daß sich das Planetensystem mit oder aus der entstehenden Sonne, aus einem rotierenden Sonnennebel, entwickelte. In dieser Gasmasse bildeten sich durch Kondensation feste Teilchen, die zu zentimeter- bis metergroßen lokkeren Zusammenballungen heranwuchsen. Solche Körper werden als *Planetesimals* bezeichnet. Sie wurden zunächst vom rotierenden Gas mitgeführt; bei weiterem Anwachsen auf etwa 100 km Durchmesser beeinflußte die Gravitation ihre Bewegung so, daß sie elliptische Bahnen um die Sonne einnahmen. Wie die Planetesimals zu großen Körpern, *Protoplaneten* genannt, heranwachsen konnten, wird zur Zeit noch untersucht. Wahrscheinlich spielten Zusammenstöße und Oberflächenbeschaffenheit eine wesentliche Rolle.

Mit wachsender Masse konnte der Protoplanet immer mehr und größere Körper an sich ziehen; sie stürzten auf ihn nieder. Daß dieser Beschuß auch nach der Bildung der ersten festen Oberfläche anhielt, zeigen die von Kratern übersäten Oberflächen des Mondes, des Merkur und des Mars. Die „Riesenplaneten" Jupiter und Saturn konnten durch ihre großen Massen neben den kleinen Festkörpern auch große Mengen von Sonnennebelgas einfangen. Sie haben daher eine andere chemische Zusammensetzung als die Planeten Merkur bis Mars.

Nachdem der in der Frühphase des Sonnensystems viel stärkere ↑ Sonnenwind das Sonnennebelgas und die kleineren festen Körper weggeblasen hatte, endete vor rund 4 Md. Jahren das Wachstum der Planeten. Wahrscheinlich sind die Kometen, die sich zum größten Teil in den Außenbezirken des Sonnensystems aufhalten, Reste des bei der Planetenentstehung nicht verbrauchten Materials.

Die **Planetenphysik** [s. o.] ↑ Astrophysik.

Das **Planetensystem** [s.o. + ⟨lat. ⟨griech.] ist die Gesamtheit der die Sonne umlaufenden Planeten. Es bildet ein Untersystem des ↑ Sonnensystems. Meistens wird der Begriff auf die 9 (großen) ↑ Planeten angewendet, seltener auch auf die ↑ Planetoiden. – ↑ Transpluto.

Planetensysteme anderer Sterne konnten bisher nur in wenigen Fällen (und auch

Planetensystem: die Bahnen der Planeten

Planet	mittlerer Abstand von der Sonne in Mill. km	in AE	siderische Umlaufzeit in Jahren	mittlere Bahngeschwindigkeit in km/s	Neigung der Bahn gegen die Ebene der Ekliptik in °
Merkur	57,9	0,387	0,24	47,90	7,0
Venus	108,2	0,723	0,62	35,04	3,4
Erde	149,6	1,000	1,00	29,81	–
Mars	227,9	1,524	1,88	24,14	1,8
Jupiter	778,3	5,203	11,86	13,07	1,3
Saturn	1427	9,539	29,46	9,65	2,5
Uranus	2870	19,287	84,02	6,81	0,8
Neptun	4496	30,057	164,79	5,44	1,8
Pluto	5947	39,750	247,70	4,73	17,1

da nicht mit völliger Sicherheit) nachgewiesen werden, z. B. bei ↑ Barnards Stern. Es wird aber vermutet, daß die meisten Hauptreihensterne der Spektralklassen G bis M Planetensysteme besitzen. *Tab.*

Das **Planetesimal** [s. o.] ↑ Planetenentstehung.

Der **Planetoid** [s.o.; „Planetenähnlicher"] oder *Asteroid* oder auch *Kleiner Planet* ist ein planetenähnlicher Kleinkörper im Sonnensystem, der die Sonne auf einer Ellipsenbahn umläuft. Alle Planetoiden bilden ein Untersystem des Sonnensystems (↑ Tab. Sonnensystem). Es gibt mutmaßlich mehr als 100000 Planetoiden, ihre Bahnen liegen vorwiegend zwischen den Bahnen von Mars und Jupiter. Einzelne dieser Körper haben aber so exzentrische Bahnen, daß sie bis in die Nähe der Merkur- und der Saturnbahn vordringen (vielleicht ↑ Chiron). Bis heute sind etwa 2000 Planetoiden katalogisiert. Als erster wurde im Jahre 1801 die ↑ Ceres entdeckt. Die größten Planetoiden sind Ceres, Pallas, ↑ Vesta. – Schätzungsweise gibt es 200 Planetoiden mit Durchmessern über 100 km und rund 500 Planetoiden mit Durchmessern zwischen 100 und 50 km, alle übrigen sind kleiner. Nur die größten dieser Himmelskörper haben Kugelgestalt; die meisten sind unregelmäßig, kantig geformt. Erst von über 1800 Planetoiden sind die Bahnen genau bestimmt worden (↑ Icarus). – Wahrscheinlich sind die Planetoiden aus Planetesimals entstanden, die sich bei der Bildung des Planetensystems nicht weiterentwickeln konnten. Die frühere Annahme, es handle sich um die Reste eines zerstörten Planeten, wird heute kaum noch vertreten (↑ Planetenentstehung).

Die **Planitia** [⟨lat.] ist die Bezeichnung für eine Oberflächenform (kleine Ebene) auf dem Mars. Sie wird in Verbindung mit einem Eigennamen verwendet.

Ein **Platonisches Jahr** [⟨lat. ⟨griech. bzw. ⟨dt.] oder *Weltjahr* umfaßt 25700 Sonnenjahre. Es ist die Zeitspanne, in der die Erdachse infolge der ↑ Präzession einen vollständigen Umlauf beschreibt bzw. in der der Frühlingspunkt die Ekliptik einmal umläuft.

Die **Plattentektonik** [⟨ dt. + ⟨lat.] ist die Bewegung einzelner Platten der Erdkruste, die auf einer Erweichungszone des oberen Erdmantels in 80 bis 150 km Tiefe gleiten. Sie erklärte das Zustandekommen von Gebirgen, Tiefseegräben und ozeanischen Rücken. An den Rändern der sich gegeneinander bewegenden Platten sind häufig Erdbeben zu verzeichnen. Auch auf dem Mars dürften früher Ansätze einer Plattentektonik stattgefunden haben.

Die **Plejaden** [⟨griech.] oder das *Siebengestirn* sind ein ↑ offener Sternhaufen im Sternbild Stier. Die Zahl der zugehörigen Sterne wird mit 120 bis 500 angegeben. Die Plejaden sind mit dem bloßen Auge leicht sichtbar, sie sind im Altertum als selbständiges Sternbild angesehen worden. Ihre Entfernung von der Erde beträgt 126 pc. Der Sternhaufen ist von ↑ interstellarer Materie umgeben, deren Staubanteil das Licht der Plejadensterne reflektiert. *Abb.*

einen Mond (↑ Tab. Satelliten) entdeckt. ↑ Transpluto.

Als **Pol** [(lat. (griech.] bezeichnet man jeden der beiden Punkte, an denen die Rotationsachse eines Körpers seine Oberfläche durchstößt. Bei der Erde fallen die Rotationspole (geographische Pole) nicht mit den geomagnetischen Polen zusammen, daher muß bei der Orientierung mit dem Kompaß die *Mißweisung* berücksichtigt werden. Die *Himmelspole* sind die Punkte an der scheinbaren Himmelskugel, an denen die Verlängerung der Rotationsachse die Sphäre durchstoßen würde und die nicht an der täglichen Bewegung teilnehmen.

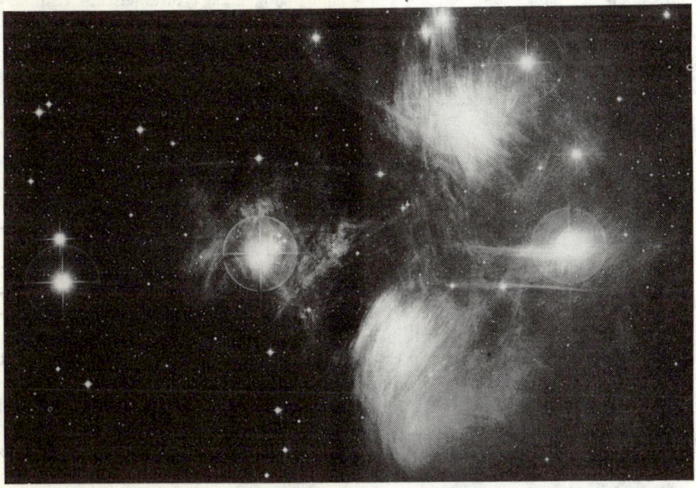

Plejaden mit Reflexionsnebeln. Die kreuzförmigen Gebilde entstehen durch Beugungseffekte im Inneren des Fernrohrs, ihre Entstehung kann nicht verhindert werden

Die **Pleone**, fälschlich auch *Pleione* [nach der Mutter der 7 Plejaden in der griech. Sage], heißt der Stern 28 Tauri, der dem offenen Sternhaufen ↑ Plejaden angehört.

Der **Pluto** [(griech.] ist der äußerste Planet des Sonnensystems. Er gehört wahrscheinlich zu den ↑ jupiterartigen Planeten, doch sind viele Einzelheiten noch nicht genau erforscht und zahlreiche Daten deshalb noch sehr unsicher. ↑ Tab. Planeten.

Auf der Oberfläche von Pluto wurde Methanschnee (CH_4) festgestellt.

Aufgrund theoretischer Berechnungen ist Pluto nach 50jähriger Suche im Jahre 1930 entdeckt worden. Seine Bahn schneidet die Neptunbahn an 2 Stellen, so daß sich Pluto zeitweilig, z. B. von 1979 bis 1999 der Sonne näher befindet als Neptun. Möglicherweise ist Pluto ein ehemaliger Neptunmond. 1978 hat man

Pol der Ekliptik und *galaktischer Pol* heißen jeweils 2 Punkte an der Himmelskugel, die nach Norden und Süden um 90° von der Ekliptik bzw. vom galaktischen Äquator entfernt sind.

Die **Polarisation** [s. o.] von Wellen ist ein besonderer Schwingungszustand: Bei *linear polarisiertem* Licht schwingt der elektrische Anteil des elektromagnetischen Feldes (der *Lichtvektor*) nur in einer Ebene. Das Licht einer gewöhnlichen Lichtquelle schwingt dagegen in

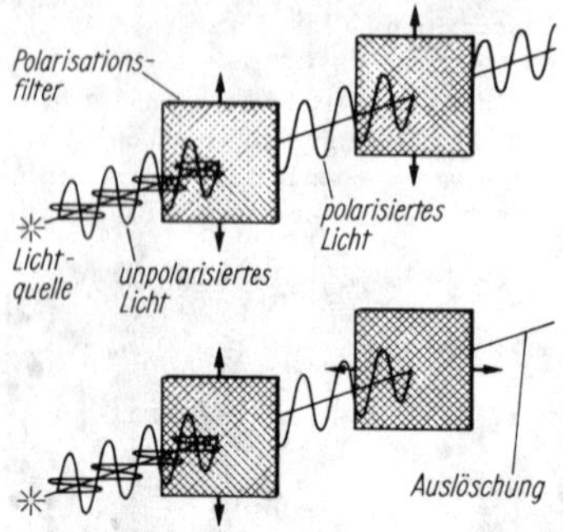

Polarisation (die Pfeile an den Polarisationsfiltern geben deren Durchlaßrichtung an)

unendlich vielen Ebenen; es ist unpolarisiert. Man erhält linear polarisiertes Licht aus unpolarisiertem Licht z. B. durch Reflexion an Glasoberflächen, durch Streuung an parallel ausgerichteten, länglichen Staubteilchen oder durch spezielle Polarisationsfilter. *Abb.*

Das **Polarlicht** [s. o. + ⟨dt.], auch *Nordlicht* bzw. auf der Südhalbkugel *Südlicht*, ist eine Leuchterscheinung in der Hochatmosphäre der Erde, die durch Teilchenströme von der Sonne bewirkt wird.

Polarlicht

Die Teilchen regen die Gasatome und Gasmoleküle der Luft zum Leuchten an. Polarlichter treten vor allem in ringförmigen, die beiden magnetischen Pole der Erde jeweils umschließenden Gebieten auf. Sie bilden ruhende oder bewegte farbige Bögen oder Strahlen am Himmel; die Höhe dieser Erscheinungen liegt meistens zwischen 80 und 300 km. *Abb.*

Die **Polarnacht** [s. o. + ⟨dt.] ist der Zeitraum, in dem ein Ort innerhalb der Polarzonen der Erde (d. h. mit einer geographischen Breite über 66⅔° Nord oder Süd) mehr als 24 Stunden lang nicht von den Sonnenstrahlen getroffen wird. Je geringer der Abstand vom Pol ist, desto länger dauert die Polarnacht. Am Pol selbst dauert sie theoretisch vom 23. 9. bis 21. 3. – In der anderen Polarzone der Erde herrscht zur gleichen Zeit *Polartag*, d. h., es scheint die Mitternachtssonne.

Der **Polarstern** [s. o. + ⟨dt.] oder *Polaris*, α *Ursae Minoris*, ist der hellste Stern im Sternbild Kleiner Bär. Er dient als wichtiger Orientierungspunkt für die Nordrichtung, da er sich nur 1° vom Himmelsnordpol entfernt befindet. Obwohl selbst nicht sehr hell, fällt er doch auf, weil die Polumgebung sonst nur schwache Sterne enthält. Der Polarstern ist ein weißer Überriese mit zwischen 2,1 und 2,3 Größenklassen veränderlicher Helligkeit.

Die **Poldistanz** [s. o. + ⟨lat.] ist der Winkelabstand eines Gestirns vom Himmelsnordpol. Sie wird in Grad gemessen und von Nord nach Süd mit 0° bis 180° durchgezählt. Poldistanz und ↑ Deklination ergänzen sich stets zu 90°.

Die **Polhöhe** [s. o. + ⟨dt.] ist die Höhe des Himmelspols über dem Horizont, gemessen in Winkelgrad. Für jeden Beobachtungsort ist die Polhöhe gleich der geographischen Breite; für Berlin beträgt sie 52,5°. An einem Ort auf dem Erdäquator ist die Polhöhe 0°, demzufolge befinden sich dort beide Pole im Horizont. Da sich die Rotationsachse innerhalb der Erde in gewissen Grenzen verlagert – die Erde ist kein vollkommen starrer Körper – treten geringfügige periodische Änderungen der Polhöhe auf. Sie werden als ↑ *Polwanderung* bezeichnet. *Abb.*

Polkappen [s. o. + ⟨dt.] ↑ Mars.
Pollux [s. o.], Kurzzeichen β *Gem*, heißt der hellste Stern im Sternbild ↑ Zwillinge. Er ist ein roter Riesenstern mit einer scheinbaren Helligkeit von 1,15 Größenklassen. Wahrscheinlich ist er von einer heißen Korona umgeben; erste Anzeichen dafür wurden 1974 von künstlichen Erdsatelliten aus festgestellt.
Polschwankung [s. o. + ⟨dt.] ↑ Polhöhe.
Die **Polsequenz** [s. o. + ⟨lat.] ist eine Gruppe von Sternen in der Umgebung des Himmelsnordpols, deren Helligkeiten sehr genau bestimmt wurden. Sie dienen als Vergleichssterne dazu, unbekannte Sternhelligkeiten zu ermitteln. Die Helligkeiten überdecken einen Bereich von +2 bis +20 Größenklassen.
Die **Polwanderung** [s. o. + ⟨dt.] oder *Polschwankung* ist eine periodische Verlagerung der Polpunkte auf der Erdoberfläche in der Größenordnung einiger Zehntel Bogensekunden (etwa 5 bis 10 m). Ihre Ursache liegt vermutlich in Massenverlagerungen innerhalb der Erde und der Erdatmosphäre. ↑ Polhöhe.
Die **Population** [⟨lat.] ↑ Sternpopulation.
Position [⟨lat.] eines Gestirns ↑ Ort.
Die **Positionsastronomie** [s. o. + ⟨griech.] ↑ Astrometrie.

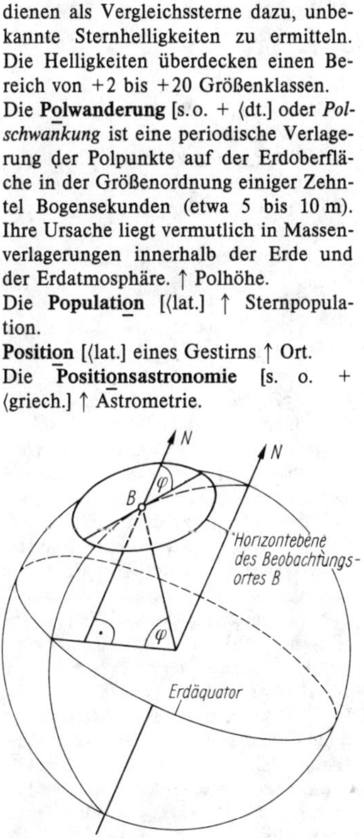

Polhöhe. N Richtung zum Himmelsnordpol, φ geographische Breite des Beobachtungsortes, B Beobachter

Der **Positionswinkel** [s. o. + ⟨dt.] ist der Winkel zwischen der Nordrichtung und der Richtung der Verbindungslinie zweier Sterne. Er wird in Winkelgraden von Nord über Ost gezählt und ist ein wichtiges Bestimmungsstück für Doppelsternsysteme. *Abb.*

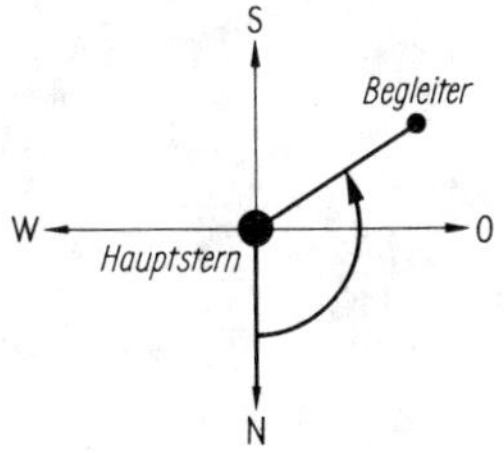

Positionswinkel bei Beobachtung mit dem umkehrenden Fernrohr

Die **Postnova** [⟨lat.] ↑ Nova.
Die **Praenova** [⟨lat.] ↑ Nova.
Die **Praesepe** [⟨lat.] ist ein ↑ offener Sternhaufen im Sternbild Krebs. Die Zahl der zugehörigen Sterne beträgt etwa 500, die Entfernung der Praesepe von der Erde etwa 160 pc. Die Praesepe ist ein ↑ Bewegungssternhaufen.
Die **Präzession** [⟨lat.; „das Vorangehen"] ist eine periodische Lageänderung der Erdachse. Sie hat ihre Ursache in der Anziehungswirkung von Sonne und Mond auf den Massenwulst am Äquatorgebiet der Erde. Dadurch behält die Rotationsachse der Erde ihre Richtung nicht bei, sondern beschreibt im Verlaufe von 25 700 Jahren einen Kegelmantel mit der Spitze im Erdmittelpunkt. Die Himmelspole bewegen sich demzufolge an der scheinbaren Himmelskugel auf Kreisen von 23°26′ Radius um die Pole der Ekliptik. Gleichzeitig wandern die Schnittpunkte zwischen Himmelsäquator und Ekliptik auf dieser entgegen der scheinbaren jährlichen Bewegung der Sonne. Der Frühlingspunkt verändert seine Lage auf der Ekliptik um jährlich 50,4″. Eine Folge davon ist, daß sich die Nullpunkte der Koordinaten in den Systemen des Äquators und der Ekliptik langsam verändern. Daher muß bei genauen Positionsmessungen angegeben

werden, für welches Jahr die Lage des benutzten Koordinatensystems gilt. Außer durch Sonne und Mond *(Lunisolarpräzession)* wird auch durch die Planeten eine Kraft auf die Erdbewegung ausgeübt *(Planetenpräzession). Abb.*

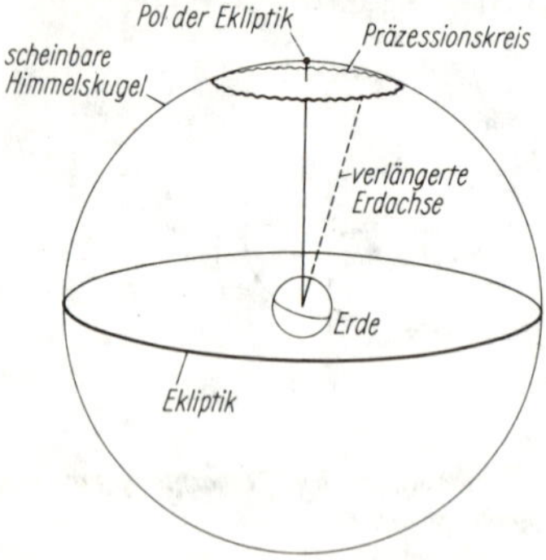

Präzession. Die wellenförmige Abweichung vom exakten Präzessionskreis ist die Nutation

Primärstrahlung [⟨lat.] ↑ kosmische Strahlung.

Das **Prismenastrolabium** [⟨griech. + ⟨lat. ⟨griech.] ist ein astronomisches Meßinstrument, mit dem der Durchgang eines Sterns durch einen bestimmten Höhenparallelkreis beobachtet wird. Daraus lassen sich die geographischen Koordinaten des Beobachtungsortes und die Zeit sehr genau ermitteln.

Prokyon oder *Procyon* [⟨griech.; „Vorhund"], Abk. α *CMi*, heißt der Hauptstern des Sternbildes ↑ Kleiner Hund. Er gehört zum ↑ Wintersechseck. Der nur 11 ly entfernte Prokyon ist ein Doppelstern: Ein weißer Unterriese wird von einem Weißen Zwerg begleitet; beide umlaufen ihren gemeinsamen Schwerpunkt einmal in 40 Jahren.

Das **Promontorium** [⟨lat.] ist die Bezeichnung für eine Oberflächenform (Kap) auf dem Mond und auf dem Mars. Sie wird in Verbindung mit einem Eigennamen verwendet.

Die **Protogalaxien** [⟨griech. + ⟨griech.] ↑ Entstehung der Sternsysteme.

Die **Proton-Proton-Reaktion** [s. o. bzw. ⟨lat.] oder *p-p-Reaktion* ist ein Kernfusionsprozeß (↑ *Kernfusion*), der im Innern der Sterne abläuft und bei dem Energie freigesetzt wird. Die Proton-Proton-Reaktion setzt bei Temperaturen um 2 Mill. K ein, wird aber erst bei etwa 10 Mill. K effektiv. Sie ist für die ↑ Energiefreisetzung in den Sternen mit Massen von weniger als 2 Sonnenmassen wesentlich. Ihre Reaktionsgleichungen lauten:

$^{1}H + {}^{1}H \rightarrow {}^{2}H + e^{+} + \nu$
$^{2}H + {}^{1}H \rightarrow {}^{3}He + \gamma$
$^{3}He + {}^{3}He \rightarrow {}^{4}He + 2 \cdot {}^{1}H$

Dabei bedeuten ^{1}H ein Proton, e^{+} ein Positron, ν ein Neutrino und γ Strahlungsenergie. Die bei einmaligem Durchlaufen der Proton-Proton-Reaktion freiwerdende Energie beträgt
$26{,}2\ \text{MeV} = 4{,}0 \cdot 10^{-12}\ \text{Nm}$.

Bei höheren Temperaturen (über 13 Mill. K) laufen 2 weitere Proton-Proton-Reaktionen ab. Bei ihnen wird das Helium auf einem anderen Wege aufgebaut.

Der **Protoplanet** [s. o.] ↑ Planetenentstehung.

Ein **Protostern** [s. o. + ⟨dt.] ist die Vorstufe eines Sterns. Bei der ↑ Sternentstehung zerfällt eine sich zusammenziehende interstellare Wolke in immer kleinere Teile, die sich selbständig weiter verdichten und verkleinern. Wenn die Dichte in diesen Teilwolken einen bestimmten Wert überschreitet, wird der Zerfallsvorgang gestoppt. Die so entstandenen Teile heißen Protosterne. Sie kontrahieren im Verlaufe einiger Hunderttausend oder Millionen Jahre weiter. Im Zentrum eines Protosterns steigt dadurch die Temperatur, bis bei Werten von einigen Mill. K die ↑ Kernfusion beginnen kann. Dann ist aus dem Protostern ein Stern geworden.

Im ↑ Hertzsprung-Russell-Diagramm befinden sich die Protosterne rechts der Hauptreihe. Das Protostern-Stadium eines Sterns von einer Sonnenmasse dauert rund 50 Mill. Jahre. ↑ Becklin-Neugebauer-Objekt.

Die **Protuberanz** [⟨lat.] ist eine verhältnismäßig große Materieansammlung oberhalb der ↑ Photosphäre der Sonne. Sie ist eine Erscheinungsform der ↑ Sonnenaktivität und tritt mit einer in deren Rhythmus wechselnden Häufigkeit auf. Ohne Hilfsmittel sind Protuberanzen nur bei totalen Sonnenfinsternissen sichtbar. Sie erscheinen als helle, meist rötliche Wolken am Sonnenrand. Protuberanzen halten sich bevorzugt in Höhen von 30 000 km bis 60 000 km über der ↑ Chromosphäre auf, können jedoch auch bis in Höhen von 200 000 km und mehr aufsteigen (Protuberanzenaufstieg). Die Gase der Chromosphäre werden durch Magnetfelder in auf- und abwärts gerichtete Strömungen versetzt, dabei können sie sich an bestimmten Stellen abkühlen und verdichten. Die magnetischen Feldlinien bilden die Gerüste der Protuberanzen. Es gibt sehr viele verschiedene Erscheinungsformen der Protuberanzen. Stets befindet sich das Gas in reger Bewegung; eine Protuberanz kann dabei ihre Form über Tage hinweg beibehalten, aber auch für Stunden in ein *Aktivitätsstadium* eintreten, in dem sie ihre Gestalt völlig verändert. ↑ Filament. – *Abb.*

Protuberanz

Das **Protuberanzenspektroskop** [s. o. + ⟨lat. + ⟨griech.] ist ein astronomisches Beobachtungsinstrument zur Beobachtung von ↑ Protuberanzen. Es nutzt die Tatsache aus, daß Protuberanzen vorwiegend im Licht bestimmter Wellenlängen leuchten. Man beobachtet daher den Sonnenrand durch ein Gerät, das nur das Licht dieser Wellenlängen verwendet.

Proxima Centauri [⟨lat.; „der nächste im (Sternbild) Kentaur"] heißt der im Sternbild ↑ Kentaur gelegene Stern, der der Sonne am nächsten liegt. Es ist ein ↑ Flackerstern der 11. Größenklasse; seine Entfernung beträgt 4,27 ly (1,31 pc). Proxima Centauri und auch sein sehr heller Nachbar, der Doppelstern *Toliman* (α Cen = Alpha Centauri, scheinbare Helligkeit $-0\overset{m}{.}27$ Größenklassen) befinden sich am Südhimmel und sind von Mitteleuropa aus nicht sichtbar.

Das **ptolemäische Weltbild** [nach C. ↑ Ptolemäus] ↑ geozentrisches Weltbild.

Claudius **Ptolemäus**, geb. um 90, gest. um 160, war ein griechischer Astronom und Mathematiker, der in Alexandria wirkte. Er faßte in seinem Hauptwerk ↑ Almagest das gesamte astronomische Wissen seiner Zeit zusammen und beschrieb das ↑ geozentrische Weltbild. *Abb.*

Claudius Ptolemäus

Nikolaus Kopernikus

Johannes Kepler

In **Pulkowo** bei Leningrad befindet sich das astronomische Hauptobservatorium der Akademie der Wissenschaften der UdSSR. Es wurde nach der Zerstörung im zweiten Weltkrieg völlig neu erbaut und zählt heute zu den bedeutendsten astronomischen Forschungsstätten.

Ein **Pulsar** [⟨lat.] ist eine rasch (mit Perioden zwischen 0,03 und 4,0 s) pulsierende Quelle radiofrequenter Strahlung, deren Pulsation außerordentlich regelmäßig erfolgt. Die Strahlungsstärke ist jedoch bei den einzelnen Pulsen sehr unterschiedlich. Im Laufe großer Zeiträume vergrößert sich bei jedem Pulsar die Periodenlänge. Die Strahlung der Pulsare ist hochgradig polarisiert.

Pulsare sind sehr schnell rotierende ↑ Neutronensterne, die ein starkes Magnetfeld haben. Dieses Magnetfeld ist nicht parallel zur Rotationsachse gerichtet und rotiert mit dem Stern. Dabei wird die beobachtete Strahlung, stark gebündelt wie der Strahl eines rotierenden Scheinwerfers, ausgesandt. Sie kann auf der Erde nur empfangen werden, wenn der Strahl die Erde überstreicht; so entsteht die Pulsation. Die Zeit zwischen 2 Pulsen gibt also die Rotationsdauer eines solchen Neutronensterns an. Außer im Radiobereich wurden auch Sterne beobachtet, deren Strahlung im optischen und im Röntgenwellenbereich pulsiert. Der bekannteste Pulsar ist der Zentralstern des ↑ Krebsnebels. – *Abb.*

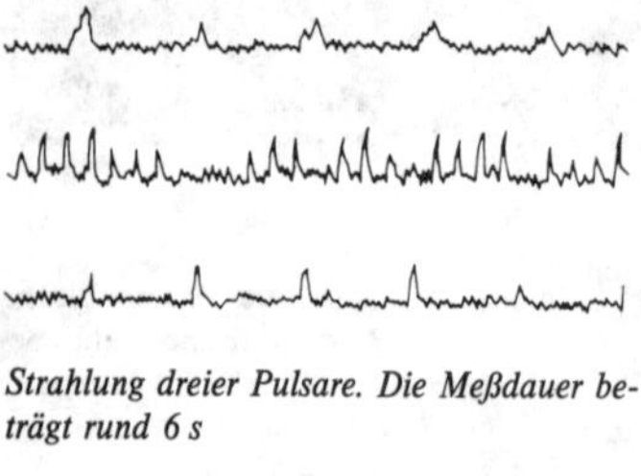

Strahlung dreier Pulsare. Die Meßdauer beträgt rund 6 s

Die **Pulsation** [s. o.] ist eine rhythmische Ausdehnungs- und Zusammenziehungsbewegung. Sie wird in der Astronomie vor allem bei den ↑ Pulsationsveränderlichen beobachtet. Als Pulsation wird auch eine Folge regelmäßig wiederkehrender, gleichartiger Strahlungsstöße bezeichnet; dies ist bei den ↑ Pulsaren zu beobachten. Ein einzelner Strahlungsstoß heißt ein *Puls.*

Pulsationsveränderliche [s. o. + ⟨dt.] sind eine Untergruppe der ↑ Veränderlichen. Sie zeigen einen Lichtwechsel, weil sie sich in regelmäßiger Folge ausdehnen und zusammenziehen. Die äußeren Schichten bewegen sich dabei mit Geschwindigkeiten bis zu 200 km/s. Ursache der Pulsation sind innere Kräfte; wenn der Stern über seine mittlere Größe hinaus gewachsen ist, wird er durch die Gravitation zum Zusammenfallen gezwungen. Ausdehnung und Zusammenziehung laufen dann wie eine Schwingung ab.

Pulsationsveränderliche befinden sich in streng abgegrenzten Gebieten des HRD. Im Verlauf der ↑ Sternentwicklung wird mehrmals ein instabiles Stadium erreicht, in dem ein Stern pulsiert. Die Pulsationsveränderlichen umfassen etwa

⁹⁄₁₀ aller Veränderlichen, zu ihnen zählen z. B. die sehr regelmäßig pulsierenden ↑ *Delta-Cephei-Sterne* und ↑ *RR-Lyrae-Sterne* sowie die große Gruppe der *Mirasterne*, die einen langperiodischen, nicht so gleichmäßigen Lichtwechsel zeigen.

Die **Puppis** [⟨lat.] ↑ Achterdeck.

Die **Pyxis** [⟨griech.] ↑ Kompaß.

Q

Der **Quadrant** [⟨lat.; „Viertelkreis"] ist **1.** ein altertümliches Winkelmeßinstrument zur Bestimmung der Höhe eines Gestirns. ↑ Mauerquadrant. *Abb.*
2. Quadrant ist ein Viertelkreis oder eine Viertelfläche.

Die **Quadrantiden** [⟨lat.] sind ein ↑ Meteorstrom.

Die **Quadratur** [⟨lat.] ist eine ↑ Konstellation, bei der das betrachtete Gestirn von der Sonne einen Winkelabstand von 90° hat.

Das **Quant** [⟨lat.] ↑ Photon.

Die **Quarzuhr** ↑ Uhr.

Quadrant von Hevelius aus dem Jahre 1640

Der **Quasar** [Kurzw.] oder die *quasistellare Radioquelle* ist ein kosmisches Objekt, das eine intensive Radiostrahlung aussendet, aber optisch wie ein Stern erscheint (daher „quasistellar"). Die Natur der Quasare ist noch ungeklärt. Wahrscheinlich handelt es sich um helle Kerne ferner Sternsysteme mit äußerst hoher Leuchtkraft. In ihren Spektren treten große ↑ Rotverschiebungen auf, die als Zeichen sehr großer Entfernungen anzusehen sind. Wenn diese Annahme richtig ist, haben die Quasare Strahlungsleistungen vom 10- bis 100fachen der Strahlungsleistung eines ganzen Sternsystems und Massen, die zwischen 1 Mill. und 100 Md. Sonnenmassen liegen. Bei einigen Quasaren wurden sich rasch ausdehnende Gashüllen festgestellt; manche zeigen eine veränderliche Helligkeit.

Den großen Massen- und Energiewerten der Quasare stehen sehr kleine Durchmesser entgegen. Die großen Energiemengen werden innerhalb kosmisch kleiner Raumgebiete freigesetzt; die dabei wirksamen Prozesse der Energieumwandlung sind noch unbekannt.

R

Rabe oder lat. *Corvus* (Genitiv *Corvi*), Abk. *Crv*, heißt ein kleines Sternbild des Südhimmels, das Ende März gegen Mitternacht kulminiert.

Radar-Echo-Methode ↑ Radio-Echo-Verfahren.

Die **Radialgeschwindigkeit** [⟨lat.; radio „strahlen"] ist derjenige Teil der wahren Bewegung eines Sterns im Raum, der in Richtung der Gesichtslinie, auf die Erde zu oder von ihr weg, verläuft. In Richtung zur Erde wird sie negativ, von ihr weg positiv gezählt. Die Radialgeschwindigkeit läßt sich mit Hilfe des ↑ Doppler-Effekts aus der Verschiebung von Spektrallinien direkt in der *Maßeinheit* km/s ermitteln. Die Radialgeschwindigkeiten der hellen Sterne in der Sonnenumgebung liegen etwa zwischen +60 und

−60 km/s. Dagegen weisen die Sternsysteme Radialgeschwindigkeiten von z. T. mehr als 150000 km/s auf, diese Werte sind fast durchweg positiv. ↑ Tab. Hubbleeffekt. – *Abb.*

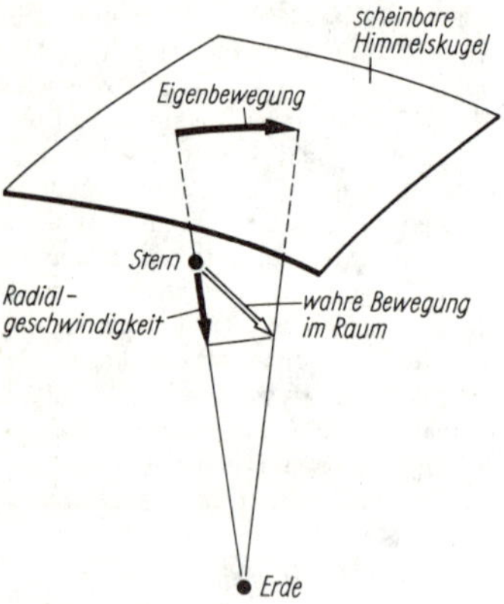

Radialgeschwindigkeit

Der **Radiant** [s. o.] ↑ Meteorstrom.

Die **Radioastrometrie** [s. o. + ⟨griech.] ist ein Teilgebiet der Astrometrie, das die Aufgabe hat, durch Beobachtung der radiofrequenten Strahlung kosmischer Objekte deren Positionen an der scheinbaren Himmelskugel sehr genau zu vermessen. Sie hat dabei seit 1973 die optische Astrometrie an Genauigkeit weit übertroffen. Während der Ort eines Gestirns optisch nur mit einer Genauigkeit von 0,1″ bestimmt werden kann, erreichen radioastronomische Messungen Genauigkeiten von weniger als 0,02″. Bei der Auflösung von Strahlungsquellen wurden radioastronomisch sogar 0,0002″ (gegenüber 0,1″ optisch) erzielt. Derartig genaue Messungen erlauben u. a. Aussagen über die Bewegung unseres Sternsystems, Verbesserungen der Theorie der ↑ Präzession und ermöglichten die Entdeckung, daß sich einige außergalaktische Radioquellen mit sehr hohen Geschwindigkeiten ausdehnen (expandieren). Die in der Radioastrometrie hauptsächlich verwendeten Instrumente sind die ↑ Radiointerferometer. ↑ Astrometrie.

Radioastronomie [s. o. + ⟨griech.] ist ein Teilgebiet der ↑ Astrophysik, das die von den Himmelskörpern und aus dem Raum zwischen ihnen zur Erde gelangende ↑ Radiofrequenzstrahlung untersucht. Im Bereich des ↑ Radiofensters ist Radiofrequenzstrahlung auf der Erdoberfläche meßbar; darum haben radioastronomische Beobachtungen große Bedeutung.

Radioastronomie wird seit dem Ende des zweiten Weltkrieges betrieben, obwohl bereits 1931 die Radiofrequenzstrahlung im Weltall (durch K. ↑ Jansky) entdeckt wurde. 1951 wurde die des neutralen Wasserstoffs im ↑ interstellaren Gas entdeckt. Sie hat die Wellenlänge von 21 cm, daher wird die bei dieser Wellenlänge empfangene Strahlung die „21-cm-Linie“ genannt. Seitdem wurden viele weitere Radiostrahlungen entdeckt, die von verschiedenen Molekülen und Atomgruppen im interstellaren Raum (↑ interstellare Moleküle) stammen. Die Sonne und andere Sterne, aber auch Planeten (z. B. Jupiter) wurden als Himmelskörper, die verhältnismäßig starke Radiofrequenzstrahlung aussenden *(Radioquellen)*, erkannt. Es zeigte sich, daß Radiofrequenzstrahlung durch dichte Wolken des lichtabsorbierenden ↑ interstellaren Staubes dringen kann, so daß mit Fernrohren nicht beobachtbare Bereiche des Milchstraßensystems (z. B das Kerngebiet der Milchstraße) radioastronomisch untersucht werden können. Weiterhin sind Objekte entdeckt worden, die im Bereich der Radiowellen wesentlich mehr Energie abstrahlen als im optischen Bereich (Licht). Viele entscheidende Entdeckungen der Astrophysik sind radioastronomischen Methoden zu verdanken. ↑ Radiospektroskopie, ↑ Radioteleskop.

radioastronomische Instrumente [s. o. bzw. ⟨lat.] ↑ astronomische Beobachtungsinstrumente.

Das **Radio-Echo-Verfahren** [s. o. bzw. ⟨griech. bzw. ⟨dt.] oder *Radar-Echo-Methode* ist eine Beobachtungsmethode für die nahen Planeten, den Mond und Meteore. Nach dem Prinzip der Radartechnik werden von einem Sender (Radioteleskop) elektromagnetische Wellen *(Im-*

pulse) ausgestrahlt. Aus den an dem Beobachtungsobjekt reflektierten und am Empfänger (Antenne) eingetroffenen Wellen *(Echos)* kann man Aussagen über Entfernung, Geschwindigkeit und Oberfläche des Objekts berechnen.

Das **Radiofenster** [s. o. + ⟨lat.] ist der Wellenlängenbereich, in dem die Erdatmosphäre ↑ Radiofrequenzstrahlung bis zum Erdboden dringen läßt. Er erstreckt sich von 1 mm bis etwa 20 m Wellenlänge. Kürzere und längere Wellen werden von der Atmosphäre absorbiert (verschluckt oder sehr stark unterdrückt), ausgenommen den Bereich des sichtbaren Lichtes („optisches Fenster") und bestimmte Wellenlängen (sehr schmale Bereiche) im infraroten Bereich.

Die **Radiofrequenzstrahlung** [s. o. + ⟨lat. + ⟨dt.] oder *radiofrequente Strahlung*, auch *Radiostrahlung* oder *Radiowellen*, ist ein Teilbereich der ↑ elektromagnetischen Wellen. Radiofrequenzstrahlung entsteht im Weltall z. T. als *thermische Strahlung*, d. h., ein Himmelskörper gibt einen Teil seiner Wärmeenergie in Form radiofrequenter Wellen ab. Die *nichtthermische Strahlung* ist die Folge von Prozessen, bei denen sich das Bewegungsverhalten von Elektronen und Ionen rasch ändert. Sie treten in der Astronomie sehr häufig auf, z. B. bei der Bewegung von Elektronen in Magnetfeldern. ↑ Radioastronomie, ↑ galaktische Radiostrahlung.

Die **Radiogalaxie** [s. o. + ⟨griech.] ist ein Sternsystem, das einen hohen Prozentsatz der insgesamt abgegebenen Energie im Radiofrequenzbereich ausstrahlt. In vielen Fällen ist es – wahrscheinlich wegen der großen Entfernungen – bisher nicht gelungen, die betreffenden Sternsysteme optisch nachzuweisen. Vielfach liegen die eigentlichen Quellgebiete der Radiostrahlung auch beiderseits außerhalb eines optisch beobachtbaren Sternsystems. Eine befriedigende Deutung dieser Doppelstruktur gibt es noch nicht; möglicherweise spielen Explosionen im Kerngebiet eines Sternsystems eine entscheidende Rolle. Auch die Energiequellen der Radiogalaxien sind noch unbekannt. Radiogalaxien sind aber keine Ausnahmefälle, sondern wahrscheinlich Ausdruck bestimmter Entwicklungsphasen der Sternsysteme. Für die Radiogalaxie Cygnus A im Sternbild Schwan wird die Dauer dieser Phase auf 1 Mill. Jahre geschätzt. *Abb.*

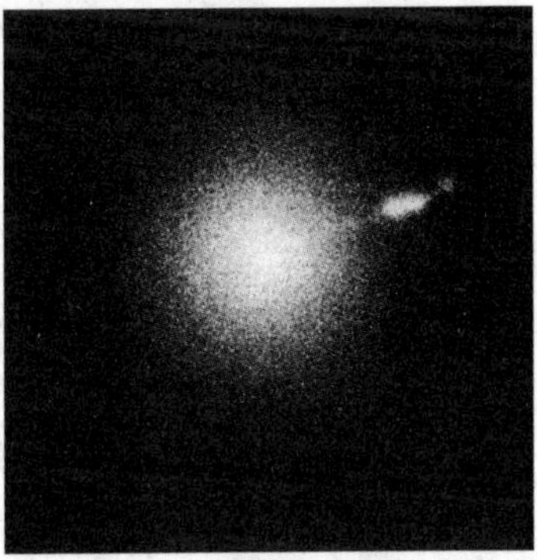

Radiogalaxie NGC 4486

Das **Radiointerferometer** [s. o. + ⟨griech.] ist ein astronomisches Meßgerät, daß zur genauen Bestimmung des Ortes einer Radioquelle an der scheinbaren Himmelskugel dient. Es besteht aus mehreren ↑ Radioteleskopen, die elektrisch miteinander gekoppelt sind und deren Abstand genau gemessen wird. Durch die Verarbeitung der Signale in einem gemeinsamen Empfänger oder in einer Rechenanlage erreichen solche Anordnungen ein Auflösungsvermögen von 0,0002″.

Radioquellen [s. o. + ⟨dt.] ↑ galaktische Radiostrahlung, ↑ Quasar.

Die **Radiospektroskopie** [s. o. + ⟨lat. + ⟨griech.] ist die Untersuchung der von den Himmelskörpern ausgesandten ↑ Radiofrequenzstrahlung auf ihre Zusammensetzung. Sie wird mit ↑ Radioteleskopen betrieben und führte u. a. zur Entdeckung der ↑ interstellaren Moleküle.

Der **Radiostern** [s. o. + ⟨dt.] oder *Radiostrahler* ist ein Stern, der radiofrequente Wellen (↑ Radiofrequenzstrahlung) aussendet. Vor allem ↑ Flackersterne und ↑ Pulsare sind Radiosterne.

Ein **Radiosturm** [s. o. + ⟨dt.] auf der Sonne äußert sich in stark wechselnder Radiostrahlung. Über einer weniger rasch veränderlichen Grundstrahlung treten häufige starke Strahlungsausbrüche auf. Die Radiostürme stammen aus der ↑ Korona der Sonne; ihre Quellgebiete stehen mit ↑ Sonnenflecken in Verbindung.

Das **Radioteleskop** [s. o. + ⟨griech.] ist neben dem Fernrohr das wichtigste ↑ astronomische Beobachtungsinstrument. Es dient dem Empfang und der Aufzeichnung elektromagnetischer Wellen im Radiofrequenzbereich, also unsichtbarer Strahlungen, die von Himmelskörpern zur Erde gelangen. Die Erdatmosphäre ist für Wellen dieser Art (Wellenlänge zwischen 1 mm und 20 m) durchlässig (↑ Radiofenster).

Grundsätzlich enthalten alle Radioteleskope ein Antennensystem, auf das die einfallende Strahlung durch einen Reflektor – ähnlich den in der optischen Astronomie verwendeten Hohlspiegeln – konzentriert wird. Sie wirken also wie Richtantennen, haben aber wegen der verhältnismäßig großen Wellenlänge ein weit schlechteres Auflösungsvermögen als optische Teleskope. Um bessere Winkelauflösung zu erreichen, werden sehr große Reflektoren gebaut. Die größte bewegliche Parabolantenne hat 100 m Reflektordurchmesser. Das Radioteleskop in Arecibo auf Puerto Rico (USA) besitzt einen unbeweglichen Reflektor von 305 m; dafür wurde ein natürlicher Talkessel mit Metallplatten ausgekleidet.

Eine erheblich größere Winkelauflösung als mit Einzelelementen wird mit mehreren zu einem ↑ Radiointerferometer zusammengeschalteten Radioteleskopen erreicht. Dabei sind mehrere Empfänger elektronisch miteinander verbunden. Ein solches Instrument bei Charkow (UdSSR) besteht aus insgesamt 2040 Antennen von je 8 m Länge, die über eine Strecke von 1800 m verteilt sind. Bei der Interferometrie mit sehr großer Basis (VLBI; Abk. von Very Long Baseline Interferometry) werden 2 oder mehrere Radioteleskope gekoppelt, die einen Abstand von mehreren tausend Kilometern haben. ↑ Selentschukskaja, ↑ Effelsberg. – *Abb., Tab.*

Radiowellen [s. o. + ⟨dt.] ↑ Radiofrequenzstrahlung.

Radioteleskop der Radiophysikalischen Station des Lebedew-Instituts (UdSSR), ein parabolischer Reflektor mit einem Durchmesser von 22 m

Radioteleskop: große Radioteleskope

Standort	Reflektordurchmesser	In Betrieb seit
Selentschukskaja (UdSSR)	600[1] m	1974
Bjurakan (UdSSR)	150 m	
Arecibo (Puerto Rico; Mittelamerika)	305 m	1963
Effelsberg (BRD)	100 m	1972
Green Bank (USA)	92 m	1962
Jodrell Bank (Großbritannien)	76 m	1957

[1] Ausmaße der Interferometeranordnung

Der **Radius eines Sterns** [⟨lat. bzw. ⟨dt.] ist eine seiner Zustandsgrößen. ↑ Durchmesser.

Als **Randverdunkelung** wird auf fotogra-

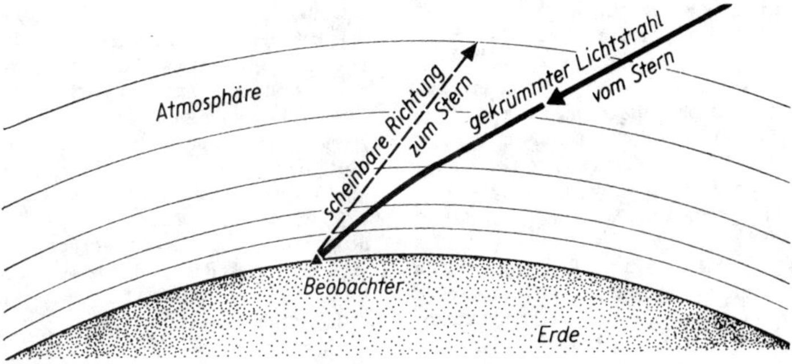

Refraktion

fischen Aufnahmen oder bei direkter Beobachtung der Sonne im Fernrohr die auffällige Helligkeitsabnahme der Sonne zum Rande hin bezeichnet. Sie ergibt sich daraus, daß man in der Mitte tiefer in die ↑ Photosphäre der Sonne hineinschauen kann als am Rande. Die tieferen, heißeren Schichten der Mitte strahlen mehr Licht ab als die weiter außen befindlichen.

Ras Algethi [⟨arab., „Kopf des Knienden"], Abk. α *Her*, heißt der Hauptstern des Sternbildes Herkules. Es ist ein Doppelstern mit einem veränderlichen roten Riesenstern als hellerer Komponente.

Als **rechtläufig** bezeichnet man die Richtung der *wahren Bahnbewegung* eines Himmelskörpers im Sonnensystem, wenn sie, vom Nordpol der Ekliptik gesehen, entgegen dem Uhrzeigersinn gerichtet ist. Die wahren Bahnbewegungen der Planeten und der meisten ihrer Satelliten sind rechtläufig. Demgegenüber heißt die *scheinbare Bahnbewegung* eines Himmelskörpers an der Himmelskugel rechtläufig, wenn sie von West nach Ost erfolgt. Sowohl bei der wahren als auch bei der scheinbaren Bewegung nennt man die entgegengesetzte Richtung *rückläufig*.

Der **Reflektor** [⟨lat.] ↑ Fernrohr.

Der **Reflexionsnebel** [s. o. + ⟨dt.] ↑ interstellarer Staub.

Die **Refraktion** [⟨lat.] ist eine scheinbare Veränderung der Gestirnsörter durch die lichtbrechende Wirkung der Erdatmosphäre. Der vom Gestirn kommende Lichtstrahl wird in der Erdatmosphäre gekrümmt; der Beobachter sieht das Gestirn daher in größerer Höhe über dem Horizont als es wirklich steht. *Abb., Tab.*

Refraktion: mittlere Refraktion für +10 °C Lufttemperatur und 101 325 Pa Luftdruck

Höhe	Refraktion	Höhe	Refraktion
90°	0,00°	8°	0,11°
60°	0,01°	6°	0,14°
30°	0,03°	4°	0,20°
20°	0,04°	2°	0,31°
15°	0,06°	1°	0,41°
10°	0,09°	0°	0,59°

Der **Refraktor** [s. o.] ↑ Fernrohr.

Die **Regio** [⟨lat.] ist die Bezeichnung für ein Gebiet auf dem Mars oder auf der Venus. Diese Bezeichnung wird in Verbindung mit einem Eigennamen verwendet.

Der **Regolith** [Kunstwort] ist das durch ständige Einschläge von Meteoriten zertrümmerte Gestein auf der ↑ Mondoberfläche. *Abb.*

Regulus [⟨lat.; „kleiner König"], Abk. α *Leo*, heißt der Hauptstern des Sternbilds ↑ Löwe. Er befindet sich sehr nahe der Ekliptik, daher sind Bedeckungen oder nahe Begegnungen mit hellen Planeten oder mit dem Mond nicht selten. Regulus ist ein bläulichweißer Stern mit 1,3 Größenklassen scheinbarer Helligkeit.

Das **Reiterlein** ↑ Alkor.

Die **Rekombination** [⟨lat.] ist im allgemeinen die Vereinigung von positiv und negativ geladenen Ionen zu ungeladenen Atomen oder die Anlagerung (das Einfangen) freier Elektronen durch ein positives Ion. Die dabei freiwerdende Energie ist gleich der Summe aus der Ionisierungsenergie des betreffenden Elements und der Bewegungsenergie des Elektrons. Sie wird in der Regel in Form von elektromagnetischen Wellen abgegeben; man spricht z. B. vom Rekombinationsleuchten des ↑ interstellaren Gases. Ein Teil der Energie kann auch in kinetische Energie des neugebildeten neutralen Teilchens umgewandelt werden. Die Rekombination ist der entgegengesetzte Vorgang der ↑ Ionisation.

Die **Rektaszension** [⟨lat.], Abk. α oder *AR* [lat. ascensio recta „gerades Aufsteigen"], ist eine Koordinate im rotierenden ↑ Äquatorsystem. Sie wird durch den Winkel zwischen dem Stundenkreis des Gestirns und dem des Frühlingspunktes gemessen und entgegen der scheinbaren täglichen Bewegung, also in westöstlicher Richtung in Zeitmaß (h, min, s) gezählt. Die Rektaszension eines gerade kulminierenden Sterns gibt die augenblickliche ↑ Sternzeit an. ↑ Tab. Koordinaten.

Die **Relativitätstheorie** [⟨lat. + ⟨griech.] ist eine von Albert Einstein (1879–1955) begründete physikalische Theorie von der Struktur von Raum und Zeit. Sie hat zu einem grundlegenden Wandel in den Anschauungen über Raum und Zeit geführt und beeinflußte daher auch die Astronomie. – Die in sich abgeschlossene und experimentell gesicherte *spezielle Relativitätstheorie* ist Grundlage der gesamten modernen Physik. Sie besagt u. a., daß alle gleichförmig gegeneinander bewegten Systeme physikalisch gleichwertig sind, daß die Lichtgeschwindigkeit im leeren Raum von keinem Energie- oder Stofftransport erreicht oder übertroffen werden kann und stets denselben Wert hat und daß jeder Masse m eine Energie $E \sim m$ entspricht. – Die heute noch nicht vollständig abgeschlossene *allgemeine Relativitätstheorie* bringt Raum und Zeit mit der Gravitation in Zusammenhang.

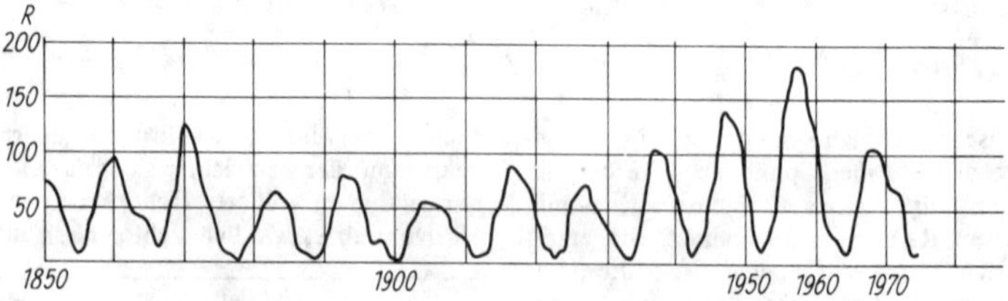

Relativzahl: die Sonnenfleckenrelativzahlen R von 1850 bis 1975

Die **Relativzahl** [s. o. + ⟨dt.] wird als Maß für die Häufigkeit der ↑ Sonnenflecken benutzt. Man berechnet sie nach der Formel $R = 10 \cdot g + f$, wobei g die Anzahl der Fleckengruppen auf der Sonne und f die Anzahl der in allen Gruppen enthaltenen Flecken bedeuten. *Abb.*

Das **Reticulum** [⟨lat.] ↑ Netz.

Die **Revolution** [⟨lat.] ist ein nicht mehr gebräuchlicher Ausdruck für den Umlauf eines Himmelskörpers um die Sonne. – *Revolution der Erde* ↑ Erdumlauf.

Die **Rhea** heißt ein Mond des Saturn. ↑ Tab. Satelliten.

Riesen ↑ Riesenstern.

Riesenast ↑ Hertzsprung-Russell-Diagramm.

Als **Riesenstern** oder *normalen Riesen* bezeichnet man einen Stern, der sich im ↑ Hertzsprung-Russell-Diagramm auf dem *Riesenast* befindet. Diese Sterne haben bei gleicher effektiver Temperatur eine erheblich höhere Leuchtkraft als die Sterne der Hauptreihe, weil sie eine größere Oberfläche und damit auch einen größeren Durchmesser besitzen. Die Riesensterne bilden die ↑ Leuchtkraftklasse III. Sie entwickeln sich aus Sternen der ↑ Hauptreihe, wenn in deren Innerem die Kernfusion des Wasserstoffs zu Helium nahezu erschöpft ist. In den zentralen Gebieten der Riesensterne werden dann weitere Kernprozesse wirksam, die den hohen Energiebedarf dieser Sterne decken. Auch die Sonne wird sich in einigen Md. Jahren zu einem Riesenstern entwickeln. ↑ Abb. Stern.

Der **Rigel** [⟨arab.; „Fuß"], Abk. β *Ori*, heißt der hellste Stern, der rechte „Fußstern", im Sternbild ↑ Orion. Rigel ist ein Fünffachstern. Die bläulichweiße Hauptkomponente gehört zu den Überriesen, ihre scheinbare Helligkeit beträgt 0,1 Größenklassen.

Die **Rillen** auf der Mondoberfläche sind viele Kilometer lang, bis zu 5 km breit, aber selten tiefer als 400 m. Sie kommen gehäuft in den ebenen Gebieten des Mondes vor. Von den *geraden* unterscheidet man die *gewundenen* Rillen, die z. T. ehemaligen Wasserläufen ähnlich sehen. Die Rillen kreuzen Krater, Hügel und andere Oberflächengebilde, ohne ihre Richtung und Breite wesentlich zu ändern. ↑ Rima.

Die **Rima** [⟨lat.; „Ritze"] ist die Bezeichnung für die ↑ Rillen auf der Mondoberfläche. Sie wird in Verbindung mit einem Eigennamen verwendet.

Die **Ringgebirge** ↑ Krater.

Das **Ringmikrometer** ↑ Mikrometer.

Als **Ringnebel** bezeichnet man ↑ planetarische Nebel von ringförmiger Gestalt. Die bekanntesten sind die Ringnebel im Sternbild Leier und im Sternbild Wassermann.

Die **Rochesche Grenze** [nach dem franz. Astronomen E. Roche] ist die Grenzfläche des Bereiches um einen Himmelskörper, in dem ein anderer Himmelskörper durch Gravitationskräfte zerrissen würde. Dieser Fall kann bei einem Satelliten eintreten, der seinen Planeten in sehr geringer Entfernung umläuft. Auch bei sehr engen ↑ Doppelsternen ist die Rochesche Grenze bedeutsam.

Die Zerstörung eines der beiden Himmelskörper ist darauf zurückzuführen, daß die dem Zentralkörper näheren Teile einer stärkeren Gravitationskraft unterliegen als die entfernteren. Nur sehr kleine Himmelskörper, z. B. künstliche Erdsatelliten, werden nicht zerstört, wenn sie sich innerhalb der Rocheschen Grenze befinden.

Ole, auch Olaf oder Olaus **Römer**, geb. 25.9.1644, gest. 19.9.1710, war ein dänischer Astronom. Er fand als erster eine Methode zur Bestimmung der Lichtgeschwindigkeit aus Beobachtungen der Jupitermond-Verfinsterungen. Römer gilt als Erfinder des ↑ Meridiankreises.

Die **Röntgenastronomie** [nach dem dt. Physiker W. C. Röntgen] ist ein verhältnismäßig junges Teilgebiet der Astrophysik. Es untersucht die von kosmischen Objekten ausgesandten Röntgenwellen (Wellenlänge 10 nm bis 0,001 nm, ↑ Röntgenstrahlung). Da diese Wellen die Erdatmosphäre nicht durchdringen können, müssen die Strahlungsempfänger (Ionisationskammern, Geiger-Müller-Zählrohre u. a. Strahlungsnachweisgeräte auf Halbleiterbasis) in Höhenballons, Raketen oder Raumstationen betrieben werden. Die Energie dieser Wellen (der Photonen) wird in keV oder J gemessen.

Die stärkste *Röntgenstrahlungsquelle* am Himmel ist die Sonne; als weitere wichtige Quellen haben sich u. a. Überreste von ↑ Supernovae, bestimmte ↑ Doppel- und Einzelsterne, Kugelsternhaufen, Galaxien und ↑ Quasare erwiesen. – ↑ Infrarotastronomie, ↑ Gammaastronomie.

Die **Röntgenstrahlung** [s. o.] oder *X-Strahlung*, auch *Röntgenwellen*, ist ein Bereich der ↑ elektromagnetischen Wellen. Sie umfaßt einen Bereich mit den Wellenlängen zwischen 10 nm und 0,001 nm. Röntgenstrahlung ensteht als *Bremsstrahlung* bei der Streuung schneller geladener Teilchen an Atomkernen oder bei der Bewegung von Elektronen in Magnetfeldern oder auch als Eigenstrahlung im Innern der Atome. Röntgenstrahlung durchdringt hinreichend dünne Schichten vieler Festkörper, die Röntgenstrahlung aus dem Weltall wird aber durch die Erdatmosphäre völlig absorbiert. Die ↑ Röntgenastronomie muß daher mit außerhalb der dichten Atmosphärenschichten befindlichen Beobachtungsgeräten arbeiten. Auch die interstellare Materie absorbiert Röntgenstrahlung in erheblichem Maße.

Die **Rotation** [⟨lat.; „Drehung"] oder *Drehbewegung* ist neben der Translation (fortschreitende Bewegung) eine Art der Bewegung eines starren Körpers. Bei der Rotation der Himmelskörper behält eine Gerade (die Achse) ihre feste Lage im Raum bei. Die anderen Punkte des Körpers beschreiben Kreise um die Achse. – In der Astronomie wird auch der *Umlauf* (z. B. der Planeten um die Sonne) als Gegensatz zur Rotation betrachtet. ↑ gebundene Rotation, ↑ differentielle Rotation, ↑ Erdrotation.

Die **Rotation der Galaxis** [s. o. bzw. ⟨griech.] erfolgt mit unterschiedlicher Winkelgeschwindigkeit als ↑ differentielle Rotation, je nach dem betrachteten Abstand vom Mittelpunkt. Die Winkelgeschwindigkeit nimmt mit wachsendem Radius ab, die Umlaufzeit der Sterne um den Kern der Galaxis wird nach außen hin also größer. Am Ort der Sonne, etwa 10 kpc vom Zentrum entfernt, beträgt sie 250 Mill. Jahre. Der ↑ *Kern der Galaxis* rotiert wahrscheinlich wie ein starrer Körper.

Rotationsellipsoid [s. o.] ↑ Ellipsoid, ↑ Geoid.

Rote Riesen ↑ Hertzsprung-Russell-Diagramm.

Rote Zwerge ↑ Hertzsprung-Russell-Diagramm.

rotierendes Äquatorsystem ↑ Äquatorsysteme.

Die **Rotverschiebung** der Linien im Spektrum einer Lichtquelle ist ein Zeichen für die vom Beobachter weggerichtete Bewegung dieser Quelle. Die Spektrallinien sind gegenüber den Linien einer ruhenden Lichtquelle nach dem langwelligen (roten) Ende des Spektrums hin verschoben. Je größer der Betrag der Rotverschiebung ist, desto größer ist der Betrag der Geschwindigkeit. Man mißt den Betrag der Verschiebung durch das Verhältnis der Wellenlängenänderung $\Delta\lambda$ zur „unverschobenen" Wellenlänge λ_0 der gleichen Spektrallinie: $\Delta\lambda/\lambda_0 = v/c$, wobei v die Radialgeschwindigkeit der Lichtquelle und c die Lichtgeschwindigkeit bedeuten. (Wenn die Geschwindigkeit v größer wird als etwa $\frac{1}{3}$ der Lichtgeschwindigkeit, gelten andere, aus der ↑ Relativitätstheorie abgeleitete Formeln.) Rotverschiebungen können auch durch die Einwirkung starker Gravitationskräfte auf das Licht auftreten. In diesem Falle bedeuten sie einen Energieverlust, den das Licht beim Verlassen des Sterns erleidet. ↑ Tab. Hubbleeffekt.

RR-Lyrae-Sterne oder *Haufenveränderliche* sind eine Untergruppe der ↑ Veränderlichen, und zwar der ↑ Pulsationsveränderlichen. Sie gehören zu den Riesensternen, sind größer, heißer und leuchtkräftiger als die Sonne und erzeugen ihren Lichtwechsel durch Pulsation. Fast alle RR-Lyrae-Sterne haben eine mittlere absolute Helligkeit von +0,5 Größenklassen. Deshalb läßt sich die Entfernung eines solchen Objekts verhältnismäßig leicht durch eine Messung der mittleren scheinbaren Helligkeit über den ↑ Entfernungsmodul bestimmen. ↑ Perioden-Leuchtkraft-Beziehung (mit Abb.).

Ein **R-Stern** ist ein Stern der ↑ Spektralklasse R. In seinem Spektrum treten Banden des Cyans und des Kohlenmonoxids auf. R-Sterne zählen zu den ↑ *Kohlenstoff-Sternen.*

Als **Rücken** oder *Höhenrücken* bezeichnet man die in den ebenen Gebieten der Mondoberfläche häufig vorkommenden langgestreckten, flachen Hügel. Ihre Hangneigung beträgt nur 1°–3°; ihre Höhe einige hundert Meter. Die Rücken sind nur bei sehr flacher Beleuchtung zu sehen.

rückläufig: Gegenteil von ↑ rechtläufig.

ruhendes Äquatorsystem ↑ Äquatorsysteme.

Die **Rupes** [⟨lat.] ist die Bezeichnung für eine furchenförmige Oberflächenform auf der ↑ Mondoberfläche. Sie wird in Verbindung mit einem Eigennamen verwendet.

Henry Norris **Russell** [sprich: rasl], geb. 25. 10. 1877, gest. 18. 2. 1957, war ein Astronom aus den USA, der im Jahre 1913 unabhängig von E. ↑ Hertzsprung den Zusammenhang zwischen den absoluten Helligkeiten und den Spektralklassen der Sterne untersuchte. Von ihm stammt die erste graphische Darstellung dieses Zusammenhangs (↑ *Hertzsprung-Russell-Diagramm*).

S

S: Zeichen für ↑ Spiralnebel.
Die **Sagitta** [⟨lat.] ↑ Pfeil.
Der **Sagittarius** [⟨lat.] ↑ Schütze.
Der **Sagittariusarm** [s. o.; nach dem Sternbild Schütze] ist ein Spiralarm unseres ↑ Milchstraßensystems. Er verläuft innerhalb des ↑ Orionarms, dem die Sonne angehört. Seine Entfernung vom galaktischen Zentrum beträgt etwa 8,2 kpc.
Der **Salpeterprozeß** [⟨lat.] oder die *Heliumreaktion* ist eine ↑ Kernfusion im Innern der Sterne, bei der aus Helium schwerere Elemente aufgebaut werden:
$^{4}He + {}^{4}He \rightarrow {}^{8}Be + \text{Energie}$
$^{8}Be + {}^{8}Be \rightarrow {}^{12}C + \text{Energie}$.
Durch weitere Anlagerung von Helium-Kernen ergeben sich noch schwerere Kerne. Der Prozeß erfordert eine Temperatur von mindestens 100 Mill. K. Beim Salpeter-Prozeß werden bedeutende Energiemengen freigesetzt (je Kohlenstoffkern 7,3 MeV $= 1{,}2 \cdot 10^{-12}$ Nm), ↑ Energiefreisetzung.
Der **Saroszyklus** [⟨semit. + ⟨ griech.] ist eine Zeitspanne von 6585,3 Tagen, d. h. 18 Jahren 11,3 Tagen oder, je nach der Anzahl der eingeschlossenen Schaltjahre, 18 Jahren 10,3 Tagen. Nach dieser Zeit wiederholen sich die Sonnen- und Mondfinsternisse in nahezu gleicher Weise; man kann daher den Saroszyklus zur Vorhersage von Finsternissen verwenden. Er war schon im Altertum bekannt.
Der **Satellit** [⟨lat.] oder *Mond* ist ein kleiner (natürlicher oder künstlicher) Himmelskörper, der sich um einen Planeten bewegt. Im weiteren Sinne gehören also z.B. auch die Teilchen, die den ↑ Saturnring bilden, zu den Satelliten. Merkur und Venus haben keine natürlichen Satelliten. Die meisten Satelliten im Sonnensystem haben keine Atmosphären; von einigen ist bekannt, daß ihre Form stark von der Kugelgestalt abweicht. *Tab.* – Auch Raumflugkörper können auf eine Planetensatellitenbahn gebracht werden und so zu künstlichen Satelliten werden (auch der Erde). Auch Raumflugkörper auf einer Mondsatellitenbahn werden als (künstliche) Mondsatelliten bezeichnet, z.B. Luna 10 (UdSSR, 1966) oder Lunar Orbiter 1–5 (USA, 1966/67).
Der **Saturn** [⟨lat.] ist der zweitgrößte Planet des Sonnensystems. Er gehört zu den ↑ jupiterartigen Planeten. Maße und Daten ↑ Tab. Planeten.
Saturn hat von allen Planeten die kleinste Dichte und die größte Abplattung. Wie Jupiter besitzt er eine dichte Atmosphäre, in der Ammoniak (NH_3) und Methan (CH_4) nachweisbar sind. Auch in der streifigen Struktur der Wolken ähnelt er dem Jupiter. Die Temperatur an der Wolkenobergrenze beträgt rund −180 °C. Wahrscheinlich besitzt Saturn einen aus Silikaten bestehenden festen Kern, der von einem Mantel aus flüssigem, metallischem Wasserstoff umgeben wird. Die

Saturn mit seinen Ringen; fotografiert von Voyager 1 (November 1980) aus rund 18 Mill. km Entfernung

Saturnring: Ringsystem der unbeleuchteten (südlichen) Seite; fotografiert von Voyager 1 aus rund 717000 km Entfernung

Satellit: die natürlichen Satelliten der Planeten

Planet	Name des Satelliten	mittlere Entfernung vom Planeten in 1000 km	Umlaufzeit in Tagen	Durchmesser in km
Erde	Mond	384,4	27,32	3476
Mars	Phobos	9,4	0,32	19 bis 27
	Deimos	23,5	1,26	8 bis 15
Jupiter	XVI Metis	129	0,29	40
	XV Adrastea	129	0,30	25
	V Amalthea	183	0,50	240
	XIV Thebe	223	0,67	80
	I Io	422	1,77	3630
	II Europa	671	3,55	3120
	III Ganymed	1070	7,15	5280
	IV Kallisto	1880	16,7	4820
	VI Himalia	11470	251	170
	XIII Leda	11700	260	15
	X Lysithea	11710	260	20
	VII Elara	11740	260	80
	XII Ananke	20700	617[1]	20
	XI Carme	22350	692[1]	25
	VIII Pasiphae	23300	735[1]	40
	IX Sinope	23700	758[1]	30
	sowie weitere Kleinmonde			
Saturn	XV Atlas	137	0,60	40
	XI Epimetheus	151	0,69	140
	X Janus	151	0,69	220
	I Mimas	186	0,94	390
	II Enceladus	238	1,37	510
	III Tethys	295	1,89	1050
	XIII Telesto	295	1,89	30
	XIV Calypso	295	1,89	30
	IV Dione	377	2,74	1120
	XII Dione B	378	2,74	30
	V Rhea	527	4,52	1530
	VI Titan	1222	15,95	5150
	VII Hyperion	1481	21,28	410
	VIII Japetus	3562	79,33	1440
	IX Phöbe	12953	550,45[1]	200
	sowie weitere Kleinmonde			
Uranus	V Miranda	130	1,41	300
	I Ariel	191	2,52	800
	II Umbriel	266	4,14	550
	III Titania	436	8,71	1000
	IV Oberon	583	13,46	900
	sowie weitere Kleinmonde			
Neptun	Triton	354	5,88	4000
	Nereide	5570	359,4	300
Pluto	Charon	20	6,39	2000

Die Angaben der Durchmesser sind für die meisten Satelliten sehr unsicher.

[1] Bahnbewegung ist rückläufig

chemische Zusammensetzung des Saturn ist der des Jupiter und der der Sonne ähnlich; Wasserstoff und Helium überwiegen. Bisher wurde noch kein Magnetfeld nachgewiesen.
Der frei schwebende ↑ Saturnring ist möglicherweise aus dem Material eines Saturnmondes entstanden, außerdem besitzt Saturn mehr als 15 Monde (↑ Tab. Satelliten). Auf mehreren der Saturnmonde (Japetus, Rhea, Dione, Tethys) wurde Eis nachgewiesen; einige dieser Körper bestehen wahrscheinlich nur aus Wassereis und gefrorenem Methan. *Abb.*

Der **Saturnring** [s. o. + ⟨dt.], eigentlich ein System aus mehreren konzentrischen Ringen, umgibt den Planeten Saturn. Das System besteht aus 5 Ringen, die durch breite Zwischenräume getrennt sind. Insgesamt beträgt der Durchmesser 278000 km, die Dicke jedoch weniger als 1 km. Die Ringe bestehen aus kleineren und größeren Brocken von Gestein und Eis, die den Saturn umlaufen. Die Ringebene fällt mit der Äquatorebene des Saturn zusammen und ist gegen die Bahnebene des Planeten um 27° geneigt. Daher kann man von der Erde aus, je nach der Stellung des Saturn, schräg von oben oder von unten auf die Ringfläche sehen. Beim Blick auf die Ringkante ist das Gebilde nur in großen Fernrohren als schmaler Strich sichtbar.
Für die Entstehung des Ringsystems sind 2 Möglichkeiten denkbar: 1. Es handelt sich um Restmaterie von der Planetenmondbildung, die sich nicht zu einem Mond zusammenfügen konnte; 2. Es ist Materie eines durch die Gezeitenkräfte des Saturn zerrissenen Saturnmondes. Diese Möglichkeit ist die wahrscheinlichere. *Abb., Tab.*

SB: Zeichen für ↑ Balkenspiralen.

Ein **Schaltjahr** enthält, im Gegensatz zum normalen, dem *Gemeinjahr*, 366 Tage. Der eingeschobene Tag *(Schalttag)* ergibt sich aus der Tatsache, daß die Erde für einen Umlauf um die Sonne nicht genau 365, sondern rund 365,25 Tage benötigt. Die überzähligen Vierteltage ergeben in 4 Jahren jeweils einen vollen Tag. Da das tropische Jahr (↑ tropisch) nur 365,2422 Tage enthält, gilt weiterhin eine Schaltregel, die besagt, daß in 400 Jahren nur 97 Schaltjahre liegen dürfen. Praktisch bedeutet das, daß die Jahre mit vollen Hundertzahlen, die nicht durch 400 teilbar sind, Gemeinjahre sind (z. B. 1800, 1900, 2100). ↑ Kalender.

Schalttag ↑ Schaltjahr.

Die **Scheibe der Galaxis** (des Milchstraßensystems) enthält die Hauptmasse der Sterne und der ↑ interstellaren Materie. Sie umgibt den ↑ Kern der Galaxis und hat einen Durchmesser von rund 25 kpc. Innerhalb der Scheibe sind die hellen,

Saturnring-System

Name	Breite	Bemerkungen
E-Ring	90000 km	(Breite unsicher)
G-Ring	?	
F-Ring	2000 km	
A-Ring	18000 km	äußerster von der Erde aus sichtbarer Ring; durch die ↗ Enckesche Teilung nochmals unterteilt
Cassinische Teilung	3000 km	
B-Ring	29000 km	hellster und dichtester Ring
C-Ring	18000 km	auch *Florring* genannt; durchscheinend
(unbenannte Teilung)	4000 km	
D-Ring	7000 km	innerster Ring, hat sehr geringe Helligkeit und reicht wahrscheinlich bis zur Saturnoberfläche herab

heißen und jungen Sterne und die interstellare Materie in Spiralarmen konzentriert. ↑ Abb. Milchstraßensystem.

Die **scheinbare Helligkeit** ↑ Helligkeit.

Die **scheinbare Himmelskugel** ↑ Himmelskugel.

Der **Scheitelpunkt** ↑ Zenit.

Bei **Schemacha**, 160 km westlich von Baku (Aserbaidshan, UdSSR), befindet sich das Astrophysikalische Observatorium der Akademie der Wissenschaften der Aserbaidshanischen SSR. Das Hauptinstrument dieser Sternwarte ist ein 2-m-Spiegelteleskop, das u. a. als ↑ Cassegrainteleskop und als ↑ Coudételeskop eingesetzt wird.

Als **Schiefe der Ekliptik** [⟨dt. bzw. ⟨griech.] bezeichnet man die Neigung der Ebene der Ekliptik gegen die Äquatorebene. Sie ist gleich der Neigung der Erdachse gegen eine Senkrechte zur Erdbahnebene und beträgt gegenwärtig 23°26′. Wegen der Veränderungen, die die Lage der Erdachse durch ↑ Präzession und ↑ Nutation erfährt, bleibt die Schiefe der Ekliptik nicht konstant, sondern schwankt zwischen 21°55′ und 24°18′. ↑ Abb. Ekliptik.

Der **Schiefspiegler** ist ein vorwiegend von Amateurastronomen verwendeter Fernrohrtyp. Er ähnelt dem ↑ Cassegrainteleskop, jedoch ist der Hauptspiegel gegen die Senkrechte zur optischen Achse geneigt. Der Hilfsspiegel befindet sich neben der optischen Achse und reflektiert das Licht in das neben dem Hauptspiegel angebrachte Okular. Der Strahlengang nimmt dadurch die Form eines langgestreckten Z an. Bildfehler, die durch die Neigung des Hauptspiegels entstehen, werden durch eine Korrektionslinse ausgeglichen.

Schiff Argo ↑ Argo.

Schiffskiel, auch *Kiel*, oder lat. *Carina* (Genitiv *Carinae*), Abk. *Car*, heißt ein ausgedehntes Sternbild am Südhimmel, das in Mitteleuropa unsichtbar bleibt. Sein Hauptstern ist ↑ Kanopus.

Schiffskompaß ↑ Kompaß.

Schiffsegel ↑ Segel.

Das **Schild**, früher auch *Schild des Sobieski*, lat. *Scutum* (Genitiv *Scuti*), Abk. *Sct*, heißt ein kleines, ausdrucksloses Sternbild am Südhimmel in Äquatornähe zwischen Adler, Schlange und Schütze. Es liegt in der Milchstraße und enthält eine helle Sternwolke *(Schildwolke)*, die bereits im Feldstecher gut beobachtbar ist.

Schlange oder lat. *Serpens* (Genitiv *Serpentis*), Abk. *Ser*, heißt ein Sternbild beiderseits des Äquators. Es kulminiert im Mai und im Juni um Mitternacht. Das Sternbild wird durch den ↑ Schlangenträger in 2 Teile geteilt, die die Bezeichnungen *Caput* (Kopf) und *Cauda* (Schwanz) tragen.

Schlangenträger oder lat. *Ophiuchus*, (Genitiv *Ophiuchi*), Abk. *Oph*, heißt ein Sternbild beiderseits des Äquators. Es kulminiert Anfang Juni gegen Mitternacht. Es zerteilt das Sternbild ↑ Schlange.

Durch den Schlangenträger verläuft ein Stück der Ekliptik; dennoch zählt er nicht zu den Tierkreissternbildern.

Bernhard **Schmidt**, geb. 30. 3. 1897, gest. 1. 12. 1935, war ein estnischer Physiker und Optiker. Er baute den nach ihm benannten ↑ Schmidtspiegel.

Der **Schmidtspiegel** oder das *Schmidtteleskop* [nach B. ↑ Schmidt] ist ein Spiegelteleskop, das sich durch hohe Abbildungsgüte, großes Gesichtsfeld und große Lichtstärke auszeichnet. Als Objektiv findet ein kugelförmig gekrümmter Hohlspiegel Verwendung, dessen ↑ Abbildungsfehler durch eine Korrektionslinse (Korrektionsplatte) ausgeglichen werden. Die Bildfläche ist gewölbt; eine entsprechende Wölbung erhalten auch die Fotoplatten in Spezialkassetten. Der größte Schmidtspiegel der Welt befindet sich im Karl-Schwarzschild-Observatorium des Zentralinstituts für Astrophysik in Tautenburg bei Jena. Sein Spiegel hat 2 m, die Korrektionsplatte 1,34 m Durchmesser. *Abb.*

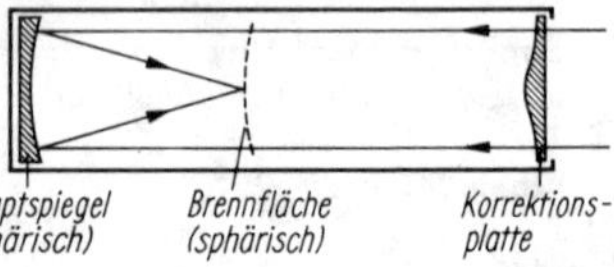

Schmidtspiegel: Bauschema mit Strahlengang

Schnelläufer heißen die Sterne, deren

Raumgeschwindigkeit im Milchstraßensystem im Vergleich mit der Sonne sehr hoch ist. Vermutlich gehören diese Sterne physikalisch zusammen. Sie bewegen sich vorwiegend entgegengesetzt zur Umlaufrichtung der Sonne um das galaktische Zentrum, bleiben also eigentlich gegenüber der Sonne zurück, und besitzen stark exzentrische, gegen die galaktische Ebene geneigte Bahnen.
Das **Schulfernrohr** ist ein kleines bis mittelgroßes, meist transportables ↑ Fernrohr zum Gebrauch im Unterricht und in schulischen Arbeitsgemeinschaften. *Abb.*
Die **Schulsternwarte** ist eine speziell für den Unterricht und die Tätigkeit außerunterrichtlicher Schülerarbeitsgemeinschaften ausgerüstete ↑ Sternwarte. In manchen Orten ist sie mit einem *Kleinplanetarium* verbunden. Große Schulsternwarten führen auch Beobachtungsaufträge wissenschaftlicher Forschungseinrichtungen aus. *Abb.*
Schütze oder lat. *Sagittarius* (Genitiv *Sagittarii*), Abk. *Sgr*, heißt ein Sternbild des Tierkreises am Südhimmel. Es kulminiert Anfang Juli um Mitternacht, kommt aber in Mitteleuropa nur zum Teil über den Horizont. Durch das Sternbild verläuft die Milchstraße. Die Radioquelle *Sagittarius A* markiert die Richtung zum Kern des Milchstraßensystems.

Schulfernrohr

Samuel Heinrich **Schwabe,** geb. 25. 10. 1789, gest. 11. 4. 1875, war ein deutscher Apotheker und Liebhaberastronom in Dessau. Er entdeckte 1843 den periodischen Wechsel in der Häufigkeit der ↑ Sonnenflecken.
Schwan oder lat. *Cygnus* (Genitiv *Cygni*),

Schulsternwarte „Johannes Franz" in Bautzen

Abk. *Cyg*, heißt ein Sternbild des Nordhimmels, das in Mitteleuropa teilweise zirkumpolar ist. Sein Hauptstern ↑ Deneb ist der nördlichste Stern des ↑ Sommerdreiecks. Durch den Schwan zieht sich die Milchstraße; sie teilt sich hier in 2 parallele Züge. Dazwischen liegt eine bereits mit dem Feldstecher sichtbare Dunkelwolke, der nördliche Kohlensack. Der Doppelstern ↑ Albireo und der ↑ Nordamerikanebel sind weitere Objekte im Schwan, die bereits mit dem Feldstecher beobachtet werden können.

Als **schwarzer Körper**, auch *schwarzer Strahler* oder *Hohlraumstrahler*, wird in der Physik ein gedachter (idealer) Körper bezeichnet, der imstande ist, die gesamte auf ihn fallende Strahlung (Licht, Wärme) vollständig zu absorbieren (zu verschlucken, d. h. nichts zu reflektieren). Ein erwärmter schwarzer Körper strahlt mehr Energie ab als jeder andere auf der gleichen Temperatur befindliche Körper. In Natur und Technik werden die Eigenschaften schwarzer Körper nur angenähert erreicht.

Als **Schwarzer Zwerg** wird ein Himmelskörper bezeichnet, in welchem infolge seiner geringen Masse (unter 0,08 Sonnenmassen) nicht die für einen Stern typischen ↑ Energiefreisetzungsprozesse anlaufen konnten. Die durch die Kontraktion im Stadium des ↑ Protosterns bewirkte Temperaturerhöhung der zentralen Gebiete reicht in diesem Falle nicht aus, um die Kernfusion einzuleiten. Da keine Kernenergie zur Verfügung steht, kann ein Schwarzer Zwerg seine Ausstrahlung nur durch seinen Wärmeinhalt ausgleichen und muß dann allmählich auskühlen. In den äußeren Schichten verflüssigt sich die Materie.

Als **schwarzes Loch** bezeichnet man ein Endstadium der ↑ Sternentwicklung. Die Sterne geben im Laufe ihrer Entwicklung auf verschiedene Weise Masse ab. Wenn in einem massereichen Stern, der trotz solcher Masseabgabe noch mehr als 2 Sonnenmassen enthält, alle atomaren Energiequellen erschöpft sind, tritt ein ↑ Gravitationskollaps ein. Der Stern fällt in sich zusammen und erreicht eine unvorstellbar hohe Dichte. Für jeden Stern existiert ein *Gravitationsradius* (↑ Schwarzschild-Radius); er beträgt für Sterne von 2 Sonnenmassen nur 5,9 km. Erreicht ein zum Sternzentrum stürzendes, Strahlung aussendendes Teilchen diesen Radius, so wird die Energie der ausgestrahlten Photonen unendlich klein. Ein äußerer Beobachter kann daher keinerlei Nachricht aus dem Inneren eines Schwarzen Loches empfangen; alle Ereignisse jenseits dieser Grenze sind für ihn prinzipiell nicht wahrnehmbar.

Schwarze Löcher saugen sowohl Masse als auch Strahlung in sich ein. Sie sind weder durch optische noch durch Radiosignale zu bemerken. Lediglich die Gravitationswirkung kann noch festgestellt werden; auf dieser Grundlage wird auch gegenwärtig versucht, schwarze Löcher nachzuweisen.

Karl **Schwarzschild**, geb. 9. 10. 1873, gest. 11. 5. 1916, war ein deutscher Astrophysiker, seit 1909 Direktor des Astrophysikalischen Instituts in Potsdam. Er arbeitete auf fast allen Gebieten der Astronomie und konstruierte ein nach ihm benanntes Spiegelteleskop. Nach ihm wurde die Sternwarte in Tautenburg bei Jena (DDR) benannt.

Als **Schwarzschild-Effekt** [benannt nach K. ↑ Schwarzschild] bezeichnet man die Erscheinung, daß beim Belichten einer fotografischen Schicht durch eine hohe Lichtintensität, die über eine kürzere Zeit einwirkt, eine stärkere Schwärzung bewirkt wird als durch eine längere Zeit einwirkende geringe Lichtintensität. Das gilt auch dann, wenn die Produkte aus Lichtintensität und Zeit gleich sind. Der Schwarzschild-Effekt wirkt sich so aus, daß bei längeren Belichtungszeiten die Empfindlichkeit der fotografischen Schicht scheinbar abnimmt.

Der **Schwarzschild-Radius** [benannt nach K. ↑ Schwarzschild] ist der Radius eines sehr dichten Körpers, an dessen Oberfläche die ↑ Entweichgeschwindigkeit gleich der ↑ Lichtgeschwindigkeit ist. Körper, deren Radius gleich oder kleiner als der Schwarzschild-Radius ist, werden als ↑ schwarze Löcher bezeichnet.

Der **Schweif** ↑ Komet.

Der **Schwertfisch** ↑ Goldfisch.

Der **Scorpius** [⟨lat.] ↑ Skorpion.

Der **Sculptor** [⟨lat.] ↑ Bildhauer.

Das **Scutum** [⟨lat.] ↑ Schild.

Das **Seeing** [sprich: ßihing; ⟨engl.] ist eine in der englischsprachigen Literatur übliche und in die Fachsprache übernommene Bezeichnung für die Luftunruhe der Erdatmosphäre.

Segel auch *Schiffssegel* oder lat. *Vela* (Genitiv *Velorum*), Abk. *Vel*, heißt ein Sternbild des Südhimmels, das in Mitteleuropa ständig unter dem Horizont bleibt.

Das **Sehfeld** ↑ Gesichtsfeld.

Die **Sekundärstrahlung** ↑ kosmische Strahlung.

Die **Selenographie** [⟨griech.] ist ein Teilgebiet der Astronomie. Sie beschreibt die Gebilde der Mondoberfläche und erarbeitet dafür Kartenmaterial.

Serpens [⟨lat.] ↑ Schlange.

SETI [Abk. für *S*earch for *E*xtraterrestrial *I*ntelligences, engl.; „Suche nach außerirdischen Intelligenzen"] ist ein Sammelbegriff für die Suche nach Anzeichen von intelligentem ↑ Leben auf anderen Himmelskörpern. Diese Suche ist ebenso wie die früheren, anspruchsvolleren Bemühungen um eine Kontaktaufnahme mit vermuteten intelligenten Lebewesen (↑ CETI) jedoch bislang erfolglos geblieben. Seit 1960 wird nach Radiosignalen außerirdischer Zivilisationen geforscht. Auch die Untersuchungen am Mondgestein, an Bodenproben vom Mars und von der Venus sowie an Meteoriten haben keine Spuren von Lebewesen ergeben. Die Internationale Astronomische Union unterhält seit 1982 eine Kommission, die die Suche nach außerirdischem Leben weltweit koordiniert. ↑ Ozma.

Selentschukskaja: Kuppelgebäude des 6-m-Spiegelteleskops

Bei **Selentschukskaja** (Kaukasus, UdSSR) befindet sich auf dem Berg Pastuchow in 2070 m Höhe das größte ↑ Fernrohr der Welt. Es ist ein Spiegelteleskop mit einem Hauptspiegeldurchmesser von 6 m und gehört zum Astronomischen Spezialobservatorium der Akademie der Wissenschaften der UdSSR. Das Observatorium besitzt auch ein 600-m-Radioteleskop. *Abb.*

Sextant [⟨lat.] oder *Sextans* (lat. Genitiv *Sextantis*), Abk. *Sex*, heißt ein unscheinbares Sternbild am Himmelsäquator, zwischen Löwe und Wasserschlange gelegen. Es kulminiert Ende Februar um Mitternacht.

Seyfert-Galaxien heißen Sternsysteme

mit aktiven Kernen, die von expandierenden und stark bewegten Gashüllen umgeben sind. Ihre Kerne sind auffallend klein, aber sehr hell. Die aus den Kernen ausgeschleuderten Materiewolken haben Geschwindigkeiten zwischen 500 und mehr als 4000 km/s. Von einigen Seyfert-Galaxien konnte auch Röntgen- und Radiostrahlung empfangen werden. Wahrscheinlich stellen die Seyfert-Galaxien einen Übergangstyp zwischen normalen Galaxien und ↑ Quasaren dar.

Das **sichtbare Licht** ↑ elektromagnetische Wellen.

siderisch [⟨lat.]: auf einen Stern bezogen. Das *siderische Jahr* ist die Zeit, die die Erde für einen Umlauf um die Sonne bzw. die Zeit, die die Sonne für einen Umlauf um die Ekliptik an der scheinbaren Himmelskugel benötigt. Es dauert 365 Tage 6 h 9 min 9 s. Der *siderische Monat* ist die Zeitspanne, in der der Mond einen Umlauf um die Erde (auf einen bestimmten Stern bezogen) vollführt. Er dauert 27 Tage 7 h 43 min 12 s. Der *siderische Tag (Sterntag),* eine Umdrehung der Erde (auf den Sternhimmel bezogen), währt 23 h 56 min 4 s.

Das **Siebengestirn** ↑ Plejaden.

Silla (Sternwarte) ↑ La Silla

Simeis (Krim, UdSSR) ↑ Krim-Observatorium.

Die *kosmische* oder *kosmologische* **Singularität** [⟨lat.] oder der *Urknall,* engl. *big bang* genannt, ist der mutmaßliche Anfangszustand des gegenwärtigen Weltalls. Aus der ↑ Expansion des überschaubaren Teils des Weltalls, der ↑ Drei-Kelvin-Strahlung und anderen Beobachtungstatsachen ist abzuleiten, daß sich vor 15 bis 20 Md. Jahren die gesamte Materie im Weltall in einem Zustand unendlich großer Dichte befunden hat. Sie lag im wesentlichen als heiße Strahlung vor; allerdings können die Vorgänge in der Singularität und unmittelbar danach mit den heute bekannten Naturgesetzen nicht beschrieben werden. Hierzu fehlen noch viele Voraussetzungen.

Die auf die Singularität folgenden Ereignisse in der frühen Entwicklung des Weltalls lassen sich in 4 unterschiedliche Zeitabschnitte gliedern, die als Hadronenära, Leptonenära, Strahlungsära und Sternära bezeichnet werden. Die Sternära dauert gegenwärtig an.

Über den Zustand des Weltalls vor der Singularität gibt es gegenwärtig keine Kenntnisse. Es ist auch noch ungeklärt, ob die Singularität ein einmaliges Ereignis in der Entwicklungsgeschichte des Weltalls war oder ob sie mehrfach – z. B. in einem pulsierenden Weltall – auftreten kann.

Man nimmt an, daß kurz nach der Singularität der gesamte Wasserstoff und ein wesentlicher Teil des heute im Weltall existierenden Heliums entstand. (Die schwereren Elemente wurden erst später bei Kernreaktionen im Innern von Sternen gebildet und entstehen noch heute durch diese Prozesse.) Aus Wasserstoff und Helium bestanden folglich die großen „Materieklumpen", aus denen sich die Galaxien entwickelten. ↑ Elementenentstehung, ↑ Sternentstehung.

Der **Sinope** heißt ein Mond des Jupiter. ↑ Tab. Satelliten.

Der **Sinus** [⟨lat.] ist die Bezeichnung für eine Oberflächenform (die Ausbuchtung einer Ebene, die an eine gebirgige Landschaft grenzt) auf dem Mond und auf dem Mars. Diese Bezeichnung wird in Verbindung mit einem Eigennamen verwendet; z. B. Sinus Medii (auf dem Mond).

Der **Sirius** [⟨lat. ⟨griech.] oder auch *Hundsstern*, Kurzzeichen *α CMa*, ist der Hauptstern des Sternbildes ↑ Großer Hund. Er gehört zum ↑ Wintersechseck. Sirius leuchtet weiß; er ist der hellste des ganzen Himmels; seine scheinbare Helligkeit beträgt −1,4 Größenklassen. Da Sirius sich in Mitteleuropa nicht höher als etwa 25° über den Horizont erhebt, erscheint sein Licht infolge der unterschiedlich stark brechenden Wirkung einzelner Luftschlieren in der Erdatmosphäre in wechselnden Farben. Sirius ist ein Doppelstern, der Begleiter – ein Weißer Zwerg – umläuft den Hauptstern einmal in 50 Jahren. ↑ Kanopus, ↑ Wega.

Der **Skorpion** [⟨lat. ⟨griech.] oder lat. *Scorpius* (Genitiv *Scorpii*), Abk. *Sco*, heißt ein großes Sternbild am Südhimmel mit auffälligen, hellen Sternen. Es gehört zum ↑ Tierkreis und liegt innerhalb des

Milchstraßenbandes. Ein Teil kann Ende Mai und Anfang Juni gegen Mitternacht auch von Mitteleuropa aus beobachtet werden. Der Hauptstern des Skorpions heißt ↑ Antares.

solar [⟨lat.]: auf die Sonne bezogen, zu ihr gehörend oder von ihr stammend. – Die *solare Radiostrahlung* ist die von der Sonne stammende Radiofrequenzstrahlung.

Die **Solarkonstante** [s. o. + ⟨lat.; Konstante: „fester Wert"] ist eine Zahl, die angibt, wie groß die der Erde von der Sonne zugestrahlte Leistung je Quadratmeter Empfängerfläche ist. Dabei wird angenommen, die Sonne befände sich in durchschnittlicher Entfernung von der Erde (= 1 AE), und die Sonnenstrahlen können ungehindert die Erdatmosphäre durchdringen. In diesem Falle betrüge die Solarkonstante 1,4 kW/m^2.

wirkte nahezu gleichmäßige Abstand der Erde von der Sonne, ferner die Licht- und Wärmestrahlung, die u. a. Vorgänge in der Atmosphäre und die Lebensprozesse auf der Erde in Gang hält. ↑ Ionosphärenstörungen, ↑ Polarlichter und ↑ magnetische Stürme zählen zu den solar-terrestrischen Erscheinungen. Die Einwirkungen dieser Erscheinungen auf die Lebensprozesse werden von der ↑ Heliobiologie untersucht.

Das **Solstitium** [⟨lat.] ↑ Sonnenwende.

Sommerdreieck nennt man die von den hellsten Sternen der Sternbilder Schwan (↑ *Deneb*), Leier (↑ *Wega*) und Adler (↑ *Atair*) gebildete Figur eines großen, nahezu gleichschenkligen Dreiecks. Es kulminiert in der zweiten Julihälfte gegen Mitternacht, ist aber am Abendhimmel bis in den Spätherbst hinein zu sehen. *Abb.*

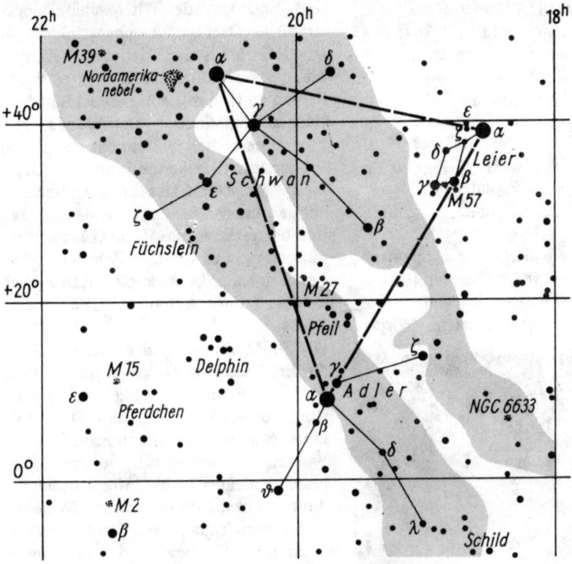

Sommerdreieck

Als **solar-terrestrische Erscheinungen** [s. o. bzw. ⟨lat. bzw. ⟨dt.] werden Erscheinungen und Vorgänge auf der Erde und im erdnahen Raum zusammengefaßt, die ihren Ursprung in Wirkungen der Sonne und ihrer Strahlung haben. Dazu zählen die Gravitation und der dadurch be-

Sommerzeit ↑ Zonenzeit.

Die **Sonne** ist eine selbstleuchtende Gaskugel hoher Temperatur (↑ Stern); sie ist der Zentralkörper des ↑ Sonnensystems. Da die Sonne nur 1 AE von der Erde entfernt ist, können in ihren oberflächennahen Schichten Erscheinungen und Vorgänge untersucht werden, die an keinem anderen Stern direkt beobachtbar sind. *Tab.*

Sonne: wichtige Daten

Radius: 696000 km = 109 Erdradien
Masse[1]: 1,99 · 10^{30} kg = 333000 Erdmassen
mittlere Dichte: 1,41 g/cm^3
Leuchtkraft: 3,8 · 10^{23} kW = 1 L_s (= Strahlungsleistung)
effektive Temperatur: 5770 K
Rotationsdauer: 25 bis 31 Tage
mittlere Entfernung Sonne–Erde: 149,6 Mill. km = 1 AE (↗ Erde Tab. 2)
Schwerebeschleunigung an der Oberfläche: 274 m/s^2
Neigung des Äquators gegen Ekliptik: 7°15′
scheinbare Helligkeit: $26^m,86$
absolute Helligkeit: $4^m,7$
mittlerer scheinbarer Radius: 0,267°
Strahlungsleistung je Quadratmeter Oberfläche: 63000 kW
Entweichgeschwindigkeit an der Oberfläche: 618 km/s

[1] Die Sonnenmasse wird als Einheit für die Sternmassen verwendet

Die Sonne ist ein Stern der ↑ Spektralklasse G2 und gehört zur Hauptreihe des ↑ Hertzsprung-Russell-Diagramms. Sie dreht sich nicht wie ein starrer Körper um ihre Achse, sondern am Äquator schneller als in höheren (heliographischen) Breiten; daraus ergeben sich Rotationsdauern von 25 bis 31 Tagen. Auch in den verschiedenen Schichten der Photosphäre ist die Rotationsdauer unterschiedlich. Außerdem wurde eine schwache Pulsation der Sonne festgestellt, bei der der Sonnenradius mit einer Periode von 2 h 40 min um mehrere km schwankt.

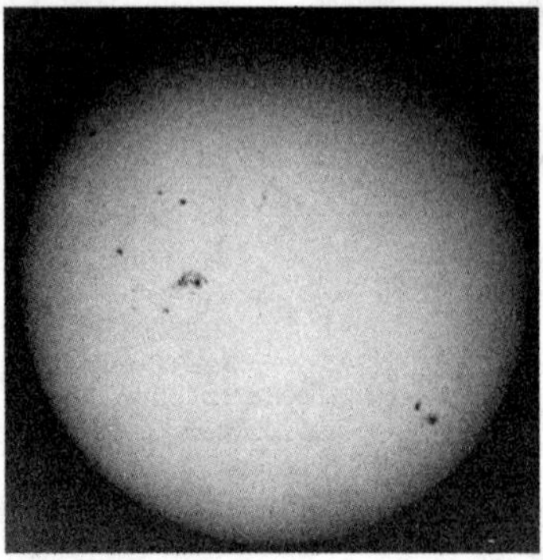

Sonne mit Sonnenflecken

Im Zentralgebiet der Sonne wird bei Temperaturen um 15 Mill. K und bei einem Druck von mehreren 10 Mill. Gigapascal (10^{16} Pa) Atomkernenergie in Sonnenenergie umgewandelt. Diese ↑ Energiefreisetzung läuft vor allem in Form der ↑ Proton-Proton-Reaktion ab. Die Sonnenenergie wird dann durch das Sonneninnere sowie die ↑ Wasserstoff-Konvektionszone nach außen transportiert und von der Photosphäre abgestrahlt. – Die ↑ Photosphäre bildet mit der ↑ Chromosphäre und der ↑ Korona die Sonnenatmosphäre. In diesen Schichten sind mit einer etwa 11jährigen Häufigkeitsperiode verschiedene Erscheinungen der ↑ Sonnenaktivität zu beobachten. Die Sonne besitzt ein *allgemeines Magnetfeld*, dessen Induktion nur einige Zehntausendstel Tesla beträgt, und begrenzte *lokale Magnetfelder* mit Induktionen um einige Zehntel Tesla. Diese lokalen Magnetfelder sind auch Zentren der Aktivitätserscheinungen. *2 Abb.*

Die *Strahlungsleistung* der Sonne ist – für die Erde betrachtet – gewaltig. Der Erde wird je Quadratmeter Fläche eine Leistung von 1,4 kW zugestrahlt. Die Strahlung setzt sich aus elektromagnetischen Wellen (Röntgen-, ultraviolette Strahlung, sichtbares Licht, Infrarot- und Radiofrequenzstrahlung) und aus einer Teilchenstrahlung, dem ↑ Sonnenwind, zusammen. Sie bewirkt die Erwärmung der Erde und darüber hinaus verschiedene Vorgänge und Erscheinungen, die als ↑ solar-terrestrische Erscheinungen bezeichnet werden.

Die *scheinbaren Bewegungen* der Sonne, von der Erde aus gesehen, sind eine durch die Erdrotation bewirkte tägliche Bewegung von Ost nach West und eine

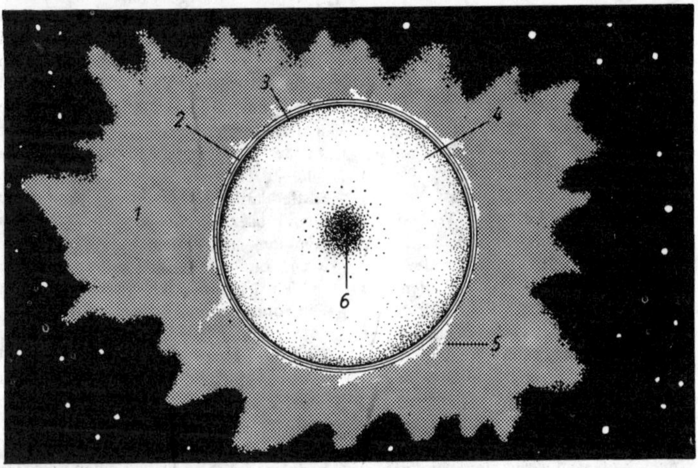

Aufbau der Sonne
1 Korona, 2 Chromosphäre, 3 Photosphäre, 4 Wasserstoff-Konvektionszone, 5 Protuberanzen, 6 Zentralregion

durch den Umlauf der Erde verursachte jährliche Bewegung durch die Ekliptik.

In **Sonneberg** am Südhang des Thüringer Waldes (DDR) befindet sich die Sternwarte des Zentralinstituts für Astrophysik der Akademie der Wissenschaften der DDR. Sie ging aus einer von dem Astronomen C. Hoffmeister (1892–1968) als Privatsternwarte gegründeten Einrichtung hervor und ist besonders durch ihr umfangreiches Plattenarchiv der fotografischen ↑ Himmelsüberwachung bekannt geworden.

Die **Sonnenaktivität** ist ein Sammelbegriff für eine Reihe veränderlicher und nur vorübergehend auftretender Erscheinungen auf und in der Sonne. Sie zeigen sämtlich eine Häufigkeitsperiode von etwa 11 Jahren. Es handelt sich um ↑ Sonnenflecken, ↑ Fackeln, ↑ Protuberanzen, ↑ Filamente, ↑ chromosphärische Eruptionen, Veränderungen im Aussehen der ↑ Korona und Störungen in der Radiostrahlung der Sonne, die bis zu ↑ Radiostürmen anwachsen können. Auch der ↑ Sonnenwind weist solche Störungen und Ausbrüche auf.

Die Erscheinungen der Sonnenaktivität sind eng an Magnetfelder gebunden, die auslösend und steuernd wirken. Daher treten viele Erscheinungen oft auch in räumlicher Nachbarschaft auf; dieses betrifft besonders Flecken, Fackeln und Protuberanzen.

Instrumente zur **Sonnenbeobachtung** ↑ astronomische Beobachtungsinstrumente.

Die **Sonnenfackel** ↑ Fackel.

Die **Sonnenfinsternis** ↑ Finsternis 1.

Ein **Sonnenfleck**, eine Erscheinung der ↑ Sonnenaktivität, ist ein Gebiet der ↑ Photosphäre, das sich dunkel von seiner Umgebung abhebt. Es ist ein Zeichen für ein Magnetfeld an einer bestimmten Stelle der Photosphäre. In den Flecken ist die Temperatur um 1000 bis 2000 K niedriger als in der ungestörten Photosphäre, auch der Druck und die Dichte sind niedriger. Größere Sonnenflecken weisen einen dunklen Kern (die Umbra) auf, der von einem etwas helleren Hof (der Penumbra) umgeben wird.

Sonnenflecken treten in einem etwa 11jährigen Rhythmus gehäuft auf; man spricht dann von einem *Sonnenfleckenmaximum.* Die Häufigkeit wird durch ein statistisches Maß, die ↑ *Relativzahl,* erfaßt. Sonnenflecken erscheinen meist gruppenweise, ihre Lebensdauer liegt zwischen wenigen Tagen und mehreren Monaten. ↑ Fackel, ↑ Abb. Photosphäre, ↑ Abb. Relativzahl.

Ein **Sonnenjahr** ist der Zeitraum, den die Erde für einen vollen Umlauf um die Sonne benötigt. ↑ Kalender.

Die **Sonnenkorona** ↑ Korona.

Die **Sonnenparallaxe** ist der Winkel, unter dem – vom Sonnenmittelpunkt aus gesehen – der Äquatorradius der Erde erscheint. Er beträgt 8,8″ und dient zur genauen Bestimmung der ↑ astronomischen Einheit. Die Sonnenparallaxe kann nur auf indirektem Wege, u. a. mittels des ↑ Radio-Echo-Verfahrens, bestimmt werden. ↑ Parallaxe.

Das **Sonnensystem** umfaßt außer der Sonne und dem Planetensystem eine Reihe weiterer Untersysteme, in denen sich Körper gleichartiger Beschaffenheit und gleichartiger Bahnverhältnisse vereinigen. Zum Sonnensystem gehören alle Himmelskörper, die durch die Massenanziehung an die Sonne gebunden sind. Es wird von Gravitations-, Strahlungs- und Magnetfeldern durchsetzt. – *Tab.* – Das Sonnensystem ist ein winziges Gebiet des ↑ Milchstraßensystems.

Sonnentag ↑ Tag.

Die **Sonnenuhr** zeigt die wahre ↑ Sonnenzeit durch den Schatten eines Gegenstandes, meistens eines Stabes, an. Er fällt auf eine in Stunden geteilte Skale (Zifferblatt). Das Zifferblatt kann horizontal oder vertikal oder parallel zur Äquatorebene gerichtet sein. Es gibt auch Sonnenuhren mit gewölbtem Zifferblatt. ↑ Gnomonik. – *Abb.*

Die **Sonnenwende** oder das *Solstitium* ist der Zeitpunkt, in dem die Sonne während ihrer scheinbaren jährlichen Bewegung den größten Abstand vom Himmelsäquator erreicht. Zur Sommer-Sonnenwende (Sommersanfang; um den 21. Juni) steht sie dem Nordpol des Himmels am nächsten; dann sind auf der Nordhalbkugel der Erde die Tage am längsten. Zur Winter-Sonnenwende (Wintersanfang; um den 21. Dezember) hat die Sonne den größten südlichen Abstand vom Himmelsäquator. In den Sonnenwenden *wendet* sich die scheinbare

Sonnensystem

Untersystem	Anzahl der Elemente des Untersystems	Gesamtmasse in Erdmassen	Durchmesser in km	Aufbau
Sonne	1	333000	1392000	Gaskugel
Planeten	9	448	zwischen 4000 und 143650	unterschiedlich
Monde (Satelliten)	über 40	0,12	zwischen etwa 10 und 5280	unterschiedlich
Planetoiden	etwa 10^5	0,1	zwischen rund 1 und 1020	kompakt (Gestein)
Kometen	10^7 bis 10^{11}	etwa 0,1	Kerne: zwischen rund 1 und rund 100	in gefrorene Gase eingelagertes Gestein
Meteorite	?	10^{-6}?	unterschiedlich	kompakt (Gestein, Eisen, Nickel)
Staub	Mikrometeorite (Durchmesser geringer als 0,1 mm)			
Gas	Protonen, Elektronen, Heliumkerne aus der äußeren Sonnenatmosphäre (sehr geringe Dichte)			
Felder	Gravitationsfelder (z.B. die Schwerefelder der Sonne und der Planeten); Strahlungsfelder (z.B. das Feld der elektromagnetischen Strahlung der Sonne); Magnetfelder (z.B. die Magnetfelder der Erde und des Jupiter)			

Sonnenuhr am Dom zu Bautzen

Jahresbewegung der Sonne dem Himmelsäquator zu.

Als **Sonnenwind** oder *interplanetares Gas* bezeichnet man eine von der Sonne nach allen Richtungen in den Raum ausgehende Teilchenstrahlung, der vorwiegend aus Protonen und Elektronen und einem Anteil von einigen Prozent Heliumkernen besteht. In Erdnähe beträgt die Teilchendichte im Mittel etwa 5 Protonen/cm^3. Der Sonnenwind bewegt sich mit mittleren Geschwindigkeiten um 500 km/s. Er entstammt der Sonnenkorona.

Der Sonnenwind strömt ständig durch das Sonnensystem, aber nicht gleichmäßig, sondern mit beträchtlichen Dichte- und Geschwindigkeitsschwankungen. Er trägt Magnetfelder von der Sonne in den interplanetaren Raum. Eine wichtige Wirkung des Sonnenwindes ist die Verformung der irdischen ↑ Magnetosphäre. Auch die Schweifbildung bei ↑ Kometen geht größtenteils auf die Wirkung des Sonnenwindes zurück.

Die **Sonnenzeit** ist ein durch Sonnentage gemessenes Zeitmaß. Sonnenuhren geben *wahre Sonnenzeit* (wahre Ortszeit) an, das ist der um 12 Stunden vermehrte Stundenwinkel der Sonne. Die wahre Sonnenzeit ist jedoch kein streng gleichförmiges Zeitmaß, deshalb wird im allgemeinen die an der (gedachten) ↑ mittleren Sonne gemessene *mittlere Sonnenzeit* benutzt. Die Differenz *wahre minus mittlere Sonnenzeit* ist die ↑ Zeitgleichung.

Die **Speckle-Interferometrie** [sprich: spekl-; „Fleckchen"] ist eine Beobachtungsmethode zur Verbesserung des Auflösungsvermögens von Fernrohren. Dabei wird das durch die ↑ Szintillation beeinträchtigte Beugungsbild des Sterns mit relativ kurzen Belichtungszeiten mehrmals fotografiert, und die Einzelbilder werden mit Hilfe von Laserlicht oder punktweise durch einen Computer zu einem Gesamtbild kombiniert. Auf diesem Wege lassen sich sehr enge ↑ Doppelsterne in ihre Komponenten auflösen und Einzelheiten auf den Oberflächen großer, relativ naher Sterne erkennen.

Die **Spektralanalyse** [⟨lat. + ⟨griech.] ermittelt den physikalischen Zustand und die chemische Zusammensetzung der Stoffe. Sie untersucht dabei die Zusammensetzung des Lichtes bzw. anderer ↑ elektromagnetischer Wellen, die von diesen Stoffen ausgesandt werden. Der Energieverlauf im kontinuierlichen Spektrum und die Lage, die Stärke und die Konturen der Spektrallinien erlauben Rückschlüsse auf die physikalischen Verhältnisse und das Vorhandensein bzw. die Häufigkeit der chemischen Elemente und ihrer Verbindungen.

Die Stärke der Spektrallinien ist durch die Zahl der betreffenden Atome, die Temperatur und die Dichte des leuchtenden oder absorbierenden Stoffes bestimmt. Eine mengenmäßige (quantitative) Spektralanalyse ist daher sehr kompliziert und setzt weitergehende Kenntnisse über das beobachtete Objekt voraus. ↑ Spektrum.

Die **Spektralfotometrie** [s. o. + ⟨griech.] untersucht die Energieverteilung im Spektrum einer Lichtquelle, stellt also fest, wie hell die einzelnen Farbbereiche des Spektrums strahlen. Daraus kann z. B. auf die effektive ↑ Temperatur des Sterns geschlossen werden.

Die **Spektralklasse** [s. o. + ⟨lat.] oder der *Spektraltyp* ist eine ↑ Zustandsgröße der Sterne. Sie ordnet einen Stern nach dem

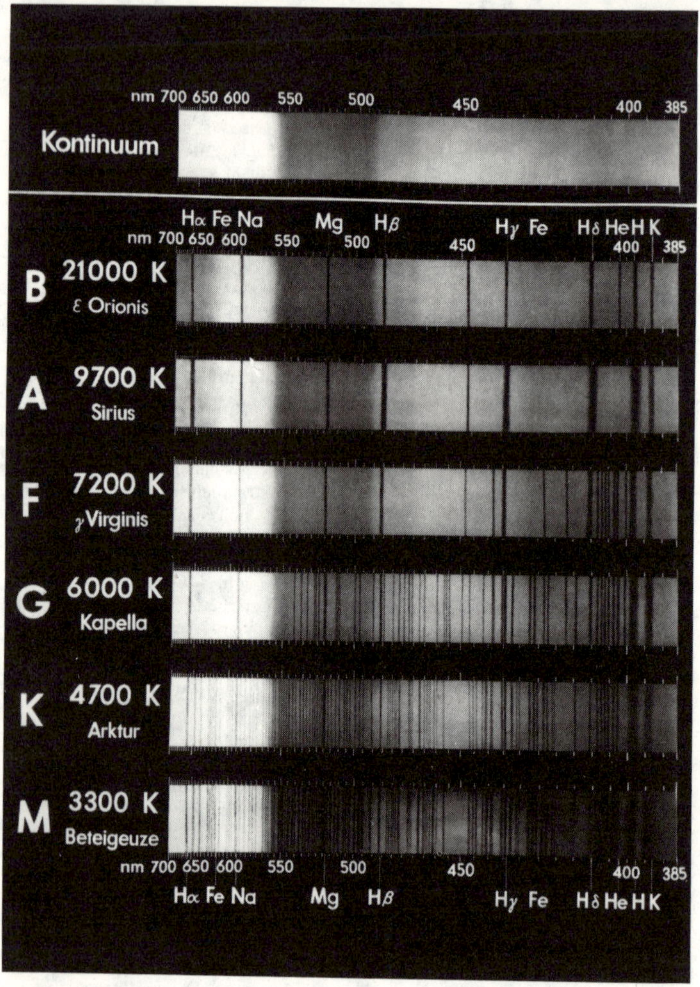

die wichtigsten Spektralklassen der Sterne:
links die Spektralklasse, unter der effektiven Temperatur jeweils ein Stern als Beispiel, rechts das Spektrum mit den Spektrallinien (Wellenlänge in nm, Symbole der Elemente)

Vorkommen und der Stärke bestimmter Linien in seinem Spektrum ein. Die Spektralklassen werden mit Großbuchstaben bezeichnet; die wichtigsten Spektralklassen sind O, B, A, F, G, K, M. In dieser Folge stellen sie eine Skale abnehmender effektiver ↑ Temperaturen dar. Etwa 99 % aller Sterne gehören zu den Spektralklassen B bis M. Einige wenige noch heißere Sterne werden den Spektralklassen O, P und W zugeordnet (↑ Wolf-Rayet-Stern); zu den Klassen K und M gibt es eine durch andere chemische Zusammensetzung der Sterne bedingte Nebenfolge mit den Klassen R, N und S (↑ Kohlenstoffsterne). Zur genaueren Festlegung werden die Spektralklassen durch die Ziffern 0 bis 9 dezimal unterteilt; so ist z. B. die Sonne ein G 2-Stern, der Sirius hat die Spektralklasse A1. In Anlehnung an eine heute als falsch erkannte Annahme über die Sternentwicklung bezeichnet man gelegentlich die Spektralklassen O und B als „frühe" und die Klassen K und M als „späte" Typen.

Die Spektralklasse wird aus Spektralaufnahmen gewonnen. Dazu genügen bereits Aufnahmen mit einem ↑ Objektivprisma. ↑ Spektralanalyse. – *Abb., Tab.*

einfachste Spektrograph besteht aus einem Glasprisma, das vor dem Fernrohrobjektiv befestigt ist (↑ *Objektivprisma*). Spaltspektrographen besitzen einen im Brennpunkt des Fernrohrs angebrachten Spalt, durch den das Licht des zu untersuchenden Gestirns auf ein aus Linsen und Prismen bestehendes optisches System fällt, das das Spektrum auf den Strahlungsempfänger abbildet.

Das **Spektroheliogramm** [s.o. + ⟨griech.] ist eine fotografische Aufnahme der Sonne im Licht einer einzelnen Spektrallinie. Sie wird mit einem ↑ Spektroheliographen oder mit speziellen Filtern gewonnen und zeigt im allgemeinen eine bestimmte Schicht innerhalb der Chromosphäre.

Spektralklassen: die wesentlichen Spektralklassen der Sterne

Spektralklasse	Wesentliche Absorptionslinien	Ungefähre effektive Temperatur in K	Farbe des Sternlichts
O	ionisiertes Helium	30000	bläulich
B	neutrales Helium, Wasserstoff	15000	bläulichweiß
A	Wasserstoff, ionisierte Metalle	9000	reinweiß
F	ionisierte Metalle, Wasserstoff	7000	gelblichweiß
G	ionisierte Metalle, Wasserstoff	5500	gelblich
K	Metalle, Metalloxide	4000	rötlichgelb
M	Metalle, Metalloxide	2800	rötlich

Die **Spektraltypparallaxe** [s. o. + ⟨griech. + ⟨griech.] ist eine Methode der fotometrischen ↑ Entfernungsbestimmung. Aus dem ↑ Hertzsprung-Russell-Diagramm kann, wenn die Spektralklasse bekannt ist, die Leuchtkraft und damit die absolute Helligkeit M des Sterns entnommen werden. Mit der direkt meßbaren scheinbaren Helligkeit m ergibt sich der ↑ Entfernungsmodul m – M und daraus die Entfernung. Wegen der Streuung der Leuchtkräfte bei gleichen Spektralklassen ist diese Methode nicht sehr genau.

Der **Spektrograph** [s. o. + ⟨griech.] ist ein Gerät zur Zerlegung einfallender Strahlung in ein ↑ Spektrum. In ihm wird die photographische Schicht als Strahlungsempfänger verwendet. Der

Der **Spektroheliograph** [s. o. + ⟨griech.] ist ein Gerät zur fotografischen Aufnahme der Sonnenoberfläche im Lichte einer Spektrallinie bzw. eines sehr engen Spektralbereiches. Das dabei entstehende Bild nennt man ↑ Spektroheliogramm.

Das **Spektrometer** [s. o. + ⟨griech.] ist ein mit Meßskalen versehenes ↑ Spektroskop. Es dient zur genauen Messung der Winkelablenkung der in ein ↑ Spektrum zerlegten Strahlung einer Strahlungsquelle, z. B. eines Sterns.

Das **Spektroskop** [s. o. + ⟨griech.] ist ein Gerät zur Zerlegung des Lichtes und zur visuellen Beobachtung des entstehenden ↑ Spektrums. Man unterscheidet Prismen-, Gitter- und Interferenzspektroskope. Jedes Spektroskop ordnet die im

Licht enthaltenen Strahlungen verschiedener Wellenlängen (Farben) nebeneinander an und ermöglicht damit, die Zusammensetzung des Lichtes zu ermitteln.

Die **Spektroskopie** [s. o.] ist die Auflösung der in ein ↑ Spektroskop, ein ↑ Spektrometer oder einen ↑ Spektrographen einfallenden Strahlung in ihre Wellenlängen. Dabei wird außer den Wellenlängen auch die Energieverteilung im ↑ Spektrum gemessen.

Das **Spektrum** [s. o.] einer elektromagnetischen Strahlung, z. B. des Lichtes, ist eine übersichtlich angeordnete Folge der in der Strahlung enthaltenen Anteile verschiedener Wellenlängen. Fällt weißes Licht durch ein Glasprisma, so entsteht ein farbiges Lichtband, in dem die Farben Violett, Blau, Grün, Gelb, Orange und Rot nebeneinander angeordnet sind. Statt eines Prismas kann auch ein Beugungsgitter zur Zerlegung des Lichtes und Erzeugung eines Spektrums benutzt werden.

Licht von glühenden festen und flüssigen Körpern erzeugt eine ununterbrochene Farbfolge *(kontinuierliches Spektrum* oder *Kontinuum)*. Im Licht leuchtender Gase

---

Spektrum: Arten

1. *kontinuierliches Spektrum*
Lichtquelle: glühende feste oder flüssige Körper; Gase unter sehr hohem Druck (Sterninneres)

2. *Linienspektren*
2.1. *Emissionsspektrum*
Lichtquelle: glühende oder ionisierte (atomare) Gase. Es entsteht, wenn sich kein absorbierender Stoff zwischen Lichtquelle und Beobachter befindet. Es gibt Auskunft über die chemische Zusammensetzung der Lichtquelle.

2.2. *Absorptionsspektrum*
Lichtquelle wie beim kontinuierlichen Spektrum. Das Absorptionsspektrum entsteht, wenn das Licht durch einen Stoff verläuft, der einzelne Wellenlängen absorbiert. Es gibt Auskunft über die chemische Zusammensetzung des absorbierenden Stoffes.

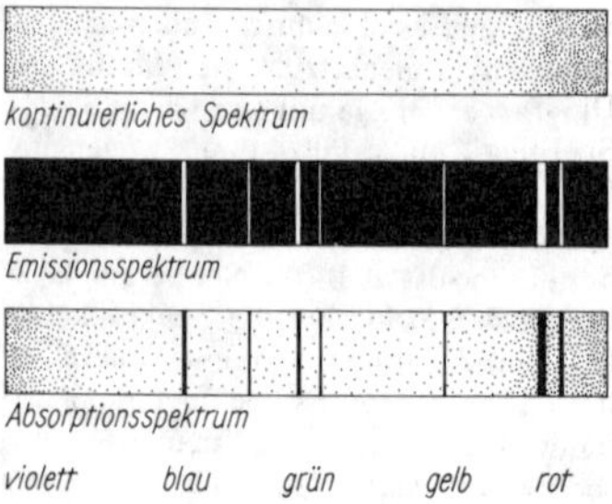

Spektren

(ausgenommen bei extrem hohem Druck) sind nur einzelne Wellenlängen enthalten, deshalb erzeugen solche Gase ein aus einzelnen farbigen Linien, den Spektrallinien, bestehendes Spektrum *(Emissionsspektrum)*, das für die in dem betreffenden Gas enthaltenen chemischen Elemente typisch ist und daher zu deren Nachweis verwendet werden kann.

Kühle Gase, die einen glühenden Körper umgeben, verschlucken (absorbieren) die ihrem eigenen Spektrum entsprechenden Linien. So entstehen auf dem kontinuierlichen Farbenband dunkle Spektrallinien *(Absorptionslinien)*. – Eine *Linienverschiebung* deutet auf eine Bewegung der Lichtquelle oder der absorbierenden Gase in Richtung der Gesichtslinie; so bedeutet eine Verschiebung zum langwelligen Ende des Spektrums (↑ Rotverschiebung), daß sich die Lichtquelle vom Beobachter entfernt. ↑ Fraunhofer. – *Abb., Tab.*

Spektrumveränderliche [s. o.] ↑ Veränderliche.

Die **Sphäre** [⟨griech.⟩] ↑ Himmelskugel.

sphärisch [s. o.]: kugelförmig, in der Form eines Teils einer Kugelfläche.

Die **sphärische Astronomie** [s. o. bzw. ⟨griech.⟩] ↑ Astrometrie.

Die **sphärische Trigonometrie** [s. o. bzw. ⟨griech.⟩] ist ein Teilgebiet der Mathematik. Sie behandelt die Berechnung von Dreiecken, die auf Kugeloberflächen liegen und deren Seiten durch Abschnitte von Großkreisen gegeben sind. In der Astronomie wird die sphärische Trigonometrie z. B. zur Begründung der Koordinatensysteme und zur Koordinatenumrechnung benötigt.

Die **Spica** [⟨lat.] ↑ Spika.

Spiculen [⟨lat.; „Spitzen“; Singular: das Spiculum] sind dünne Flammenzungen, aus denen sich die ↑ Chromosphäre der Sonne zusammensetzt. Ihre Höhe liegt bei 10 000 km, ihr Durchmesser zwischen 500 und 1000 km. Die Spiculen verändern – wie auch die Strukturen der Granulation – ständig ihre Form und Größe.

Das **Spiegelteleskop** [⟨lat. + ⟨griech.] ↑ Fernrohr.

Die **Spika** [⟨lat.; „Kornähre“] oder *Spica*, Kurzzeichen α *Vir*, ist der Hauptstern des Sternbildes Jungfrau. Der bläulichweiße Stern (scheinbare Helligkeit + 1 Größenklasse) ist ein spektroskopischer Doppelstern; die Masse der helleren Komponente beträgt 11 Sonnenmassen.

Ein **Spiralnebel** [⟨lat. + ⟨dt.] ist ein ↑ Sternsystem, ähnlich dem Milchstraßensystem, das beim Blick auf die Scheibenebene eine Spiralstruktur aufweist. Etwa 60 % aller Sternsysteme sind Spiralnebel, davon rund $^1/_3$ ↑ Balkenspiralen. Die Spiralarme eines Sternsystems liegen in einer dünnen ebenen Schicht. In ihnen befinden sich viele junge Objekte der ↑ Sternpopulation I. Die Spiralarme enthalten aber nur einen kleinen Teil der Gesamtmasse eines Sternsystems. Wegen der großen Helligkeit der in ihnen konzentrierten Objekte treten sie auffällig in Erscheinung.

Spiralnebel rotieren differentiell, d. h., die Kerngebiete und die inneren Bereiche der Spirale rotieren schneller als die Außengebiete. Die Spiralarme werden dabei wahrscheinlich nachgeschleppt. Wegen der ↑ differentiellen Rotation müßten die Spiralarme nach wenigen Umläufen aufgewunden und damit unkenntlich gemacht worden sein. Man nimmt an, daß das Spiralmuster keine stoffliche, dauerhafte Struktur ist, sondern durch eine Wellenerscheinung, eine Dichtewelle, entsteht.

Die Bezeichnung Spiralnebel ist irreführend. Sie geht auf die Entdeckungszeit der Spiralstruktur zurück, als die wahre Natur der Sternsysteme noch unbekannt war.

Die **Spiralstruktur der Galaxis** [s. o. + ⟨lat. bzw. ⟨griech.] kann durch den Vergleich mit anderen Sternsystemen und durch die Untersuchung bestimmter, in den Spiralarmen gehäuft vorkommender Objekte ermittelt werden. Als solche *Spiralarmindikatoren* dienen u. a. HII-Gebiete, bestimmte ↑ Sternassoziationen und ↑ offene Sternhaufen und bestimmte ↑ Delta-Cephei-Sterne. Die umfangreichsten Ergebnisse lieferte jedoch die radioastronomische Untersuchung der HI-Gebiete des ↑ interstellaren Gases.

Mit Sicherheit wurden bisher im Milchstraßensystem 4 Spiralarme nachgewiesen; die Sonne befindet sich am Innenrand eines dieser Arme (↑ Orionarm, ↑ Perseusarm, ↑ Sagittariusarm). Alle Spiralarme werden bei der ↑ Rotation der Galaxis nachgezogen.

Ein **S-Stern** ist ein Stern der – sehr seltenen – ↑ Spektralklasse S. In seinem Spektrum treten Banden von Zirconiumoxid, Yttriumoxid und Lanthanoxid, sowie Linien neutraler Atome auf.

Die **Steady-State-Theorie** [sprich: stedi steet–; ⟨engl.] ist eine Vorstellung über den Aufbau des Weltalls. Sie nimmt an, daß das heutige Weltall nicht aus einem überdichten Zustand hervorgegangen ist und zu jeder Zeit eine konstante Dichte aufweist. Um trotz der beobachteten ↑ Expansion des Weltalls dessen konstante Dichte zu erklären, wird behauptet, daß im Kosmos laufend Materie aus dem Nichts entsteht. Die Steady-State-Theorie wird deshalb heute weithin abgelehnt.

Steinbock oder lat. *Capricornus* (Genitiv *Capricorni*), Abk. *Cap*, heißt ein Tierkreissternbild am Südhimmel, das in der 1. Augusthälfte um Mitternacht kulminiert.

Der **Steinmeteorit** ↑ Meteorit.

Die **Stellarastronomie** [⟨lat. + ⟨griech.], ein Teilgebiet der ↑ Astronomie, befaßt sich mit der Erforschung der physikalischen Natur, der räumlichen Verteilung und den Bewegungen der Sterne, der Sternsysteme und der interstellaren Materie. ↑ Herschel.

Die **Stellarstatistik** [s. o. + ⟨lat.] ist ein Teilgebiet der Astronomie, das sich vor allem mit dem räumlichen Aufbau des

Milchstraßensystems sowie mit den Bewegungen und der Verteilung seiner Sterne befaßt. Eine wichtige Methode der Stellarstatistik sind Sternzählungen an repräsentativen Gruppen von Sternen. Wegen der großen Anzahl der Sterne im Milchstraßensystem, die auf 100 Md. geschätzt wird, kann die Stellarstatistik immer nur mit ausgewählten Bereichen arbeiten, die als *Eichfelder* gleichmäßig über die gesamte scheinbare Himmelskugel verteilt sind.

Ein **Stern** [lat. sterno „streuen", „ausbreiten"] oder früher ↑ *Fixstern* ist eine selbstleuchtende Gaskugel hoher Temperatur. Mit Ausnahme der Sonne erscheinen alle Sterne von der Erde aus wegen ihrer großen Entfernungen auch im Fernrohr nur als leuchtende Punkte. Nur für sehr nahe oder sehr große Sterne ist es seit 1974 durch ein spezielles Verfahren (die Speckle-Interferometrie) möglich geworden, Abbildungen von Oberflächeneinzelheiten zu erhalten.

Sternaufbau: Das Sterninnere ist mit herkömmlichen Mitteln nicht beobachtbar; das Licht wird von der ↑ Sternatmosphäre in den Raum ausgestrahlt. Das Innere enthält aber fast die gesamte ↑ Masse des Sterns (↑ chemische Zusammensetzung eines Sterns), in ihm wird auch die Energie freigesetzt. Die Sterne werden durch die Gravitationswirkung der in ihnen vereinigten Masse zusammengehalten und haben deshalb Kugelgestalt. (Abweichungen treten bei schneller Rotation, bei starken Magnetfeldern oder beim Vorhandensein naher Begleiter auf.) Sie sind stabil, wenn der nach innen gerichteten Gravitation ein gleich großer Druck nach außen entgegenwirkt; er setzt sich aus dem Gasdruck und dem – nur bei massereichen Sternen bedeutenden – Strahlungsdruck zusammen. In der Regel ist das Sterninnere gasförmig. Im Inneren von ↑ Weißen Zwergen und im Zentralgebiet einiger ↑ Riesensterne treten kompliziertere Zustände auf. *Abb.*

Die Strahlung der Sterne entsteht im allgemeinen durch ↑ Kernfusion, indem aus leichten Atomkernen schwerere gebildet werden. Diese Prozesse laufen nur bei hohen Temperaturen und Dichten ab, daher sind die Energiequellen in den Zentralgebieten der Sterne zu finden. Neben der Kernfusion spielen auch ↑ Kontraktion und Abstrahlung gespeicherter Wärmeenergie in bestimmten Abschnitten der Sternentwicklung eine Rolle. Die freigesetzte Energie wird durch Strahlung, ↑ Konvektion oder Wärmeleitung zur Sternoberfläche transportiert und von dort in den Weltraum abgestrahlt.

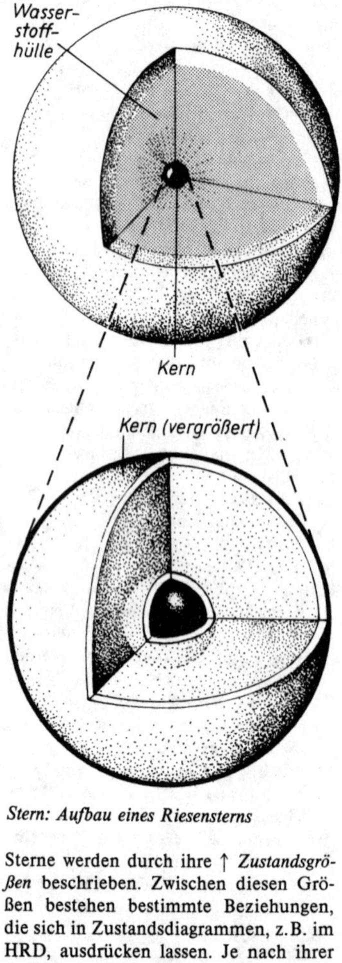

Stern: Aufbau eines Riesensterns

Sterne werden durch ihre ↑ *Zustandsgrößen* beschrieben. Zwischen diesen Größen bestehen bestimmte Beziehungen, die sich in Zustandsdiagrammen, z. B. im HRD, ausdrücken lassen. Je nach ihrer Stellung in diesem Diagramm teilt man die Sterne in verschiedene Gruppen ein; die wichtigsten sind die Sterne der ↑ Hauptreihe, die ↑ Riesensterne und die ↑ Weißen Zwerge. Diese Gruppen sind auch für die Untersuchung der ↑ Sternentwicklung wesentlich. – ↑ Sternentstehung.

In der Umgangssprache werden alle mit bloßem Auge punktförmig erscheinenden Gestirne, also z. B. auch die Planeten, als Sterne bezeichnet. Während jedoch die Planeten ihre Positionen an der scheinbaren Himmelskugel laufend verändern, behalten die Sterne ihre Positionen zueinander über lange Zeiträume im wesentlichen unverändert bei. Die durch die ↑ Eigenbewegung bedingten Veränderungen sind nur mit empfindlichen Instrumenten meßbar.

Die 4 unserem Sonnensystem am nächsten befindlichen Sterne sind ↑ Proxima Centauri, α Centauri (Doppelstern) und ↑ Barnards Stern; sie liegen alle näher als 2 pc. – Sterne sind Bestandteile von ↑ *Sternsystemen.*

Die **Sternära** [s. o. + ⟨lat.] ist der Zeitabschnitt in der Entwicklung des Weltalls, in dem sich das Weltall gegenwärtig befindet. Die Sternära begann etwa 1 Mill. Jahre nach der kosmologischen ↑ Singularität; damals betrug die Temperatur im Weltall noch 3000 K. Seither ist die Temperatur auf knapp 3 K gesunken, und die Materie hat sich in Sternsysteme, Sterne, interstellare Materie und Planeten differenziert. ↑ Drei-Kelvin-Strahlung.

Die **Sternassoziation** [s. o. + ⟨lat.] ist eine Gruppe physikalisch zusammengehöriger Sterne, die aber am Himmel sehr weit verstreut sind und sich deshalb nicht – wie etwa die Sternhaufen – als Gruppe aus der Gesamtheit der Sterne herausheben. Ihre Zusammengehörigkeit ist an ihrem Bewegungsverhalten im Raum und an ihren Spektren zu erkennen. Sternassoziationen werden von O- und B-Sternen *(O-Assoziation)*, von T-Tauri-Sternen *(T-Assoziation)* gebildet, also von sehr jungen kosmischen Gebilden. Man nimmt an, daß es sich um Gruppen neu entstandener Sterne handelt, die im Laufe der Zeit auseinanderstreben. Eine bekannte Assoziation von O-Sternen befindet sich im ↑ Orionnebel, eine Assoziation von T-Tauri-Sternen im ↑ Nordamerikanebel.

Auf das geringe Alter dieser Sterne weist auch der Umstand hin, daß sich viele von ihnen im ↑ Hertzsprung-Russell-Diagramm noch rechts der Hauptreihe, also im Bereich der kontrahierenden ↑ Protosterne, befinden. ↑ Sternentstehung.

Der **Sternatlas** [s. o. + ⟨griech.] ist eine Zusammenstellung mehrerer ↑ Sternkarten. Er umfaßt nicht immer die gesamte scheinbare Himmelskugel, sondern oft nur den Bereich, der von einem bestimmten Ort aus beobachtbar ist. Der zur Zeit größte Sternatlas ist der *Mount Palomar Sky Survey* („Himmelsaufnahmen von ↑ Mount Palomar") mit 935 Aufnahmen, die den gesamten Himmel überdecken.

Die **Sternatmosphäre** [s. o. + ⟨griech.] ist der Bereich eines Sterns, der unmittelbar beobachtet werden kann. Ihre Dicke beträgt meistens weniger als 1 % des Sternradius. Die Sternatmosphäre besteht aus einer ↑ Photosphäre und weiteren, darüberliegenden Schichten; eine exakte Grenze zwischen der Atmosphäre und dem Inneren eines Sterns existiert nicht.

In der Sternatmosphäre entsteht das ↑ *Spektrum des Sterns.* Es ist in der Regel ein Absorptionslinienspektrum, dessen kontinuierlicher Untergrund in den tiefen Photosphärenschichten entspringt und dessen Absorptionslinien von den Atomen und Molekülen der oberen Schichten hervorgerufen werden. Das Sternspektrum wird entscheidend von der Temperatur und der Schwerebeschleunigung in der Sternatmosphäre beeinflußt.

Zwergsterne (Hauptreihensterne) und Riesensterne weisen deutliche Unterschiede in bezug auf Dichte und Ausdehnung ihrer Atmosphären auf. Riesensterne besitzen sehr ausgedehnte Atmosphären mit außerordentlich geringer Dichte. Bei Überriesen kann die Atmosphäre fast so mächtig sein wie der Radius des Sterns. Die ↑ Hüllensterne besitzen atmosphärenähnliche Gashüllen, aus denen ständig Materie in den interstella-

ren Raum abströmt. Diese Atmosphären sind also nicht stabil.
Die Theorie der Sternatmosphären hat die Aufgabe, den physikalischen Aufbau und die chemische Zusammensetzung der Sternatmosphären zu ermitteln. Derartige Berechnungen sind außerordentlich aufwendig und langwierig, deshalb begnügt man sich meistens mit Näherungen. Ein wichtiges Ergebnis solcher Analysen ist, daß die chemische Zusammensetzung der Sterne innerhalb einer ↑ Sternpopulation sehr große Ähnlichkeit zeigt, während die Sterne unterschiedlicher Populationen auch deutliche Unterschiede in ihren chemischen Zusammensetzungen aufweisen.

Sternaufbau [s. o. + ⟨dt.] ↑ Stern.

Die **Sternbedeckung** (s. o. + ⟨dt.] ist eine Bedeckung eines Sterns durch den Mond. Die Beobachtung solcher Erscheinungen ist sehr wichtig, weil sie genaue Grundlagen für die Theorie der Mondbewegung und für die Ermittlung von Unregelmäßigkeiten der Erdrotation liefert. Der Mond kann alle Sterne innerhalb eines etwa 10° breiten Streifens entlang der Ekliptik bedecken. Bei der Beobachtung werden die Ein- und Austrittszeiten des Sterns hinter dem Mondrand sehr genau bestimmt. – Auch durch Planeten kann es zu Sternbedeckungen kommen.

Das **Sternberg-Institut** [nach dem Astronomen P.K. Sternberg] in Moskau ist das zweitgrößte astronomische Forschungsinstitut der UdSSR. Es besitzt Außenstationen in Kasachstan und auf der Krim.

Sternbilder [↑ Stern + ⟨dt.] sind willkürliche Zusammenfassungen von Sternen zu geometrischen Gebilden an der scheinbaren Himmelskugel, die z. T. schon im Altertum mit Phantasienamen belegt wurden. Heute meint man mit Sternbild in der Astronomie einen Bereich am Sternhimmel. Seit 1925 sind die Grenzen der Bereiche durch internationale Übereinkunft festgelegt. Die gesamte Himmelskugel ist in 88 Sternbilder lückenlos eingeteilt. – Alle Sternbilder sind Stichwörter in diesem Lexikon. ↑ Sternnamen, ↑ Astrognosie. – *Tab.*

Sterndeutung [s. o. + ⟨dt.] ↑ Astrologie.

Die **Sternentstehung** [s. o. + ⟨dt.], die Entstehung der Sterne aus interstellaren Wolken, beruht im wesentlichen darauf, daß sich dieses Material extrem stark verdichtet. Eine solche Verdichtung kann nur durch die Eigengravitation der beteiligten Massen bewirkt werden. Eine (z. B. durch die innere turbulente Bewegung) zufällig entstandene Verdichtung wirkt als Zentrum, wenn die Masse groß genug, die Temperatur genügend niedrig und die Anfangsdichte hinreichend hoch ist. Die Mindestmasse der kontrahierenden Wolke übersteigt die durchschnittliche Masse eines Sterns bei weitem; sie liegt in der Größenordnung der Masse eines ganzen Sternhaufens. Mit dem weiteren Anwachsen der Dichte zerfällt die Wolke in Teilgebiete, die sich selbständig weiter verdichten. Dieser Prozeß heißt *Fragmentation.*
Ein einzelnes Teilgebiet stürzt zunächst in sich zusammen, die freiwerdende Energie wird abgestrahlt. Erst wenn die Dichte so groß wird, daß die Strahlung das Innere des enstehenden ↑ Protosterns nicht mehr ungehindert verlassen kann, beginnt die Temperatur zu steigen. Damit endet die Kontraktion des Zentrums. Die äußeren Bereiche der Teilwolke fallen weiterhin auf dieses Zentrum zu. Nach instabilen Zwischenstadien besteht der Protostern aus einem sternartigen, heißen Kern und einer ausgedehnten, undurchsichtigen Hülle. Wenn diese Hülle auf den Kern herabgefallen ist, wird der Protostern sichtbar. Er befindet sich dann im ↑ Hertzsprung-Russell-Diagramm rechts der Hauptreihe. Durch die anschließende langsame Kontraktion steigt die Zentraltemperatur weiter auf etwa 10 Mill. K. Wenn dieser Wert erreicht ist, setzt im Zentrum des nunmehr entstandenen Sterns die ↑ Kernfusion ein; der Stern setzt als Hauptreihenstern seine Entwicklung fort.
Beobachtete Vorstadien von Sternen sind die ↑ Globulen, bestimmte Molekülwolken (z.B. im ↑ Orionnebel) und Infrarotobjekte. Auch die ↑ Herbig-Haro-Objekte zählen dazu. Wahrscheinlich sind die ↑ T-Tauri-Sterne Protosterne im letzten Stadium der Kontraktion.
Eine der beschriebenen Theorie völlig

Sternbilder

Abkürzung	Lateinische Bezeichnung	Deutsche Bezeichnung
And	Andromeda	Andromeda
Ant°	Antlia	Luftpumpe
Aps°	Apus	Paradiesvogel
Aql⁺	Aquila	Adler
Aqr⁺	Aquarius	Wassermann
Ara°	Ara	Altar
Ari	Aries	Widder
Aur	Auriga	Fuhrmann
Boo	Bootes	Bootes
Cae°	Caelum	Grabstichel
Cam	Camelopardalis	Giraffe
Cap°	Capricornus	Steinbock
Car°	Carina	Schiffskiel
Cas	Cassiopeia	Kassiopeia
Cen°	Centaurus	Kentaur
Cep	Cepheus	Kepheus
Cet⁺	Cetus	Walfisch
Cha°	Chamaeleon	Chamäleon
Cir°	Circinus	Zirkel
CMa	Canis Major	Großer Hund
CMi	Canis Minor	Kleiner Hund
Cnc	Cancer	Krebs
Col°	Columba	Taube
Com	Coma (Berenices)	Haar der Berenike
CrA°	Corona Australis	Südliche Krone
CrB	Corona Borealis	Nördliche Krone
Crt°	Crater	Becher
Cru°	Crux	Kreuz des Südens
Crv°	Corvus	Rabe
CVn	Canes Venatici	Jagdhunde
Cyg	Cygnus	Schwan
Del	Delphinus	Delphin
Dor°	Dorado	Goldfisch
Dra	Draco	Drache
Equ	Equuleus	Pferdchen
Eri°	Eridanus	Eridanus
For°	Fornax	Chemischer Ofen
Gem	Gemini	Zwillinge
Gru°	Grus	Kranich
Her	Hercules	Herkules
Hor°	Horologium	Pendeluhr
Hya⁺	Hydra	Wasserschlange
Hyi°	Hydrus	Kleine Wasserschlange
Ind°	Indus	Inder
Lac	Lacerta	Eidechse
Leo	Leo	Löwe
Lep°	Lepus	Hase
Lib°	Libra	Waage
LMi	Leo Minor	Kleiner Löwe
Lup°	Lupus	Wolf
Lyn	Lynx	Luchs
Lyr	Lyra	Leier
Men°	Mensa	Tafelberg
Mic°	Microscopium	Mikroskop
Mon⁺	Monoceros	Einhorn
Mus°	Musca	Fliege
Nor°	Norma	Winkelmaß
Oct°	Octans	Oktant
Oph⁺	Ophiuchus	Schlangenträger
Ori⁺	Orion	Orion
Pav°	Pavo	Pfau
Peg	Pegasus	Pegasus
Per	Perseus	Perseus
Phe°	Phoenix	Phönix
Pic°	Pictor	Maler
PsA°	Piscis Austrinus	Südlicher Fisch
Psc⁺	Pisces	Fische
Pup°	Puppis	Achterdeck
Pyx°	Pyxis	Kompaß
Ret°	Reticulum	Netz
Scl°	Sculptor	Bildhauer
Sco°	Scorpius	Skorpion
Sct°	Scutum	Schild
Ser⁺	Serpens	Schlange
Sex⁺	Sextans	Sextant
Sge	Sagitta	Pfeil
Sgr°	Sagittarius	Schütze
Tau	Taurus	Stier
Tel°	Telescopium	Fernrohr
TrA°	Triangulum Australe	Südliches Dreieck
Tri	Triangulum	Dreieck
Tuc°	Tucana	Tukan
UMa	Ursa Maior	Großer Bär
UMi	Ursa Minor	Kleiner Bär
Vel°	Vela	Segel
Vir⁺	Virgo	Jungfrau
Vol°	Volans	Fliegender Fisch
Vul	Vulpecula	Fuchs

° bedeutet, daß sich das Sternbild ganz am südlichen Sternhimmel befindet.

⁺ bedeutet, daß es sich sowohl am nördlichen wie auch am südlichen Sternhimmel befindet.

Alle Sternbilder haben ein eigenes Stichwort unter der hier angegebenen deutschen Bezeichnung.

entgegengesetzte Hypothese erklärt die Bildung von Sternen mit Explosionen superdichter, bisher jedoch nicht nachgewiesener kosmischer Körper. ↑ Sternentwicklung.

Die **Sternentwicklung** [s. o. + ⟨dt.] umfaßt den an die ↑ Sternentstehung anschließenden Lebensweg eines Sterns. Ihn zu erforschen, ist Aufgabe der ↑ Kosmogonie.

Ein neuentstandener Stern befindet sich im ↑ Hertzsprung-Russell-Diagramm stets auf der ↑ Hauptreihe. In seinem Inneren finden Kernfusionsprozesse statt, bei denen Wasserstoff in Helium umgewandelt und Energie freigesetzt wird. Dadurch steigt in den zentralen Bereichen der Heliumanteil, während der Wasserstoffanteil geringer wird. Je massereicher ein Stern ist, desto schneller durchläuft er sein Hauptreihenstadium; Sterne mit 15 Sonnenmassen verweilen 10 Mill. Jahre, Sterne mit 2,3 Sonnenmassen dagegen 900 Mill. Jahre auf der Hauptreihe. Die Sonne befindet sich seit etwa 4,5 Md. Jahren auf der Hauptreihe und wird auch noch für weitere 5 bis 6 Md. Jahre in diesem Stadium verweilen. Es ist der Zustand, in dem ein Stern die längste Zeit seiner Existenz zubringt.

Wenn im Zentralgebiet der Wasserstoffanteil auf etwa 1% des ursprünglichen Wertes abgesunken ist, wird dieser Bereich des Sterns instabil und eine Kontraktion des dort angestauten Heliums setzt ein, dadurch heizt sich dieses Gebiet auf, und mit dem Erreichen einer Zentraltemperatur von etwa 100 Mill. K setzt der ↑ Salpeter-Prozeß ein. Dafür ist jedoch Voraussetzung, daß die Masse des Zentralgebietes mindestens 0,3 Sonnenmassen beträgt.

Gleichzeitig mit der Kontraktion des Zentralgebietes dehnt sich die Hülle des Sterns stark aus; der Stern ist damit zu einem ↑ Riesenstern geworden. Er besitzt mit dem Salpeter-Prozeß und der weiter außen nach wie vor ablaufenden Wasserstoff-Kernfusion 2 Energiequellen, die für eine kosmisch kurze Zeit seine gesteigerte Energieabstrahlung gewährleisten.

Nach dem Erschöpfen der Heliumvorräte setzt eine erneute Kontraktion der Zentralgebiete ein, so daß, wenn die Masse des Zentralgebietes mindestens 0,9 Sonnenmassen beträgt, weitere ↑ Kernfusionen anlaufen können. Der Stern wird in diesem Stadium mehrfach zum ↑ Pulsationsveränderlichen.

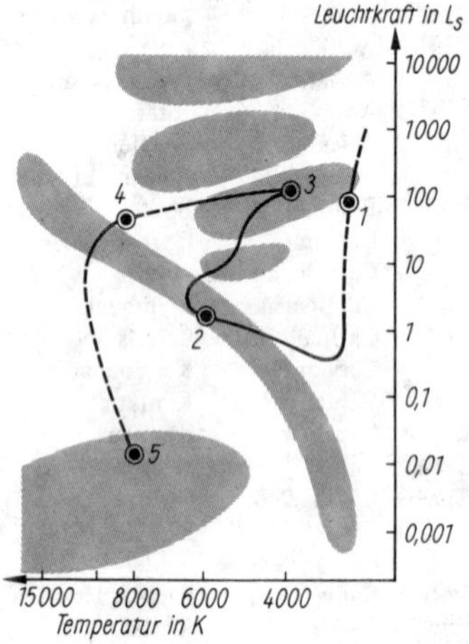

Sternentwicklung: Hertzsprung-Russell-Diagramm mit dem Entwicklungsweg eines Sterns
1 kühler, rötlicher Protostern mit hoher Leuchtkraft, 2 stabiler Stern der Hauptreihe, 3 Riese, 4 pulsierender Stern, 5 Weißer Zwerg

Wenn die im Zentralgebiet vorhandene Masse zu gering ist, um durch weitere Kontraktion neue Energiefreisetzungsprozesse einzuleiten, muß der Stern nach dem Verlöschen der letzten Kernfusion fortwährend kontrahieren. Er erreicht – z. T. nach Massenabgabe – ein Endstadium. Die Abgabe von Masse kann explosionsartig, z. B. durch eine ↑ Supernova oder (in Doppelsternsystemen) durch Überströmen auf einen anderen Stern abgegeben werden. Sterne unter 1,2 Sonnenmassen werden zu ↑ Weißen Zwergen, Sterne mit Massen zwischen 1,2 und 2 Sonnenmassen zu ↑ Neutronensternen. Noch massereichere Sterne kontrahieren zu ↑ schwarzen Löchern. ↑ Altersbestimmung. – *Abb.*

Die **Sternfarbe** [s. o. + ⟨dt.] ist die Farbe des vom Stern auf der Erde empfangenen Lichtes. Sie hängt wesentlich von der effektiven Temperatur des Sterns ab. Das Licht kühler Sterne enthält einen großen Anteil langwelliger (gelber und roter) Strahlung, demgegenüber ist der kurzwellige Anteil geschwächt. Deshalb erscheinen kühle Sterne (z. B. Beteigeuze im Sternbild Orion oder Arktur im Sternbild Bootes) deutlich rot. Heiße Sterne strahlen dagegen ein bläulichweißes oder bläuliches Licht aus. Ein Maß für die Farbe des Sternlichtes ist der ↑ Farbenindex.

Die Sternfarbe wird durch den Staubanteil der interstellaren Wolken, die sich im Lichtweg befinden, und auch durch die Erdatmosphäre verändert. Sie erfährt eine Rötung, deren Betrag oft eine Angabe über die durchlaufenen Staubmassen gestattet. Ein Maß dafür ist der ↑ Farbexzeß. Die atmosphärische Rötung ist eine Folge der ↑ Extinktion; sie wächst mit abnehmender Höhe des Objekts über dem Horizont. ↑ Tab. Spektralklasse.

Die **Sterngröße** [s. o. + ⟨dt.] ↑ Helligkeit.

Sternhaufen [s. o. + ⟨dt.] sind Ansammlungen physikalisch zusammengehöriger Sterne im Milchstraßensystem oder in anderen Sternsystemen. Sie sind am Himmel durch die gegenüber dem Feld der Einzelsterne meist erheblich höhere Sterndichte leicht erkennbar. Sterne eines Haufens sind gemeinsam entstanden, haben also gleiches Alter. Sie zeigen auch meist ein einheitliches Bewegungsverhalten und werden durch die Gravitation zusammengehalten. Man unterscheidet ↑ offene Sternhaufen, ↑ Kugelsternhaufen und ↑ Bewegungssternhaufen. Oft werden auch die ↑ Sternassoziationen zu den Sternhaufen gezählt.

Eine **Sternkarte** [s. o. + ⟨franz.] oder auch *Himmelskarte* enthält einen Teil der scheinbaren Himmelskugel mit allen beobachtbaren Objekten (Sternen, Sternhaufen, Nebeln, Galaxien usw.) bis zu einer bestimmten Grenzgröße; lediglich die Himmelskörper des Sonnensystems werden im allgemeinen nicht in Sternkarten eingetragen, da sie ihre Örter relativ zu den Sternen ständig ändern. Als Grundlage jeder Sternkarte dient ein Koordinatensystem, meistens das rotierende ↑ Äquatorsystem. *Drehbare Sternkarten* ermöglichen die Bestimmung der zu einem bestimmten Zeitpunkt über dem Horizont befindlichen Gestirne.

In einem **Sternkatalog** [s. o. + ⟨griech.] werden für ausgewählte Gruppen von Sternen oder für alle Sterne bis zu einer bestimmten ↑ Grenzgröße die Koordinaten und die scheinbaren Helligkeiten angegeben, aber auch weitere interessierende Daten, wie Spektralklassen, Parallaxen, absolute Helligkeiten u. a. – ↑ Fundamentalkatalog.

Sternnamen [s. o. + ⟨dt.] werden neben der *wissenschaftlichen Bezeichnung (Kurzbezeichnung) der Sterne* – durch Buchstaben bzw. Ziffern und den Genitiv des lateinischen Sternbildnamens (z. B. Alpha Centauri = α Cen; ↑ Tab. Sternbilder) – noch heute für besonders helle oder sonst auffällige Sterne verwendet (z. B. Sirius für α CMa). Sie entstammen z. T. dem arabischen Kulturkreis (z. B. Aldebaran, Algol, Beteigeuze, Rigel). Sterne, die schwächer als +6 Größenklassen sind, also mit dem menschlichen Auge nicht sichtbar, werden meist durch die Angabe ihrer ↑ Koordinaten oder durch ihre Katalognummer (↑ Sternkatalog) bezeichnet.

Als **Sternpopulation** [s. o. + ⟨lat.] bezeichnet man eine Gruppe von Objekten in einem Sternsystem (Sterne, Sternhaufen und interstellare Materie), die gleiche charakteristische Eigenschaften besitzen. Bei der ursprünglichen Einteilung der Sterne unseres Milchstraßensystems (1944) wurden die jüngeren Sterne, die Sterne der Spiralarme und die offenen Sternhaufen mit der interstellaren Materie in die *Population I* eingeordnet. Zur *Population II* zählen die Objekte im Kern der Galaxis und im galaktischen Halo. Während die Mitglieder der Population I in einer verhältnismäßig flachen Scheibe angeordnet sind, nehmen die der Population II einen etwa kugelförmigen Raum um das galaktische Zentrum ein.

Eine moderne, verfeinerte Unterteilung ordnet die Objekte in 5 Populationen, die gleichzeitig eine Altersskala darstellen. Die Objekte in den älteren Populationen unterscheiden sich von den jüngeren u. a. durch einen geringeren Anteil an schwereren Elementen. Auch das Bewegungsverhalten im Raum ist bei jüngeren Objekten anders. Die gleichen Sternpopulationen wie im Milchstraßensystem wurden auch in anderen Sternsystemen beobachtet. *Tab.*

Sternpopulationen

Bezeichnung	typische Vertreter	mittleres Alter der Objekte in Md. Jahren
Halopopulation II	Kugelsternhaufen, RR-Lyrae-Sterne	6
Zwischenpopulation II	bestimmte Schnelläufer und langperiodische Veränderliche	5 bis 6
Scheibenpopulation	Sterne im Kern des Milchstraßensystems, Novae, RR-Lyrae-Sterne	1,5 bis 5
ältere Population I	A-Sterne, Metalliniensterne	0,1 bis 1,5
extreme Population I	interstellare Materie, junge Sterne in den Spiralarmen, Überriesen, offene Sternhaufen, Sternassoziationen	jünger als 0,1

Die **Sternschnuppe** [s. o. + ⟨dt.] ↑ Meteor.

Die **Sternstromparallaxe** [s. o. + ⟨dt. + ⟨griech.] ist eine Methode der ↑ Entfernungsbestimmung. Sie geschieht anhand der gemeinsamen räumlichen Bewegungen der Mitglieder eines ↑ Bewegungssternhaufens oder eines ↑ offenen Sternhaufens.

Das **Sternsystem** [s. o. + ⟨lat. ⟨griech.] oder die *Galaxie* ist eine in Größe und Aufbau mit dem Milchstraßensystem (der *Galaxis*) vergleichbare Ansammlung von Sternen. Es ist eines der größten materiellen Systeme im Weltall. (Die dem Milchstraßensystem am nächsten gelegenen Sternsysteme sind die ↑ Magellanschen Wolken.) Sternsysteme erscheinen im Fernrohr als unscharf begrenzte, meist flächenhafte Objekte von geringer Helligkeit. Sie wurden deshalb früher zu den Nebeln gezählt; daher rührt die noch heute gebräuchliche Bezeichnung *Spiralnebel* für eine ihrer Untergruppen.

Nach ihrem Aussehen werden die Sternsysteme in ↑ *elliptische Galaxien* (Zeichen E), ↑ *Spiralnebel* (S), ↑ *Balkenspiralen* (SB) und ↑ *irreguläre Galaxien* (Ir) eingeteilt. Zahlen und Kleinbuchstaben (z. B. E7; Sb) ermöglichen eine genauere Unterteilung. *N-Galaxien* haben sehr kleine, aber helle Kerne. Etwa ¼ aller Sternsysteme sind elliptische Galaxien, die irregulären Galaxien machen nur etwa 2 % aus.

Ein Sternsystem enthält meistens eine Masse von 50 bis 100 Md. Sonnenmassen, die sich in unterschiedlicher Weise auf Sterne und interstellare Materie verteilt. In den elliptischen Galaxien fehlt die interstellare Materie fast völlig, in den irregulären Galaxien ist ihr Anteil am höchsten. Die *Durchmesser* der Sternsysteme liegen zwischen 2 kpc (↑ Zwerggalaxien) und 50 kpc. Man nimmt an, daß alle Sternsysteme etwa gleich alt sind. Die beobachtbaren Unterschiede sind im wesentlichen auf eine unterschiedlich schnell ablaufende Sternentstehung zurückzuführen. Die mittlere *Entfernung* der Sternsysteme voneinander beträgt etwa 3 Mpc (rund 150 Galaxiendurchmesser).

Die Natur der *Kerne* der Sternsysteme ist bis heute ungeklärt. Die Kerne sind oft starke Radioquellen; wenn sie aus Sternen bestehen, muß deren Zahl je Volumeneinheit sehr groß sein. Möglicherweise sind die Kerne aber auch „Supersterne“ mit übernormal großen Massen und Dichten. Aus einigen Kernen wird Materie ausgestoßen, jedoch dauern sol-

Sternsystem im Sternbild Dreieck

Sternsystem im Sternbild Jagdhunde

che Aktivitätserscheinungen nur jeweils einige Mill. Jahre.
Die meisten Sternsysteme gehören zu ↑ *Galaxienhaufen.* Sie bewegen sich im Raum ungeordnet mit Geschwindigkeiten um 200 km/s nach allen Richtungen. Diesen Bewegungen ist aber die durch die ↑ Expansion des Weltalls bewirkte und meist sehr viel schnellere Fluchtbewegung überlagert. ↑ Metagalaxis, ↑ Entstehung der Sternsysteme, ↑ Makarjan-Galaxie. – *2 Abb.*
Sterntag [s. o.] ↑ Tag.
Die **Sternwarte** [s. o. + ⟨dt.] oder das *(astronomische) Observatorium* ist ein astronomisches Forschungsinstitut, im engeren Sinne ein astronomisches Beobachtungsinstitut. Die meisten Sternwarten beschränken ihre Tätigkeit auf bestimmte Spezialgebiete der Forschung, so z. B. das Karl-Schwarzschild-Observatorium in Tautenburg bei Jena (DDR) auf Fotometrie, Spektroskopie und die Untersuchung außergalaktischer Objekte. Bedeutende Sternwarten sind ↑ Selentschukskaja, ↑ Pulkowo, ↑ Krimobservatorium (UdSSR), ↑ Mount Palomar, Mount Wilson (USA) u. a. – ↑ Volkssternwarte, ↑ Schulsternwarte.
Von außen sind Sternwarten meistens durch die Kuppeln und abfahrbaren Schutzdächer erkennbar, in denen die Beobachtungsinstrumente aufgestellt sind. Die Gebäude enthalten darüber hinaus oft fotografische und andere Laborräume, Werkstätten, Bibliotheks- und Arbeitsräume sowie auch Gästezimmer für auswärtige Beobachter. Auf der Erde gibt es etwa 300 Forschungssternwarten. Sie befinden sich meistens auf Bergen und in großer Entfernung von Städten und Industrieanlagen (gute Beobachtungsbedingungen wie staubfreie, klare Luft, klare Nächte, geringe Erschütterungen u. a.). ↑ Fernrohr, ↑ Radioteleskop. – *4 Abb.*
Die **Sternzeit** [s. o. + ⟨dt.] ist die in Sterntagen gemessene Zeit. Teilt man einen Sterntag in 24 Stunden, so erhält man ein gegenüber der ↑ Sonnenzeit etwas schneller ablaufendes Zeitmaß. Eine Sternzeituhr geht gegenüber einer Sonnenzeituhr täglich um 3 min 56 s vor. Wenn der ↑ Frühlingspunkt kulminiert, ist 0^h Sternzeit; allgemein ist die Sternzeit gleich dem Stundenwinkel des Frühlingspunktes. ↑ Tag.
Stier oder lat. *Taurus* (Genitiv *Tauri*), Abk. *Tau*, heißt ein Sternbild am Nordhimmel, das zum ↑ Tierkreis gehört. Es

Karl-Schwarzschild-Observatorium in Tautenburg bei Jena

Hamburger Sternwarte (rechts vorn Meridiankreis). Hier stand 1930 der 1. Schmidtspiegel

Dominion Astrophysikalisches Observatorium in Victoria, Kanada

Mount-Stromlo- und Siding-Spring-Observatorium in Canberra, Australien

kulminiert Ende November und Anfang Dezember gegen Mitternacht. Sein Hauptstern ↑ Aldebaran gehört zum ↑ Wintersechseck. Im Stier befinden sich die bekannten offenen Sternhaufen ↑ Hyaden und ↑ Plejaden.

Stonehenge [sprich: stohnhändsch; ⟨engl.] ist der Name einer Kultstätte, einer Steinsetzung bei Salisbury (Großbritannien), die vor etwa 4000 Jahren errichtet wurde und zu astronomischen Beobachtungen diente. Eine hufeisenförmige Anordnung von 5 Steinen mit 7 m Höhe ist von mehreren konzentrischen Steinkreisen sowie einem Ringgraben und einem Wall umgeben. Die gesamte Anlage hat einen Durchmesser von fast 100 m. Vermutlich wurden damit wichtige Kalenderdaten festgelegt.

Störungen heißen alle Einflüsse, die auf die Bahn eines Himmelskörpers um einen anderen wirken und nicht durch die beiden Körper selbst hervorgerufen werden. Die Massenanziehung der Sonne ruft z. B. Störungen in der Bewegung des Mondes um die Erde hervor. Man unterscheidet *periodische Störungen*, die nur ein Schwanken der ↑ Bahn um eine Mittellage zur Folge haben, und *säkulare Störungen.* Die Bahnelemente der Planeten sind keinen säkularen Störungen unterworfen, die Planetenbahnen sind also sehr stabil. Andererseits verursachen die Planeten Störungen der Bahnen von Planetoiden und Kometen. Eine säkulare Störung verändert z. B. die Längen der aufsteigenden Knoten. Sie bewegen sich langsam auf der Ekliptik rückwärts.

Die **Stoßverbreiterung** ↑ Druckverbreiterung.

Die **Strahlensysteme** auf der ↑ Mondoberfläche bestehen in hellen Strahlen, die meistens von einem Krater ausgehen, sich z. T. über Hunderte von Kilometern erstrecken und dabei Krater und Ebenen gleichermaßen überqueren. Sie sind, im Gegensatz zu allen anderen Gebilden auf der Mondoberfläche, am besten bei Vollmond sichtbar. Wahrscheinlich entstanden sie durch geschmolzenes Gestein, Folgen starker Meteoriteneinschläge in der Frühgeschichte des Mondes.

Strahlung ↑ Teilchenstrahlung, ↑ elektromagnetische Wellen.

Die **Strahlungsära** [⟨dt. + ⟨lat.] ist die Zeitspanne von 10 s bis etwa 1 Mill. Jahre nach der kosmologischen ↑ Singularität. In diesem Zeitraum fiel die Temperatur des Kosmos von 5 Md. K auf 3000 K. Am Anfang der Strahlungsära bildeten sich aus freien Neutronen und Protonen Atomkerne des Heliums; diese Kerne und die in großer Zahl vorhandenen weiteren Protonen vereinigten sich am Ende der Strahlungsära mit den Elektronen zu Atomen. In der Strahlungsära waren Photonen der Hauptbestandteil des Kosmos. ↑ Elementarteilchen.

Der **Strahlungsdruck** ist der Druck, den eine Strahlung auf einen im Strahlungsfeld befindlichen Körper ausübt, wenn dieser Körper die Strahlung reflektiert oder absorbiert. Für kleine Teilchen im Weltraum kann der Strahlungsdruck des Lichtes die Gravitation übertreffen. Auf der Erdoberfläche beträgt der Druck der Sonnenstrahlung bei senkrechtem Einfall auf eine vollkommen reflektierende Fläche etwa 0,00001 N/m^2.

Als **Strahlungsgesetze** bezeichnet man die physikalischen Gesetze, die einen Zusammenhang zwischen der Energie oder der Frequenz (bzw. Wellenlänge) der von einem Körper ausgesandten Strahlung und der Temperatur des strahlenden Körpers beschreiben.

Wichtige Strahlungsgesetze sind

das *Stefan-Boltzmannsche Gesetz:* $u \sim T^4$, u = Gesamtstrahlungsenergie, T = Temperatur in K;

das *Wiensche Verschiebungsgesetz:* $\lambda_{max} \sim 1/T$, λ_{max} = Wellenlänge des Energiemaximums;

das *Plancksche Gesetz.* Es besagt, daß die Energiedichte der Strahlung von der Wellenlänge und der Temperatur des strahlenden Körpers abhängt.

Die **Strahlungsgürtel der Erde** oder *Van-Allen-Gürtel* (nach dem Entdecker) sind Bereiche hoher Teilchendichte. Sie bestehen aus energiereichen Elektronen und Protonen und befinden sich innerhalb der ↑ Magnetosphäre. Man unterscheidet einen *inneren* Strahlungsgürtel (etwa 3000 km hoch) und einen *äußeren*, der bis zu 45000 km in den Raum hinausreicht. Die Teilchen entstammen der kosmischen Strahlung und dem Sonnenwind, sie werden vom Magnetfeld der Erde eingefangen und bewegen sich zwischen 2 annähernd symmetrisch zum Äquator gelegenen Punkten hin und her. Die Laufzeit beträgt dabei einige Sekunden. Gleichzeitig driften die Teilchen aber auch um die Erde. – Wegen der hohen Energiedichte sind die Strahlungsgürtel eine Gefahrenzone für die Besatzungen von Raumschiffen. *Abb.*

Strahlungsgürtel der Erde

Die **Stratosphäre** [⟨lat. + ⟨griech.] ist eine Schicht der ↑ Erdatmosphäre.

Die **Streuung** ist die Ablenkung eines Teils einer Strahlung aus der ursprünglichen Richtung. Die in unterschiedliche Richtungen gestreute Strahlung geht der Ausgangsstrahlung verloren. Streuung kann stets nur durch sehr kleine Teilchen bewirkt werden. In der Astronomie interessiert meistens nur die Streuung des Lichtes (an Atomen, Molekülen, Elektronen, Staubteilchen).

Die **Stufenschätzung** der scheinbaren ↑ Helligkeit eines Sterns beruht auf dem Vergleich mit den (bekannten) Helligkeiten benachbarter Sterne. Das Verfahren erfordert keine Meßgeräte und liefert die scheinbare Helligkeit bis auf 0,1 Größenklasse genau.

Die **Stundenachse** ↑ Montierung.

Stundenkreise heißen die Halbkreise, die an der scheinbaren Himmelskugel vom Nordpol zum Südpol verlaufen und senkrecht auf dem Himmelsäquator stehen. Auf dem Stundenkreis eines Gestirns wird dessen Entfernung vom Himmelsäquator, die ↑ Deklination, gemessen. ↑ Abb. Äquatorsystem.

Der **Stundenwinkel** ist eine Koordinate im ruhenden ↑ Äquatorsystem. Er ist der Winkel zwischen dem Ortsmeridian und dem Längenkreis eines Gestirns. Er wird am Nord- bzw. Südpol der scheinbaren Himmelskugel gemessen oder als Bogenstück auf dem Himmelsäquator und meistens in Zeitmaß (1 h ≙ 15°; 24 h ≙ 360°) angegeben. Der Stundenwinkel ist infolge der Erdrotation und der dadurch bewirkten scheinbaren täglichen Bewegung der Gestirne zeitlich veränderlich. ↑ Tab. Koordinaten.

Der **Sucher** ↑ Fernrohr.

Südliche Krone oder lat. *Corona Australis* (Genitiv *Coronae Australis*), Abk. *CrA*, heißt ein kleines Sternbild am Südhimmel. Es ist von Mitteleuropa aus nicht sichtbar.

Südlicher Fisch oder lat. *Piscis Austrinus* (Genitiv *Piscis Austrini*), Abk. *PsA*, heißt ein Sternbild am Südhimmel. Es fällt in Mitteleuropa lediglich durch seinen Hauptstern ↑ Formalhaut auf, der Ende August um Mitternacht knapp über dem südlichen Horizont gesehen werden kann.

Südliches Dreieck oder lat. *Triangulum Australe* (Genitiv *Trianguli Australis*), Abk. *TrA*, heißt ein Sternbild des Südhimmels, das in Mitteleuropa nicht sichtbar ist.

Das **Südlicht** ↑ Polarlicht.

Der **Südpol** ist der Punkt auf der Südhalbkugel der Erde, an dem die Rotationsachse der Erde die Erdoberfläche durchstößt. Eine gedachte Verlängerung der Erdachse über die Erdoberfläche hinaus zeigt zum *Himmelssüdpol.* Ihm fehlt, im Gegensatz zum Himmelsnordpol, ein markanter Polarstern. ↑ Nordpol.

Der **Südpunkt** markiert die Südrichtung auf dem Horizont. In ihm schneidet der Ortsmeridian des Beobachters den Horizont bei einem Azimut von 0°. ↑ Nordpunkt.

Die **Supergranulation** [⟨lat. + ⟨lat.] wird durch sehr großräumige Strömungsbewegungen in der ↑ Photosphäre der Sonne gebildet. ↑ Granulation.

Ein **Superhaufen** [s. o. + ⟨dt.] ist eine vermutete Anhäufung mehrerer ↑ Galaxienhaufen. Die Existenz solcher großen Materieansammlungen im Weltall ist jedoch nicht bestätigt.

Die **Supernova** [⟨lat.; Plural: Supernovae] ist ein Stern, der einen explosionsartigen Ausbruch erleidet und dabei für einige Tage oder Wochen eine Leuchtkraft von einigen Md. Sonnenleuchtkräften erreicht. Das ist die Strahlungsleistung einer ganzen Galaxie. Der Stern stößt bei seinem Ausbruch eine Gashülle ab, deren anfängliche Geschwindigkeit bei 10000 bis 100000 km/s liegt; dieses Gas ist mit schweren Elementen aus dem Sterninneren durchsetzt. Der im Zentrum verbleibende Rest ist wahrscheinlich ein ↑ Neutronenstern oder ein ↑ Schwarzes Loch. Man nimmt heute an, daß nur Sterne mit Massen von mehr als etwa 1,4 Sonnenmassen einen derartigen Ausbruch erleiden können. Der innere Bereich des Sterns kontrahiert dabei sehr schnell.

Im Milchstraßensystem sind rund 100 Supernova-Überreste (z. B. ↑ Cirrus-Nebel) bekannt; sie senden intensive Radiofrequenz-, Röntgen- und Gammastrahlung aus. Jedoch konnte der Ausbruch von Supernovae im Milchstraßensystem nur sehr selten beobachtet werden, so in den Jahren 1054, 1181, 1572 und 1604. Alle anderen seither beobachteten Supernovae leuchteten in anderen Sternsystemen auf.

Der **Super-Schmidt-Spiegel** ist ein Spiegelteleskop, bei dem die optische Anordnung des ↑ Schmidtspiegels durch eine Meniskuslinse (↑ Maksutowteleskop) ergänzt wird. Dadurch ergeben sich sehr große Gesichtsfelder und die Möglichkeit, besonders große ↑ Öffnungsverhältnisse zu erzielen.

Die **Synchrotronstrahlung** [⟨griech. + ⟨dt.] ist eine elektromagnetische Wellenstrahlung, die von energiereichen geladenen Teilchen ausgesandt wird, wenn diese durch ein Magnetfeld auf eine gekrümmte Bahn gezwungen werden. Sie kann sowohl sichtbares Licht als auch radiofrequente Wellen umfassen. In der Astronomie wird Synchrotronstrahlung bei der Beeinflussung schneller Teilchenströme z. B. durch interstellare Magnetfelder beobachtet.

synodisch [⟨griech.]: bezogen auf die Stellung von Sonne und Erde zueinander. Die *synodische Umlaufzeit* eines Planeten ist die Zeit zwischen 2 aufeinanderfolgenden ↑ Oppositionen oder ↑ Konjunktionen. Die Zeitspanne zwischen 2 aufeinanderfolgenden gleichen Mondphasen heißt *synodischerMonat.*

Die **Syzygien** [⟨lat. ⟨griech.; Singular: die Syzygie] sind ein Sammelbegriff für die Mondphasen *Vollmond* und *Neumond.*

Die **Szintillation** [⟨lat.] ist das „Funkeln“ der Sterne, das in der Erdatmosphäre in etwa 10 km Höhe entsteht. Die dort vorhandenen Luftschlieren werden durch die Strömung der Luft bewegt und verursachen schnelle, unregelmäßige Richtungs- und Helligkeitsänderungen. Bei der Sonne, dem Mond und den Planeten ist mit dem bloßen Auge keine Szintillation bemerkbar, da diese Lichtquellen nicht streng punktförmig erscheinen.

T

Tafelberg oder lat. *Mensa* (Genitiv *Mensae*), Abk. *Men*, heißt ein am Südhimmel in der Nähe des Himmelssüdpols gelegenes Sternbild aus lichtschwachen Sternen.

Ein **Tag** ist die Zeitspanne, in der die Erde eine Rotation um ihre Achse ausführt. Eine Umdrehung um 360° heißt ein *Sterntag*; diese Zeit vergeht zwischen 2 aufeinanderfolgenden oberen Kulminationen eines Sterns. Da sich die Erde während eines Sterntages um knapp 1° auf ihrer Bahn um die Sonne weiterbewegt, dauert eine Rotation in bezug auf die Sonne, ein *Sonnentag*, länger als ein Sterntag. Die Kalendertage des täglichen Lebens sind Sonnentage, und die aus ihnen abgeleitete Einteilung in Stunden, Minuten und Sekunden gibt die ↑ Sonnenzeit an. Ein Sterntag ist um 3 min 56 s kürzer als ein Sonnentag, dauert also 23 h 56 min 4 s Sonnenzeit.

Als Tag wird umgangssprachlich auch der Zeitraum zwischen Sonnenaufgang und Sonnenuntergang (im Gegensatz zur Nacht) bezeichnet. *Abb.*

Als **Tagbogen** bezeichnet man den Teil der scheinbaren täglichen Bahn eines

Gestirns, der sich über dem Horizont befindet. Dabei ist unerheblich, ob sich das Gestirn am hellen Tage oder zur Nachtzeit in diesem Bahnabschnitt aufhält. Der Tagbogen wird durch den *Nachtbogen* zum Vollkreis ergänzt. Die Zirkumpolarsterne haben Tagbögen von 360°; d.h., ihre Bahnen liegen vollständig über dem Horizont. *Abb.*

Die **Tagundnachtgleiche** oder das *Äquinoktium* ist der Zeitpunkt, in dem die Sonne während ihrer scheinbaren jährlichen Bewegung den Himmelsäquator überschreitet. Zur Frühlingstagundnachtgleiche (Frühlingsanfang; um den 21.3.) wechselt sie von der südlichen auf die nördliche Himmelshalbkugel über; zur Herbsttagundnachtgleiche (Herbstanfang; um den 23.9.) bewegt sie sich in umgekehrter Richtung. An den genannten Tagen sind Tag und Nacht gleich lang.

T-Assoziation ↑ Sternassoziation.

Taube oder lat. *Columba* (Genitiv *Columbae*), Abk. *Col*, heißt ein Sternbild des Südhimmels, das in Mitteleuropa Ende Dezember um Mitternacht nur wenige Grade über dem Horizont kulminiert.

Die **Taukappe**, eine Verlängerung des Tubus über das Objektiv eines ↑ Fernrohrs hinaus, verhindert das Beschlagen der Objektivlinsen in Nächten mit hoher Luftfeuchtigkeit. Bei manchen Instrumenten kann sie elektrisch beheizt werden.

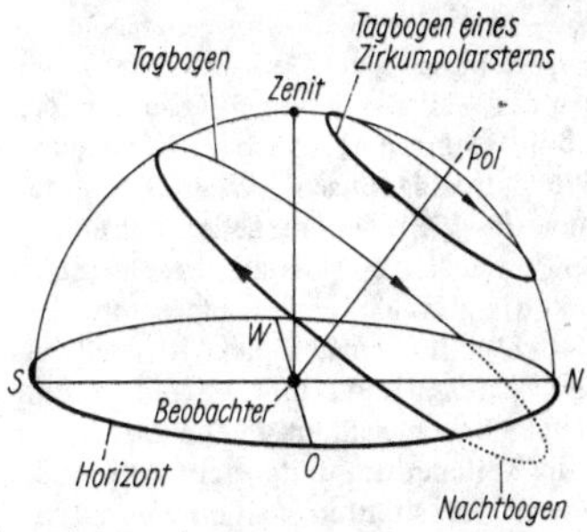

Tagbogen und Nachtbogen

Taurus [(lat.] ↑ Stier.

In **Tautenburg** bei Jena befindet sich eine bekannte ↑ Sternwarte der DDR, das Karl-Schwarzschild-Observatorium des Zentralinstituts für Astrophysik (Akademie der Wissenschaften der DDR), gegründet 1960. Es besitzt u. a. ein Spiegelteleskop (Fernrohr) mit einem Schmidtspiegel von 200 cm Durchmesser und 2,3 t Masse. ↑ Abb. Fernrohr. Wichtigste Aufgaben dieses Observatoriums sind die Untersuchungen von Sternsystemen sowie von Sternen mit einem starken Magnetfeld (Magnetsterne).

TDT ↑ Dynamische Erdzeit.

Teilchenstrahlung, auch *Korpuskularstrahlung* oder *Partikelstrahlung*, heißen alle aus bewegten Teilchen bestehenden Strahlungen, z. B. Elektronen-, Proto-

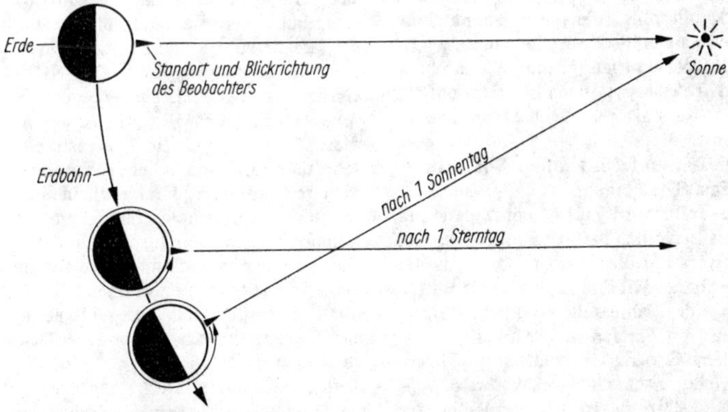

Tag: Sterntag und Sonnentag

nen-, Ionen- (z. B. Helium) und Neutronenstrahlung. Den Gegensatz dazu bilden die Wellenstrahlungen, insbesondere die elektromagnetische Strahlung (↑ elektromagnetische Wellen), zu der auch das Licht gehört. Teilchenstrahlungen bewegen sich stets mit Geschwindigkeiten unterhalb der Lichtgeschwindigkeit. Strahlungen aus elektrisch geladenen Teilchen sind in elektrischen und magnetischen Feldern ablenkbar.
Jede Teilchenstrahlung stellt, wie auch jede Wellenstrahlung, eine Ausbreitung von Energie dar. So führt z. B. die von der Sonne ausgesandte Strahlung aus Elektronen, Protonen und anderen Atomkernen, der ↑ Sonnenwind, zur Entstehung und Ausrichtung der Kometenschweife und zur Verformung des ↑ Magnetfeldes der Erde.

Der **Tektit** [⟨griech.] *(Glasmeteorit)* ist ein kugeliger Körper aus einer glasigen Masse, die einen großen Anteil an Siliciumdioxid (SiO_2) enthält. Wahrscheinlich sind die Tektite beim Aufschlag eines großen Meteoriten auf die Erde entstanden, wobei Meteoritenmaterial und irdisches Gestein explosionsartig verdampfte. Auch auf dem Mond fand man Tektite.

Telementor ist der Name eines ↑ Schul- und Amateurfernrohrs, das eigens für den Astronomieunterricht hergestellt wird. Es ist ein Refraktor mit 63 mm Objektivöffnung, 840 mm Objektivbrennweite und einer Universalmontierung (↑ Montierung), die sowohl azimutal als auch parallaktisch verwendbar ist.

Telescopium [⟨lat. ⟨griech.] ↑ Fernrohr 1.

Das **Teleskop** [⟨griech.] ↑ Fernrohr 2., ↑ astronomisches Beobachtungsinstrument.

Der **Telesto** heißt ein Mond des Saturn. ↑ Tab. Satelliten.

Das **Tellurium** [⟨lat.] ist ein Apparat zur Veranschaulichung der Bewegungen des Mondes um die Erde und der Erde um die Sonne. Mit ihm kann z.B. die Entstehung der Jahreszeiten und die Entstehung von Sonnen- und Mondfinsternissen im Geographie- und Astronomieunterricht anschaulich erklärt werden. – Das Tellurium ist ein Vorläufer des ↑ Planetariums.

Die **Temperatur** [⟨lat.], eine physikalische Grundgröße, ist ein Maß für den Wärmezustand eines Körpers. In der Regel steigt die Temperatur eines Körpers, wenn man ihm Wärmeenergie zuführt (Ausnahmen sind z. B. beim Schmelzen oder Verdampfen zu beobachten). Die Temperatur wird in der Physik und in der Astronomie meist als *absolute Temperatur* in Kelvin (K) gemessen, im Alltagsgebrauch ist die übliche Temperatureinheit das Grad Celsius (°C). Der absolute Nullpunkt (tiefste Temperatur) ist 0 K = 273,15 °C. Man erhält die Temperatur T (in K), indem man zur Temperatur t (in °C) den Wert von 273,15 Grad addiert; 20 °C = 293,15 K.
In der Astronomie werden Temperaturen auf Grund der von den betreffenden Körpern ausgesandten Strahlung bestimmt. Die *effektive Temperatur* ist die Temperatur, die ein ↑ schwarzer Körper haben müßte, um je Quadratmeter Oberfläche die gleiche Strahlungsleistung abzugeben wie der Stern. Häufig werden die effektiven Temperaturen der Sterne vereinfacht als *Oberflächentemperaturen* bezeichnet. Die *Farbtemperatur* ist die Temperatur eines schwarzen Körpers, der eine Lichtstrahlung gleicher Farbe (gleicher spektraler Intensitätsverteilung) wie der Stern aussendet. Als *kinetische Temperatur* bezeichnet man einen aus der mittleren Bewegungsenergie der Atome ermittelten Wert. Die kinetische Temperatur findet vielfach bei der Beschreibung der Sternatmosphären und der interstellaren Materie Anwendung.

Der **Terminator** [⟨lat.] ist die Tag-Nacht-Grenze *(Lichtgrenze)* auf einem nicht selbst leuchtenden Himmelskörper. An dieser Grenze treffen die Sonnenstrahlen sehr flach auf und es entstehen lange Schatten. Auf dem Mond erscheinen daher die Oberflächeneinzelheiten am Terminator besonders plastisch.

Terra ist der lateinische Name für die Erde. Die Bezeichnung wird auch für die mit Kratern übersäten und sehr gebirgigen Gebiete auf der ↑ Mondoberfläche verwendet.

Tethys [nach der griech. Sagengestalt] heißt ein Mond des Saturn. ↑ Tab. Satelliten.

Die **Thebe** [⟨lat.] heißt ein Mond des Jupiter, ↑ Tab. Satelliten.

Tierkreis oder *Zodiakus* nennt man einen streifenförmigen Bereich längs der ↑ Ekliptik an der scheinbaren Himmelskugel. In ihm verlaufen die scheinbaren Bahnen der Sonne, des Mondes und der meisten Planeten. Der Name rührt daher, daß die Mehrzahl der ekliptiknahen Sternbilder Tiernamen trägt.

In der Astrologie des Altertums wurde die Ekliptik in 12 gleichlange Abschnitte (zu je 30°) zerlegt. Diese erhielten die Namen benachbarter Sternbilder des Tierkreises *(Tierkreissternbilder)* und heißen *Tierkreiszeichen* (↑ astronomische Zeichen). Da die Sternbilder festbleiben, der Frühlingspunkt sich aber infolge der ↑ Präzession bewegt, haben sich seither diese Sternbilder und die nach ihnen benannten Tierkreiszeichen um rund 30° voneinander entfernt. ↑ Schlangenträger.

Das **Tierkreislicht** ↑ Zodiakallicht.

Die **Tierkreislinie** ↑ Ekliptik.

Der **Titan** [nach den Titanen, den griech. Sagengestalten] ist ein Mond des Planeten Saturn und der größte aller Planetentrabanten im Sonnensystem. Titan besitzt eine dichte Atmosphäre aus Methan (CH_4) und Wasserstoff und besteht wahrscheinlich aus Wassereis und gefrorenem Methan. ↑ Tab. Satelliten.

Die **Titania** [nach der griech. Sagengestalt] heißt ein Mond des Uranus. ↑ Tab. Satelliten.

Als **Titius-Bodesche Reihe** bezeichnet man einen von J. K. Titius (1729–1796) entdeckten und von J. E. Bode (1747–1826) veröffentlichten mathematischen Ausdruck von der Form $a = 0{,}4 + 0{,}3 \cdot 2^n$. Er liefert in guter Näherung die mittleren Sonnenabstände der Planeten Merkur bis Uranus in Astronomischen Einheiten, wenn man für n nacheinander $-\infty$, 0, 1, 2, 3, 4, 5 und 6 setzt. Die Zahl $n = 3$ gibt den durchschnittlichen Abstand der Planetoiden. Bei Neptun und Pluto liefert die Reihe mit $n = 7$ bzw. 8 sehr fehlerhafte Werte. Wahrscheinlich verbirgt sich hinter dieser Gesetzmäßigkeit eine ursprüngliche Massenverteilung im Sonnensystem bei der ↑ Planetenentstehung.

Toliman ↑ Proxima Centauri.

Die **Totalität** [⟨lat.] ist der Zeitraum, in dem bei einer totalen ↑ Finsternis das betreffende Gestirn vollständig verfinstert ist. Vor und nach der Totalität hat auch die totale Finsternis eine partielle Phase. Die Totalität einer Sonnenfinsternis kann bis zu 7,6 min, die einer Mondfinsternis bis zu 1 h 40 min dauern.

Die **Totalitätszone** [s. o. + ⟨lat.] ist der schmale Streifen auf der Erdoberfläche, von dem aus eine Sonnenfinsternis als totale ↑ Finsternis beobachtet werden kann. ↑ Totalität.

Der **Transpluto** [⟨lat.] ist ein außerhalb der Plutobahn in 464 AE Sonnenabstand vermuteter zehnter Planet; er konnte bisher nicht entdeckt werden. Es ist fraglich, ob er existiert.

Das **Trapez** [⟨griech.] im Sternbild *Orion* wird von 4 jungen, heißen Sternen gebildet, die dem sechsfachen System ϑ Orionis angehören. Von der Strahlung dieser Sterne wird der Gasanteil des ↑ Orionnebels ionisiert.

Das **Triangulum** [⟨lat.] ↑ Dreieck.

Das **Triangulum Australe** [s. o. bzw. ⟨lat.] ↑ Südliches Dreieck.

Der **Triton** [⟨griech.] heißt der größere Mond des Neptun. ↑ Tab. Satelliten.

Als **Trojaner** werden bestimmte Planetoiden bezeichnet, die sich durch ihre besondere räumliche Stellung zu Sonne und Jupiter auf bevorzugten Bahnen bewegen. Sie wurden nach Helden der Sage vom trojanischen Krieg benannt.

tropisch [⟨griech.]: auf die Lage des ↑ Frühlingspunktes bezogen. Das *tropische Jahr* oder *Besselsche Jahr* ist der Zeitraum zwischen 2 aufeinanderfolgenden Durchgängen der Sonne durch den Frühlingspunkt; es dauert 365 Tage 5 h 48 min 46 s mittlerer Sonnenzeit. Wegen der ↑ Präzession läuft der Frühlingspunkt im Laufe eines Jahres der Sonne an der scheinbaren Himmelskugel entgegen, daher ist das tropische Jahr länger als das ↑ siderische Jahr.

Ein *tropischer Monat* ist die Zeit zwischen 2 aufeinanderfolgenden Durchgängen des Mondes durch den Längenkreis des Frühlingspunktes und dauert 27 Tage 7 h 43 min 5 s.

Die **Troposphäre** [⟨griech.] ist ein Teil

(eine Schicht) der ↑ Erdatmosphäre (mit Tab.).

T-Tauri-Sterne [⟨lat.; taurus „Stier"] sind unregelmäßige ↑ Veränderliche, in deren Spektren Emissionslinien auftreten. Diese Sterne werden von Gas- und Staubhüllen umgeben. Wahrscheinlich handelt es sich um ↑ Protosterne im letzten Stadium der Kontraktion, bei denen die Hülle aufreißt und der entstehende Stern sichtbar wird. T-Tauri-Sterne bilden ↑ Sternassoziationen.

Der **Tubus** [⟨lat.] ↑ Fernrohr.

TUC ↑ Zeit.

Tucana [⟨lat.] ↑ Tukan.

Der **Tukan** oder *Tucana* [⟨lat.; Genitiv *Tucanae*], Abk. *Tuc*, heißt ein in Mitteleuropa nicht sichtbares Sternbild des Südhimmels.

Das **Tunguska-Ereignis**, durch das am 30. 6. 1908 weite Waldgebiete in Sibirien an der Steinigen Tunguska nördlich von Irkutsk (UdSSR) verwüstet wurden, war vermutlich der Aufprall eines Kometenkerns oder eines riesigen, aus lockerem und leichtflüchtigem Material bestehenden Meteoriten auf die Erde.

Das **Turmteleskop** [⟨griech.] wird vor allem bei der Sonnenbeobachtung verwendet. Es ist ortsfest senkrecht in einem Turm montiert; das Sonnenlicht wird durch einen ↑ Coelostaten in das Teleskop reflektiert. Der Vorteil dieser Anordnung ist, daß auch die Zusatzgeräte (z. B. ↑ Spektrographen) fest aufgestellt und in klimatisierten Räumen untergebracht werden können. In der DDR befindet sich ein Turmteleskop im ↑ Einsteinturm.

Kitt-Peak-Observatorium in Tucson

Bei **Tucson** [sprich: tuhßon] (Arizona, USA) befindet sich auf dem Kitt Peak das Nationale Astronomische Observatorium der USA. Es stellt die größte Konzentration von astronomischer Beobachtungstechnik auf der Nordhalbkugel der Erde dar. Hauptinstrument ist ein 4-m-Spiegelteleskop, das drittgrößte Spiegelteleskop der Erde. Auch das größte Sonnenteleskop der Erde (mit 1,5 m Öffnung) gehört zu diesem Observatorium. Eine Außenstation auf dem Cerro Tololo (Chile) verfügt ebenfalls über ein 4-m-Spiegelteleskop. *Abb.*

U

Ein **Überriese** ist ein Stern mit sehr großer Leuchtkraft. Derartige Sterne weisen erheblich größere Durchmesser auf als die Sterne der ↑ Hauptreihe. Sie gehören zur ↑ Leuchtkraftklasse I. Ein Beispiel ist ↑ Beteigeuze.

Das **UBV-System** ↑ Mehrfarbenfotometrie.

Mit **UFO** [Abk. für *u*nidentified *f*lying *o*bjects, engl., „nicht identifizierte Flugobjekte"] bezeichnet man seit Anfang der 50er Jahre angenommene Raumflugkörper von außerirdischen intelligenten Lebewesen. Es gibt keinen Beweis, daß sie wirklich existieren.

Die **Uhr** [⟨franz.] ist eines der wichtigsten Meßgeräte der Astronomie und zwar zur ↑ Zeitbestimmung. Auf den Sternwarten werden meist Präzisions-*Pendeluhren* und *Quarzuhren* verwendet. Pendeluhren müssen sehr sorgfältig konstruiert und gewartet werden; sie stehen meistens in besonderen Uhrenräumen mit konstanter Temperatur und unter Luftabschluß. Bei ihnen wird die Pendelschwingung als Zeitnormal verwendet. Bei der Quarzuhr treten an deren Stelle die Schwingungen eines Stabes, einer Platte oder eines Ringes aus Quarz. Diese Schwingungen werden auf elektrischem Wege erregt und haben eine sehr konstante Frequenz. Eine Laborquarzuhr weicht täglich nur um $\frac{1}{10000}$ s ab. Die höchste Genauigkeit wird mit *Molekül-uhren* und *Atomuhren* erreicht, bei denen als Zeitnormal die nahezu unveränderlichen Eigenschwingungen von Atomen oder Molekülen dienen. Mit solchen Uhren wurde es möglich, die Unregelmäßigkeiten der Erdrotation nachzuweisen.

Der *Stand* (die Abweichung der angezeigten von der wahren Zeit) und der *Gang* einer Uhr (die Änderung des Standes von Tag zu Tag) werden ständig kontrolliert. Je weniger sich der Gang ändert, desto wertvoller ist die Uhr.

Das **Ultrarot** [lat.] ↑ Infrarot.

Die **Ultrastrahlung** [s. o.] ↑ kosmische Strahlung.

Das **Ultraviolett** [s.o. + ⟨franz.] Abk. *UV*, ist ein Teilgebiet der elektromagnetischen Wellenstrahlung. Es umfaßt Wellen mit Wellenlängen zwischen 10 nm und 360 nm. Die Erdatmosphäre ist für Ultraviolettstrahlung nur teilweise durchlässig, deshalb sind Beobachtungen in diesem Spektralbereich nur von Hochgebirgsstationen, Ballonteleskopen und Erdsatelliten aus möglich. Auch die ↑ interstellare Materie absorbiert ultraviolette Strahlung. ↑ Tab. elektromagnetische Wellen.

Die **Umbra** [⟨lat.; „Schatten"] ↑ Sonnenfleck.

Umbriel [sprich: -bri-el; hebr.] heißt ein Mond des Uranus. ↑ Tab. Satelliten.

Die **Umlaufzeit** eines natürlichen oder künstlichen Himmelskörpers ist die Zeitdauer für einen vollendeten Umlauf dieses Körpers um den Zentralkörper.

Das **Universalinstrument** [⟨lat. + ⟨lat.] dient zur Messung von Winkeln an der scheinbaren Himmelskugel. Es ist ein um eine waagerechte und eine senkrechte Achse drehbares kleines Fernrohr, mit dem Höhen und Azimute von Gestirnen gemessen werden. Universalinstrumente werden z. B. bei Expeditionen zur Zeit- und Ortsbestimmung benutzt. Eine größere, stabil aufgestellte Form ist das ↑ Altazimut.

Universal Time [sprich: junivə(r)sl taim; ⟨engl.] Abk. *UT* ↑ Weltzeit.

Das **Universum** [⟨lat.] ↑ Weltall.

Der **Untergang** ist der Zeitpunkt, zu dem ein Gestirn unter dem Horizont verschwindet. Da die atmosphärische ↑ Refraktion die Höhe eines Objekts im Horizont um 35′ vergrößert, erfolgt der *scheinbare Untergang* etwas später als der *wahre Untergang*. Beim *heliakischen Untergang* verschwindet das Gestirn in den Strahlen der auf ihrer jährlichen scheinbaren Bahn herannahenden Sonne.

Ein **Unterriese** ist ein Stern der ↑ Leuchtkraftklasse IV. Diese Sterne befinden sich im ↑ Hertzsprung-Russell-Diagramm zwischen der ↑ Hauptreihe und dem Bereich der Riesensterne. Ihre Anzahl ist nur gering.

Ein **Unterzwerg** ist ein Stern der ↑ Leuchtkraftklasse VI. Diese Sterne liegen im ↑ Hertzsprung-Russell-Diagramm unterhalb der ↑ Hauptreihe, besitzen also bei gleichen Temperaturen geringere Leuchtkräfte als die (normalen) Zwergsterne. Sie kommen in der Sonnenumgebung nur in geringer Anzahl vor.

Die **Urania** [⟨griech.; „Himmlische"] oder *Urania* [⟨lat.] heißt die griech. Muse der Himmelskunde.

Der **Uranus** [⟨lat. ⟨griech.] ist ein Planet des Sonnensystems. Er ist ein ↑ jupiterartiger Planet. ↑ Tab. Planeten.

Uranus ist in seinen physikalischen Eigenschaften dem ↑ Neptun ähnlich. Er erscheint einem irdischen Beobachter nur in einer Helligkeit von +5,9 Größenklassen. Seine Rotationsachse liegt fast in der Bahnebene. In der vorwiegend aus Wasserstoff und Helium bestehenden Uranusatmosphäre, deren Temperatur wegen der großen Entfernung von der Sonne nur −216 °C beträgt, konnte eine Wolkenschicht nachgewiesen werden. Uranus sendet Radiostrahlung aus. Er wird von 15 Monden umlaufen (↑ Tab. Satelliten) und von einem – von der Erde aus nicht beobachtbaren – Ringsystem umgeben. Uranus wurde im Jahre 1781 von W. Herschel entdeckt.

Der **Urknall** ↑ Singularität.

Ursa Major ↑ Großer Bär.

Ursa-Major-Haufen ↑ Bewegungssternhaufen.

Ursa Minor ↑ Kleiner Bär.

UT: ↑ Weltzeit.

V

Die **Vallis** [⟨lat.] ist die Bezeichnung für eine Oberflächenform (Tal) auf der Mondoberfläche. Sie wird in Verbindung mit einem Eigennamen verwendet; z. B. Vallis Alpes (Alpen-Quertal).

Der **Van-Allen-Gürtel** ↑ Strahlungsgürtel.

Vela [⟨lat.] ↑ Segel.

Die **Venus** [nach der röm. Göttin] ist der Planet des Sonnensystems, der der Erde am nächsten kommen kann. Sie gehört zu den ↑ erdartigen Planeten. ↑ Tab. Planeten.

Die Venus ist nach Sonne und Mond das auffallendste Gestirn am Himmel, da ihre scheinbare Helligkeit bis auf −4,4 Größenklassen ansteigen kann. Steht sie westlich (rechts) der Sonne, dann geht sie vor ihr auf und erscheint als *Morgenstern.* In der entgegengesetzten Stellung leuchtet sie als *Abendstern* nach Sonnenuntergang am Himmel. Venus kann bis zu 47° Winkelabstand von der Sonne erreichen. Im Fernrohr zeigt sie Phasen wie der Mond und, je nach ihrem Abstand von der Erde, sehr unterschiedliche Winkeldurchmesser (10″ bis 60″). Auf der *Oberfläche* der Venus wurden, wie auf Mond, Merkur und Mars, Krater festgestellt. Sie sind flacher als die des Mondes, wie überhaupt die aus Basaltgesteinen bestehende Kruste der Venus verhältnismäßig eben ist. Kleine Krater sind selten.

Die Venusatmosphäre besteht zu 96 % aus Kohlendioxid, zu 2 % aus Stickstoff und zu 2 % aus einigen anderen Gasen. Der Sauerstoffanteil beträgt weniger als 0,1 %. Oberhalb einer Höhe von 45 km herrschen hohe Windgeschwindigkeiten, an der Planetenoberfläche ist es dagegen fast windstill. An der Landestelle der sowjetischen Sonde „Venus 8" betrug die *Atmosphärentemperatur* 470 °C und der *Druck* 9000 kPa. Ein Temperaturunterschied zwischen Tag und Nacht wurde nicht festgestellt. Die hohe Temperatur erklärt sich aus der geringen Entfernung

Venus aus 720 000 km Entfernung gesehen; Aufnahme im ultravioletten Licht von Mariner 10

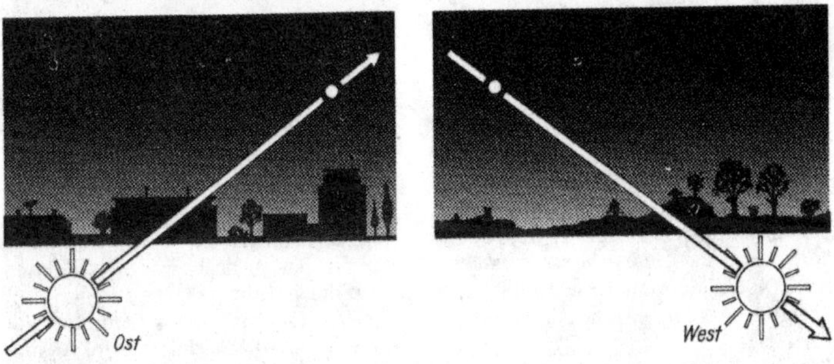

Venus als Morgenstern, die Sonne ist noch nicht aufgegangen (links). Venus als Abendstern, die Sonne ist schon untergegangen (rechts)

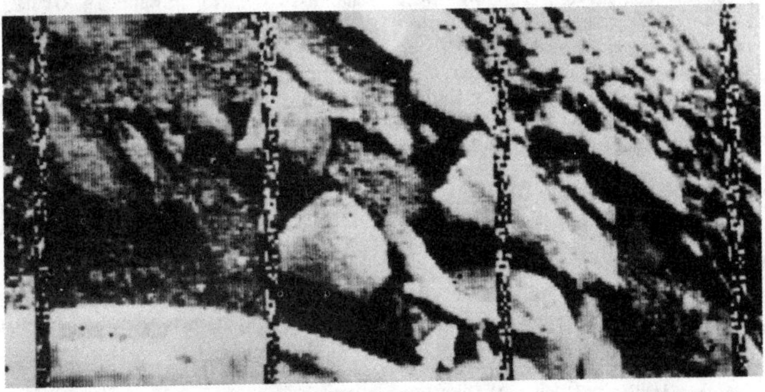

Panoramafoto der Venus; fotografiert von Venera 9. Die Aufnahme ist in mehreren Teilfotos übermittelt worden, die durch Kontrollsignale voneinander getrennt waren (daher die vertikalen Streifen)

zur Sonne und aus der Treibhauswirkung der dichten Atmosphäre. Die Venus ist von einer undurchsichtigen Wolkenhülle umgeben, die temperaturausgleichend und stark lichtschwächend wirkt. Die untere Grenze der Wolken liegt bei 45 km, die obere Wolkengrenze bei 63 km.

Mutmaßlich hat die Venus einen Eisenkern von etwa 6000 km Durchmesser, darum liegt ein dicker Mantel. Ein Magnetfeld konnte nicht festgestellt werden. ↑ Tab. Durchgang. – *3 Abb.*

Veränderliche oder *veränderliche Sterne* sind Sterne, deren wesentliche ↑ Zustandsgrößen periodisch oder in unregelmäßiger Weise um einen mittleren Wert schwanken. Im weiteren Sinne zählen auch die ↑ Bedeckungssterne zu den Veränderlichen, obwohl sich bei dieser speziellen Gruppe von Doppelsternen lediglich die von der Erde aus beobachtbare scheinbare Helligkeit (die nicht zu den Zustandsgrößen zählt) rhythmisch verändert.

Auch die physischen Veränderlichen, d. h. die Sterne mit veränderlichen Zustandsgrößen, fallen durch ihre veränderliche scheinbare Helligkeit auf, was jedoch durch zeitliche Änderungen der Leuchtkraft bewirkt wird. Auch die Temperatur, die Spektralklasse, der Radius, die Rotationsgeschwindigkeit und das Magnetfeld sind bei diesen Sternen veränderlich. In fast allen Fällen bleiben jedoch die Mittelwerte der genannten Zustandsgrößen konstant.

Je nach der Art der Helligkeitsänderung werden die Veränderlichen in verschiedene Gruppen eingeteilt, die jeweils nach einem typischen Vertreter benannt sind. Mehr als 9/10 aller Veränderlichen sind ↑ Riesen- und ↑ Überriesensterne. Der überwiegende Teil dieser Objekte gehört zu den ↑ *Pulsationsveränderlichen.* Auch völlig unregelmäßige Helligkeitsänderungen kommen bei Riesensternen vor.

Die Veränderlichen, die der ↑ Hauptreihe des ↑ Hertzsprung-Russell-Diagramms zuzuordnen sind, haben meist einen unregelmäßigen, eruptionsartigen Lichtwechsel. Man bezeichnet diese *Hauptreihenveränderlichen* deshalb oft auch als *Eruptionsveränderliche* und nimmt an, daß die Helligkeitsausbrüche bei diesen Himmelskörpern tatsächlich mit Materieauswürfen verbunden sind. Auch hier gibt es unterschiedliche Gruppen, darunter die *T-Tauri-Sterne*, die häufig in der Nähe interstellarer Wolken angetroffen werden, und die ↑ Flackersterne.

Sondergruppen von Veränderlichen bilden die *Spektrumveränderlichen*, in deren Spektren zeitlich veränderliche Linienstärken beobachtet werden, und die *wiederkehrenden Novae* (↑ Nova). Die *Rotationsveränderlichen* bilden ebenfalls eine besondere Gruppe, obgleich sie wahrscheinlich die häufigsten Veränderlichen sind. Man versteht darunter Sterne, die bei ihrer Rotation dem Beobachter unterschiedliche Oberflächeneinzelheiten zuwenden und deshalb einen schwachen Lichtwechsel aufweisen. Auch die Sonne hat – wegen der Sonnenflecken und Fakkelgebiete – einen geringfügigen Rotationslichtwechsel.

Verbotene Linien heißen bestimmte, z. B. im ↑ interstellaren Gas beobachtbare Spektrallinien, die unter normalen irdischen Bedingungen nicht auftreten. Im interstellaren Raum können sie u. a. wegen der dort herrschenden sehr geringen Dichte vom Gas ausgestrahlt werden. Da ihre Zuordnung zu bekannten chemischen Elementen anfangs sehr schwierig war, wurden sie zeitweise einem vermuteten unbekannten Element ↑ Nebulium zugeschrieben.

Die **Verfärbung** des Lichtes beim Durchgang durch ↑ interstellaren Staub äußert sich in einer Rötung. Der Staub streut kurzwelliges (blaues) Licht stärker als langwelliges (rotes), so daß der Beobachter eine relative Verringerung des kurzwelligen Anteils im Sternlicht wahrnimmt. Zur Angabe der Verfärbung dient der ↑ Farbexzeß.

Die **Vergrößerung** eines Fernrohrs gibt an, um wieviel Mal der Sehwinkel eines Objekts, durch das Instrument betrachtet, größer ist als bei der Beobachtung ohne Fernrohr. Sie ist gleich dem Verhältnis Objektivbrennweite zu Okularbrennweite. Es gilt: Vergrößerung $N = f_1/f_2$. Bei fotografischer Beobachtung (Fokalaufnahme) hängt der Bildmaßstab, also die Vergrößerung, lediglich von der Objektivbrennweite ab. ↑ Fernrohr.

Der **Vertex** [⟨lat.] ist der Zielpunkt eines ↑ Bewegungssternhaufens an der Himmelskugel, d. h. der Punkt, in dem die Mitgliedssterne des Haufens infolge ihrer ↑ Eigenbewegung zusammenzutreffen scheinen. In Wirklichkeit handelt es sich um ein perspektivisches Zusammenlaufen der im Raum parallelen Bahnen der Haufensterne.

Als **Vertikalkreis** [⟨lat.] wird jeder Halbkreis bezeichnet, der an der scheinbaren Himmelskugel ↑ Zenit und ↑ Nadir miteinander verbindet. Alle Vertikalkreise stehen senkrecht auf dem Horizont. Die Vertikalkreise, die den Horizont im Nord- und im Südpunkt schneiden, bilden zusammen den *Ortsmeridian. Erster Vertikal* heißt der größte Kugelkreis, der sich aus den Vertikalkreisen durch Ost- und Westpunkt zusammensetzt.

Vertikalkreis ist auch die Bezeichnung für ein Winkelmeßinstrument, das zur Messung von ↑ Zenitdistanzen dient. Es ähnelt einem azimutal montierten kleinen Fernrohr mit Teilkreisen an der Kippachse. ↑ Montierung.

Das **Very-Large-Array** [sprich: werila(r)dschəreh; ⟨engl.; „sehr großes Aufgebot"] ist ein aus 27 ↑ Radioteleskopen bestehendes ↑ Radiointerferometer in New Mexico (USA), das zum Nationalen Radioastronomischen Observatorium der

USA gehört. Die einzelnen Radioteleskope sind auf bis zu 21 km langen Schienen beweglich angeordnet; jedes besitzt einen parabolischen Reflektor mit 25 m Durchmesser.

Die **Verzeichnung** ↑ Abbildungsfehler.

Die **Vesta** [⟨lat.] heißt einer der 4 größten Planetoiden. Sie hat die Form eines oval gestreckten Körpers mit 538 km mittlerem Durchmesser und rotiert in 10 h 41 min einmal um ihre Achse. Vesta ist der einzige ↑ Planetoid, der zeitweilig mit dem bloßen Auge gesehen werden kann; alle anderen sind zu lichtschwach.

Die **Virgo** [⟨lat.] ↑ Jungfrau.

Der **Virgohaufen** [s. o. + ⟨dt.] ist ein ↑ Galaxienhaufen im Sternbild Virgo (Jungfrau) in einer Entfernung von rund 16 Mpc. Die Sternsysteme dieses Haufens entfernen sich mit Geschwindigkeiten um 1100 km/s vom Milchstraßensystem. Der Virgohaufen enthält 2 elliptische Riesengalaxien und viele ↑ Zwerggalaxien. ↑ Abb. Galaxienhaufen.

visuell [⟨franz. ⟨lat.]: mit dem Auge, das Sehen betreffend. Bei der visuellen Beobachtung wird das Objekt mit oder ohne Fernrohr gesehen, d. h. im sichtbaren Licht im Unterschied etwa zur Radioastronomie. Ein Gegensatz zu visuell ist *fotografisch* (↑ Fotometer).

VLBI ↑ Radioteleskop.

Der **Volans** [⟨lat.] ↑ Fliegender Fisch.

In der **Volkssternwarte** haben Amateurastronomen und sonstige Freunde und Interessenten der Himmelskunde die Möglichkeit, astronomische Beobachtungen durchzuführen und sich auf astronomischem Gebiet weiterzubilden. Volkssternwarten sind damit neben den ↑ Schulsternwarten wichtige Stätten der Volksbildung.

Der **Vollmond** ↑ Mondphasen.

Die **Vulpecula** [⟨lat.] ↑ Fuchs.

W

Die **Waage** oder lat. *Libra* (Genitiv *Librae*), Abk. *Lib*, heißt ein Sternbild, das zum ↑ Tierkreis gehört. Es liegt südlich des Himmelsäquators und kulminiert Mitte Mai gegen Mitternacht.

Waagepunkt ↑ Herbstpunkt.

Wagen ↑ Großer Bär, ↑ Kleiner Bär.

Walfisch oder lat. *Cetus* (Genitiv *Ceti*), Abk. *Cet*, heißt ein ausgedehntes Sternbild im Bereich des Himmelsäquators. Es kulminiert in den Monaten Oktober und November gegen Mitternacht. In ihm befindet sich der unregelmäßige Veränderliche ↑ Mira Ceti.

Wallebenen heißen die größten Ringgebirge auf der Mondoberfläche.

Wassermann oder lat. *Aquarius* (Genitiv *Aquarii*), Abk. *Aqr*, heißt ein Sternbild, das zum ↑ Tierkreis gehört. Sein größter Teil liegt südlich des Himmelsäquators; es kulminiert Ende August und Anfang September um Mitternacht. Seine Sterne haben nur geringe Helligkeiten.

Wasserschlange, mitunter auch *weibliche* oder *nördliche Wasserschlange*, oder lat. *Hydra* (Genitiv *Hydrae*), Abk. *Hya*, heißt das ausgedehnteste Sternbild an der Himmelskugel. Sie erstreckt sich über eine Länge von mehr als 100°. Ihr Mittelteil kulminiert im März um Mitternacht. ↑ Kleine Wasserschlange.

Wasserstoff ↑ chemische Zusammensetzung eines Sterns, ↑ Stern (mit Abb.).

Das **Wasserstoffbrennen** ist die im Innern der Sterne ablaufende ↑ Kernfusion des Wasserstoffs zu Helium. Die Bezeichnung hat sich durchgesetzt, obwohl sie sprachlich nicht einwandfrei ist, denn es handelt sich nicht um eine Verbrennung des Wasserstoffs. ↑ Energiefreisetzung.

Die **Wasserstoff-Konvektionszone** [⟨dt. bzw. ⟨lat.] ist eine Schicht im Sonneninneren. Sie befindet sich unter der ↑ Photosphäre und ist etwa 70000 km dick. In ihr wird die Energie durch ↑ Konvektion transportiert, da die Strahlungsprozesse hier den Energietransport nicht bewältigen können. Auch andere Sterne besitzen Wasserstoff-Konvektionszonen, allerdings von sehr unterschiedlicher Dicke.

Die **Wega** [⟨arab.], Kurzzeichen *α Lyr*, ist der Hauptstern im Sternbild ↑ Leier. Er ist ein weißer Stern mit 0,04 Größenklassen scheinbarer Helligkeit, der hellste Stern des nördlichen Sternhimmels, und gehört zum ↑ Sommerdreieck.

Ein **Weißer Zwerg** ist ein Stern im Endzustand seiner Entwicklung. Er besitzt keine Kernenergiequellen mehr und ist durch den Druck seiner eigenen Masse außerordentlich stark zusammengepreßt. Weiße Zwerge von einer Sonnenmasse haben Radien um 0,02 Sonnenradien (doppelter Erdradius), aber mittlere Dichten von einigen 10000 g/cm^3. Im Extremfalle kann die mittlere Dichte mehrere t/cm^3 betragen. Die Leuchtkräfte der Weißen Zwerge liegen bei einigen Zehntausendsteln der Sonnenleuchtkraft; sie gehören zur ↑ Leuchtkraftklasse VII.

Weiße Zwerge strahlen die im Laufe ihrer Entwicklung angesammelte Wärmeenergie langsam ab, ohne daß in ihrem Innern Energie nachgeliefert wird. Sie erkalten also allmählich. Ihr Radius bleibt dabei konstant, die Leuchtkraft jedoch sinkt nach und nach bis unter die Beobachtbarkeitsgrenze.

Weiße Zwerge sind eine Endstufe der Entwicklung der Sterne (↑ Sternentwicklung), ihre Massen sind geringer als 1,2 Sonnenmassen. Massereichere Sterne werden zu ↑ Neutronensternen oder zu ↑ schwarzen Löchern.

Das **Weltall** oder der *Kosmos*, auch das *Universum*, ist der gesamte mit Materie erfüllte Raum. Er ist das Arbeitsfeld der Astronomie. Für die Untersuchung der Struktur und Entwicklung des Weltalls als Ganzes ist die ↑ Kosmologie zuständig. Die gegenwärtig größten astronomischen Beobachtungsinstrumente erlauben nur einen äußerst kleinen Teil des Weltalls, eine Kugel mit einem Radius von etwa 3 Md. pc, zu beobachten. Hier befinden sich etwa 100 Md. ↑ *Sternsysteme* (größte einheitliche ↑ Objekte im Weltall). ↑ Aufbau des Weltalls.

Als **Weltalter** wird die Zeit bezeichnet, die seit der kosmologischen ↑ Singularität verstrichen ist. Sie liegt zwischen 12 und 20 Md. Jahren und wird ermittelt, indem man die beobachtete ↑ Expansion des Weltalls rechnerisch zurückverfolgt. Dabei muß allerdings in Kauf genommen werden, daß über mögliche zwischenzeitliche Änderungen der Expansionsgeschwindigkeit nichts bekannt ist.

Das Weltalter bezieht sich nicht auf das gesamte Weltall, sondern beschreibt lediglich das Alter des gegenwärtigen Zustandes in dem mit heutiger Technik überschaubaren Teil des Weltalls.

Als **Weltbilder** bezeichnet man in der Astronomie die unterschiedlichen Vorstellungen über den Aufbau der Welt. Eigentlich meint man den Aufbau des Planetensystems, die Stellung der Erde, Sonne und Planeten (mit Satelliten) zueinander. Im Laufe der geschichtlichen Entwicklung haben einander verschiedene Weltbilder abgelöst, die – von Ausnahmen abgesehen – in immer besserer Übereinstimmung mit der Wirklichkeit standen. So folgte auf das ↑ mythologische Weltbild die Vorstellung des ↑ Ptolemäus (ein ↑ geozentrisches Weltbild) und dieser das ↑ heliozentrische Weltbild. Unsere gegenwärtigen Beobachtungsmittel erlauben es, wesentlich weiter als bis zum Rand unseres Planetensystems zu „schauen“. Jetzt steht nicht mehr die Frage, ob unser Weltbild ein mythologisches, geozentrisches oder heliozentrisches ist. Wir haben erkannt, daß die Sonne nur ein Stern unter vielen anderen und das Milchstraßensystem, „unsere“ Galaxis, nur eines unter vielen Sternsystemen ist.

Weltjahr ↑ Platonisches Jahr.

Das **Weltmodell** ist eine Vorstellung über den Aufbau und die Entwicklung des gesamten Weltalls. Es wird von der ↑ Kosmologie erarbeitet, die sich dabei auf astronomische Beobachtungen und grundlegende Naturgesetze (z. B. das Gravitationsgesetz) sowie auf moderne physikalische Theorien (z. B. die ↑ Relativitätstheorie) stützt.

Die modernen Weltmodelle sind im allgemeinen nicht anschaulich darstellbar. Sie gehen vom Begriff des gekrümmten Raumes aus, wobei dieser Raum sowohl eine unendliche ↑ Expansion des Weltalls als auch einen Wechsel von Expansion und Kontraktion (Zusammenziehung) erfahren kann. Ein unveränderliches Weltall ist physikalisch nicht möglich.

Eine Entscheidung über die Richtigkeit eines bestimmten Weltmodells erfordert mehr und bessere Beobachtungsergebnisse, als derzeit gewonnen werden können. Vor allem sind genauere Kenntnisse über die mittlere Materiedichte im Weltall notwendig.

Zu den Weltmodellen zählt auch die ↑ Steady-State-Theorie.

Weltraum ↑ Kosmos.

Weltraumteleskope sind Fernrohre, die im Weltraum arbeiten. Sie befinden sich oberhalb der wirksamen Atmosphäre, wodurch ungestörte astronomische bzw. astrophysikalische Beobachtungen ermöglicht werden, vor allem im kurzwelligen und infraroten Bereich des Spektrums, der bei der Beobachtung von der Erde aus am stärksten durch die Atmosphäre absorbiert wird.

Die **Weltzeit**, Abk. *WZ* oder *Westeuropäische Zeit, Greenwicher Zeit, engl. Universal Time*, Abk. *UT*, ist die mittlere Ortszeit auf 0° geographischer Länge (Längengrad verläuft durch Greenwich, einen früheren Vorort von London, wo sich seit 1675 die berühmte Sternwarte befand, die für die Berechnung der geographischen Länge maßgebend war). Sie ist eine ↑ Sonnenzeit, deren Anzeige gegenüber der Mitteleuropäischen Zeit um eine Stunde zurückbleibt. – *koordinierte Weltzeit* ↑ Zeit.

Der **Wendekreis** befindet sich als gedachter Kreis an der scheinbaren Himmelskugel, parallel zum Himmelsäquator. Es gibt 2 Wendekreise, in ihnen steht die Sonne in den Sonnenwenden. Den Wendekreis des Krebses erreicht sie am 21. Juni, den des Steinbocks am 21. Dezember. Die beiden Breitenkreise auf der Erde, über denen die Sonne zu diesen Zeitpunkten senkrecht steht, heißen ebenfalls Wendekreise. Sie liegen auf 23,5° nördlicher bzw. südlicher Breite.

Westeuropäische Zeit ↑ Weltzeit.

Der **Westpunkt** markiert die Westrichtung auf dem Horizont. In ihm schneiden der Himmelsäquator und der Erste Vertikal den Horizont bei einem Azimut von 90°. ↑ Vertikalkreis.

Widder oder lat. *Aries* (Genitiv *Arietis*), Abk. *Ari*, heißt ein kleines Tierkreissternbild am Nordhimmel, das Anfang November um Mitternacht kulminiert. Im Widder stand vor etwa 2000 Jahren der ↑ Frühlingspunkt. Dieser wird noch heute mit dem Tierkreiszeichen des Widders markiert, obwohl sich infolge der ↑ Präzession Zeichen und Sternbild seither um fast 30° voneinander entfernt haben.

Der **Widderpunkt** ↑ Frühlingspunkt.

Die **Widmannstättenschen Figuren** erscheinen auf angeschliffenen und geätzten Flächen von Eisenmeteoriten. Sie zeigen ein Muster gekreuzter Linien, das sich bei irdischen Metallen nicht findet und das durch die Verwachsung zweier Nickeleisenminerale bedingt ist. *Abb.*

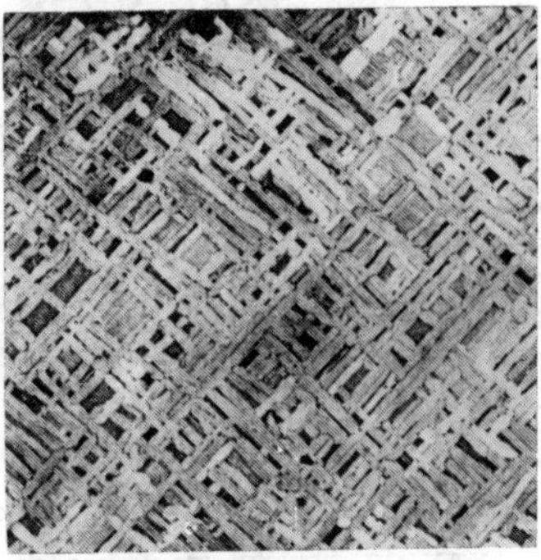

Widmannstättensche Figuren im Eisenmeteorit. Fundort: Cape York, Grönland, 1963. Museum für Naturkunde, Berlin

Die **Winkelgeschwindigkeit** einer Bewegung ist der Quotient aus der Winkeländerung und der dazu benötigten Zeit. Bei einer Rotation gibt die Winkelgeschwindigkeit an, um welchen Winkel sich der rotierende Körper in einer bestimmten Zeit dreht. Sie wird in Radiant je Sekunde, Kurzzeichen rad/s, (SI-Einheit) gemessen.

Das **Winkelmaß** oder *Lineal*, lat. *Norma* (Genitiv *Normae*), Abk. *Nor*, heißt ein unscheinbares Sternbild am Südhimmel.

Es kann von Mitteleuropa aus nicht beobachtet werden.

Ein **Winkelmeßinstrument** ist ein ↑ astronomisches Beobachtungsgerät, mit dem Koordinaten oder andere Winkelabstände an der scheinbaren Himmelskugel gemessen werden. Die modernen Winkelmeßinstrumente sind mit Fernrohren ausgerüstet, deren Okulare ein Fadenkreuz enthalten. Die Objekte werden anvisiert, die Koordinaten lassen sich meistens an Teilkreisen ablesen. Auch die ↑ Mikrometer, die am Okularende eines Fernrohrs angebracht werden, sind Winkelmeßinstrumente. Je nach der Bauart unterscheidet man den ↑ Meridiankreis, das ↑ Passageinstrument, das ↑ Altazimut, das ↑ Zenitteleskop und das ↑ Prismenastrolabium. *Tab.*

wichtige Winkelmeßinstrumente

Winkelmeß-instrument	meßbare Größen
Meridiankreis	Zeit und Höhe des Meridiandurchgangs
Passage-instrument	Zeit des Meridian-durchgangs
Altazimut (Universal-instrument)	Höhe und Azimut
Zenitteleskop	relative Höhen von Sternen in Zenitnähe
Prismen-astrolabium	Durchgangszeit durch eine bestimmte Höhe

Das **Wintersechseck** wird von den hellsten Sternen der Sternbilder Großer Hund (↑ *Sirius*), Orion (↑ *Rigel*), Stier (↑ *Aldebaran*), Fuhrmann (↑ *Kapella*), ↑ Zwillinge (↑ *Kastor* und ↑ *Pollux*) und Kleiner Hund (↑ *Prokyon*) gebildet. Es überdeckt einen ziemlich großen Bereich der scheinbaren Himmelskugel und kulminiert Ende Dezember um Mitternacht. *Abb.*

Wolf oder lat. *Lupus* (Genitiv *Lupi*), Abk. *Lup*, heißt ein Sternbild am Südhimmel, das in Mitteleuropa nicht sichtbar ist.

Ein **Wolf-Rayet-Stern** [sprich: -rajeh-] oder *W-Stern* ist ein extrem heißer Stern (50000 bis 100000 K) mit breiten Emissionslinien im Spektrum. Diese Linien weisen auf eine Gashülle hin, die den Stern umgibt und deren Material mit Geschwindigkeiten bis zu 3 000 km/s in den interstellaren Raum abströmt. Je nachdem, ob Kohlenstoff- oder Stickstofflinien im Spektrum überwiegen, unterscheidet man innerhalb der Wolf-Rayet-Sterne eine Kohlenstoff- und eine Stickstoffgruppe.

W-Stern ↑ Wolf-Rayet-Stern.

WZ: Abk. für ↑ Weltzeit.

Y

Das **Yerkes-Observatorium** [sprich: jəhkis-] in Wisconsin (USA) ist eine 1897 gegründete Sternwarte, die über das mit 1,02 m Öffnung größte Linsenfernrohr der Welt verfügt.

Z

Der **Zeeman-Effekt** [sprich: sehman-; nach dem niederländ. Physiker P. Zeeman] äußert sich in einer Aufspaltung (Verdoppelung oder Verdreifachung) von Spektrallinien, wenn die die Strahlung aussendenden Atome sich in einem Magnetfeld befinden. Bei schwacher Ausprägung beobachtet man lediglich eine Verbreiterung der Linien. Mit dem Zeeman-Effekt wurden z. B. die Magnetfelder der Sonnenflecken entdeckt.

Die **Zeit**, eine grundlegende physikalische Größe, besitzt besonders enge Beziehungen zur Astronomie. Seit Jahrtausenden erfolgt die Bestimmung der Zeit durch astronomische Beobachtungen. Um den Zeitablauf zu messen, wird eine unveränderliche Zeiteinheit benötigt, die jederzeit beobachtbar sein muß. Dazu dient der ↑ Sterntag, der jedoch schon vor einigen

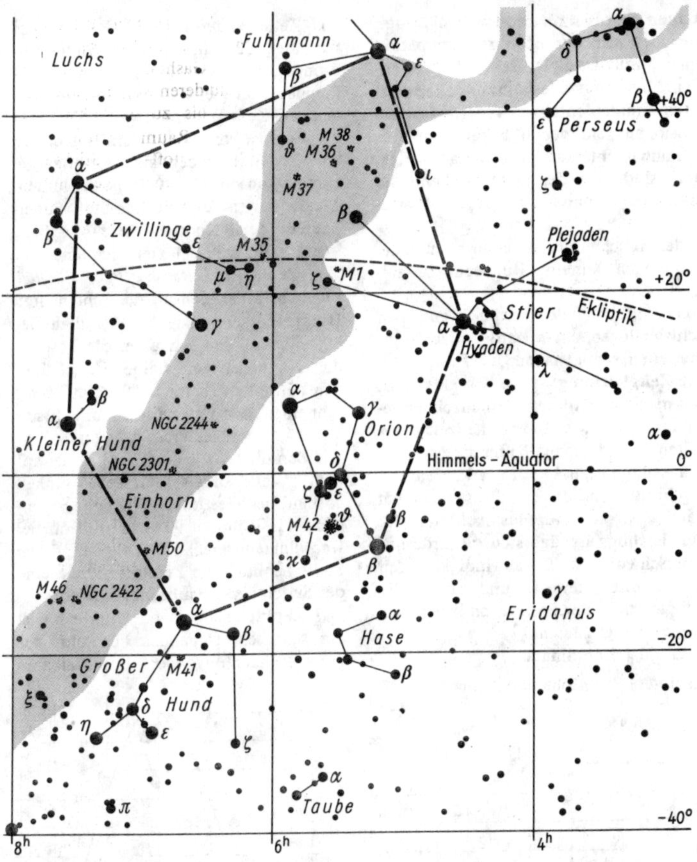

Wintersechseck

Jahrzehnten als nicht völlig gleichförmiges Zeitmaß erkannt wurde. Seit 1967 wird die Zeit durch sehr genau gehende ↑ Uhren kontrolliert, die die Schwingungsvorgänge in bestimmten Caesiumatomen messen. Die so bestimmte *Atomsekunde* ist in ihrer Länge an die astronomisch definierte Sekunde (als $1/_{86400}$ eines mittleren Sonnentages) angepaßt. Der Nullpunkt dieser Zeitzählung ist ebenfalls astronomisch bestimmt. Man bezeichnet diese, auch durch die Rundfunkzeitzeichen ausgestrahlte Zeit als *koordinierte Weltzeit*, Abk. *TUC* (französ.: *t*emps *u*niversal *c*oordonné), oder *UTC*. Diese und die astronomisch bestimmte Zeit dürfen höchstens 0,7 s voneinander abweichen. Treten größere Unterschiede auf, so werden international vereinbarte Schaltsekunden in den Zeitablauf eingefügt, und zwar bei Bedarf jeweils am 1. 1. und am 1. 7. des betreffenden Jahres.

Die **Zeitbestimmung** ist eine wichtige Aufgabe der ↑ Astrometrie. Sie wird mit ↑ Meridiankreisen und anderen Winkelmeßinstrumenten ausgeführt. Meistens werden Sternkulminationen beobachtet; die Sternzeit der oberen Kulmination eines Sterns ist gleich seiner Rektaszension. Man benutzt deshalb zur Zeitbestimmung Fundamentalsterne, deren Rektaszensionen sehr genau bekannt und in ↑ Fundamentalkatalogen zusammengestellt sind. Aus der Sternzeit kann die mittlere ↑ Sonnenzeit errechnet werden.

In der täglichen Praxis bestimmt man die Zeit nach einem Rundfunk-Zeitzeichen.

Solche Zeitsignale beruhen auf den Schwingungen einer astronomisch kontrollierten, sehr genauen Quarzuhr.

Die **Zeitgleichung** ist ein Korrekturwert, den man zur mittleren Sonnenzeit addieren muß, um die wahre Sonnenzeit zu erhalten. Sie ist also die Differenz zwischen den Kulminationszeiten der wahren und der ↑ mittleren Sonne und verändert sich ständig. Ursache für das Auftreten der Zeitgleichung ist, daß sich die Erde mit unterschiedlicher Geschwindigkeit um die Sonne bewegt und daß die Äquatorebene der Erde gegen ihre Bahnebene geneigt ist. *Abb.*

Zeitmaß ↑ Koordinaten.

Als **Zellenstruktur** [⟨lat.] des Weltalls wird die großräumige, wabenförmige Anordnung der ↑ Sternsysteme und ↑ Galaxienhaufen bezeichnet. Die Wände der Waben (Zellen) werden aus einer dünnen Schicht von Sternsystemen gebildet; dazwischen befinden sich materiearme Räume von einigen 10^5 Mpc^3 Volumen. Möglicherweise entsprechen die ↑ Superhaufen den Knoten dieses Wabensystems, die sehr galaxienreich sind.

Der **Zenit** [⟨ital. ⟨arab.] oder *Scheitelpunkt* befindet sich an der scheinbaren Himmelskugel senkrecht über dem Beobachter. In ihm schneidet die Lotlinie die Himmelskugel. Seine Höhe über dem Horizont beträgt 90°. Im Zenit schneiden sich Ortsmeridian und Erster Vertikal. ↑ Vertikalkreis, ↑ Nadir.

Die **Zenitdistanz** [s. o. + ⟨lat.] ist der auf dem ↑ Vertikalkreis gemessene Winkelabstand des Gestirns vom Zenit. Sie ergänzt die Höhe zu 90° und wird oft bei Koordinatenumrechnungen an deren Stelle benutzt. Die Zenitdistanz ist eine der Seiten des ↑ nautischen Dreiecks.

Das **Zenitteleskop** [s. o. + ⟨griech.] ist ein senkrecht stehendes Fernrohr, das zur Beobachtung der unmittelbaren

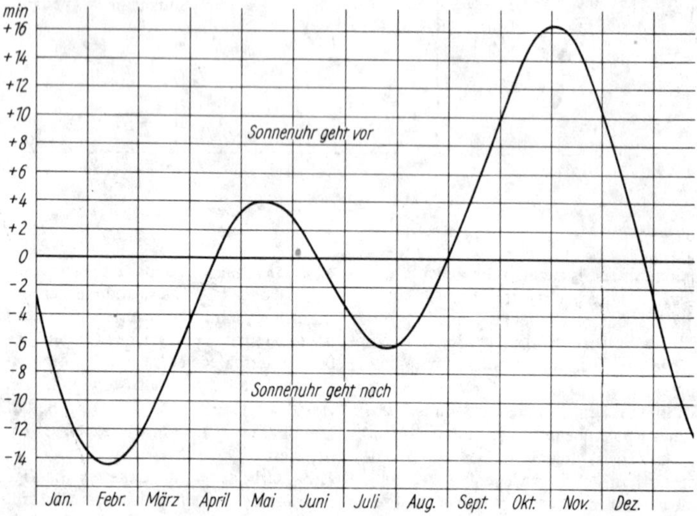

Zeitgleichung

Nähe des Zenits dient. Mit einem ↑ Mikrometer werden die ↑ Zenitdistanzen von Sternen ermittelt; daraus läßt sich die geographische Breite des Beobachtungsortes bestimmen.

Der **Zentralberg** [⟨lat. + ⟨dt.] ist eine Erhebung im Inneren eines ↑ Kraters auf dem Mond oder einem der erdähnlichen Planeten. Zentralberge finden sich nur in größeren Kratern (Ringgebirgen).

Der **Zentralstern** [s. o. + ⟨dt.] ist der im Innern eines ↑ planetarischen Nebels befindliche Stern.

Das **Zentrum des Milchstraßensystems** ↑ Kern der Galaxis.

Der **Zirkel** [⟨lat. ⟨griech.] oder *Circinus* [lat.; Genitiv *Circini*], Abk. *Cir*, heißt ein unscheinbares Sternbild am Südhimmel, das in Mitteleuropa nicht gesehen werden kann.

Zirkumpolarsterne [⟨lat. + ⟨dt.] nennt man alle Sterne, die wegen ihrer geringen Entfernung vom Himmelsnordpol bei der scheinbaren täglichen Bewegung den Horizont nicht erreichen. Diese Gestirne befinden sich ständig über dem Horizont und sind in jeder klaren Nacht zu sehen. Welche Sterne zirkumpolar sind, hängt von der geographischen Breite des Beobachtungsortes ab, da die Polhöhe, die gleich der geographischen Breite ist, den Radius des Kreises der Zirkumpolarsterne bestimmt. Am Erdäquator ist dieser Kreis unendlich klein (kein Stern ist zirkumpolar), dagegen sind am Nordpol der Erde alle Sterne der nördlichen Himmelshälfte zirkumpolar. In Mitteleuropa gehören z. B. die beiden Bären und die Kassiopeia zu den zirkumpolaren Sternbildern. *Abb.*

Als **zirkumstellare Materie** [⟨lat. bzw. ⟨lat.] werden die Gas- und Staubmassen bezeichnet, die einen Stern umgeben und deren physikalischer Zustand von diesem Stern bestimmt wird. Viele Sterne sind von Gas- und Staubhüllen umgeben. Der Staub wird durch die Sternstrahlung erwärmt und sendet Infrarotstrahlung aus; das ermöglicht den Nachweis der zirkumstellaren Hülle. Zirkumstellare Materie wird vorwiegend bei der ↑ Sternentstehung beobachtet und tritt auch im Riesenstadium im Laufe der weiteren ↑ Sternentwicklung auf. Auch der ↑ Sonnenwind gehört zur zirkumstellaren Materie. Im weiteren Sinne bezeichnet man gelegentlich auch die einen Stern umlaufenden Planeten und Kleinkörper als zirkumstellare Materie.

Das **Zodiakallicht** [⟨lat. ⟨griech. + ⟨dt.] oder *Tierkreislicht* ist eine schwache Aufhellung des Himmels über der Auf- bzw. Untergangsstelle der Sonne. Seine Mittellinie liegt ungefähr in der Ekliptik (auch Zodiakus genannt). Es entsteht durch die Streuung des Sonnenlichtes an Staub- und Gasteilchen sowie Elektronen im interplanetaren Raum. Am besten ist das Zodiakallicht im Frühjahr nach Sonnenuntergang und im Herbst kurz vor Sonnenaufgang zu sehen.

Der **Zodiakus** [s. o.] ↑ Tierkreis.

Die **Zonenzeit** ist eine vereinheitlichte, für größere Bereiche (Länder oder Landesteile) gültige mittlere Ortszeit. Sie wurden Ende des 19. Jh. eingeführt, da die bis dahin benutzte mittlere Ortszeit für Technik und Verkehrswesen zunehmende Erschwernisse mit sich brachte. Die *Mitteleuropäische Zeit (MEZ)* ist gleich der mittleren Ortszeit des 15. östlichen Längengrades, der z. B. nahe Falun, zwischen Wien und Graz, durch Görlitz, Zagreb und Südkalabrien verläuft. In den Frühlings- und Sommermonaten (↑ Jahreszeiten) wird in vielen europäischen Ländern zur besseren Ausnutzung des Tageslichts eine *Sommerzeit*, die Mitteleuropäische Sommerzeit (MESZ), verwendet. Sie ist der MEZ um eine Stunde voraus: 12^h MEZ = 13^h MESZ.

Zusammensetzung eines Sterns ↑ chemische Zusammensetzung eines Sterns.

Zustandsdiagramme ↑ Zustandsgrößen.

Die **Zustandsgrößen** eines Sterns sind Angaben über bestimmte Eigenschaften, die den physikalischen Zustand des Sterns beschreiben. Meistens werden 11 derartige Größen angegeben:

1. *Effektive* ↑ *Temperatur* (in K)
2. ↑ *Spektralklasse*
3. ↑ *Leuchtkraft* (in W, kW, Einheiten der Sonnenleuchtkraft L_s oder durch die absolute ↑ Helligkeit angegeben)
4. ↑ *Masse* (in kg oder Sonnenmassen)
5. *Radius* oder ↑ *Durchmesser* (in km oder Einheiten des Sonnendurchmessers)
6. *mittlere Dichte* (in g/cm³)

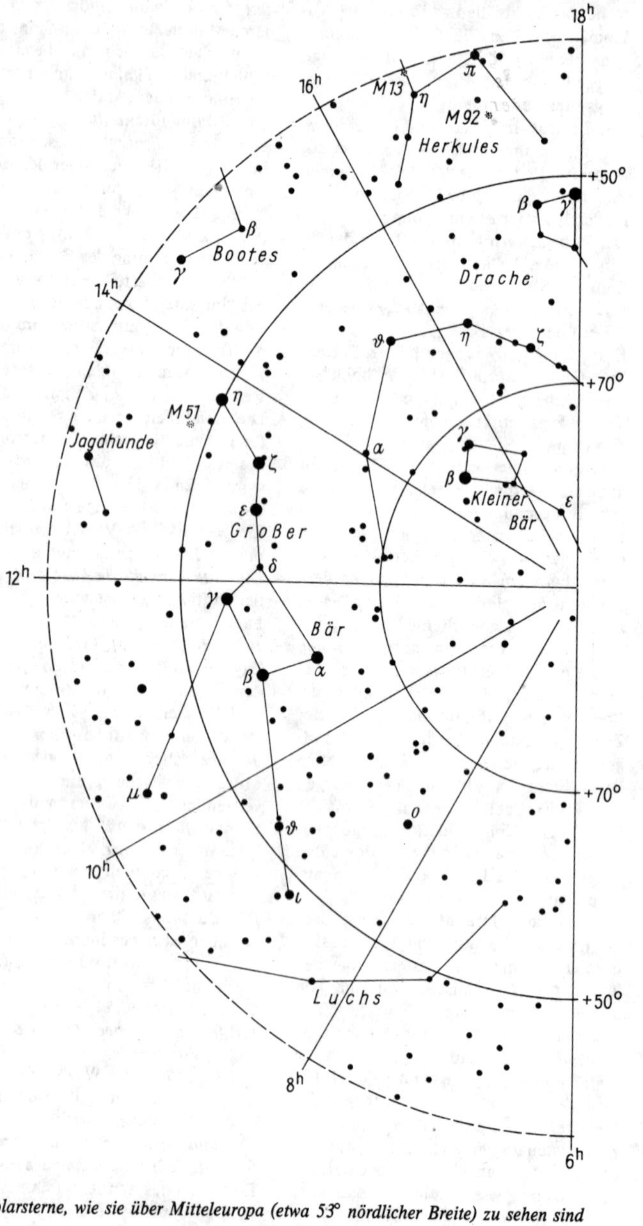

Zirkumpolarsterne, wie sie über Mitteleuropa (etwa 53° nördlicher Breite) zu sehen sind

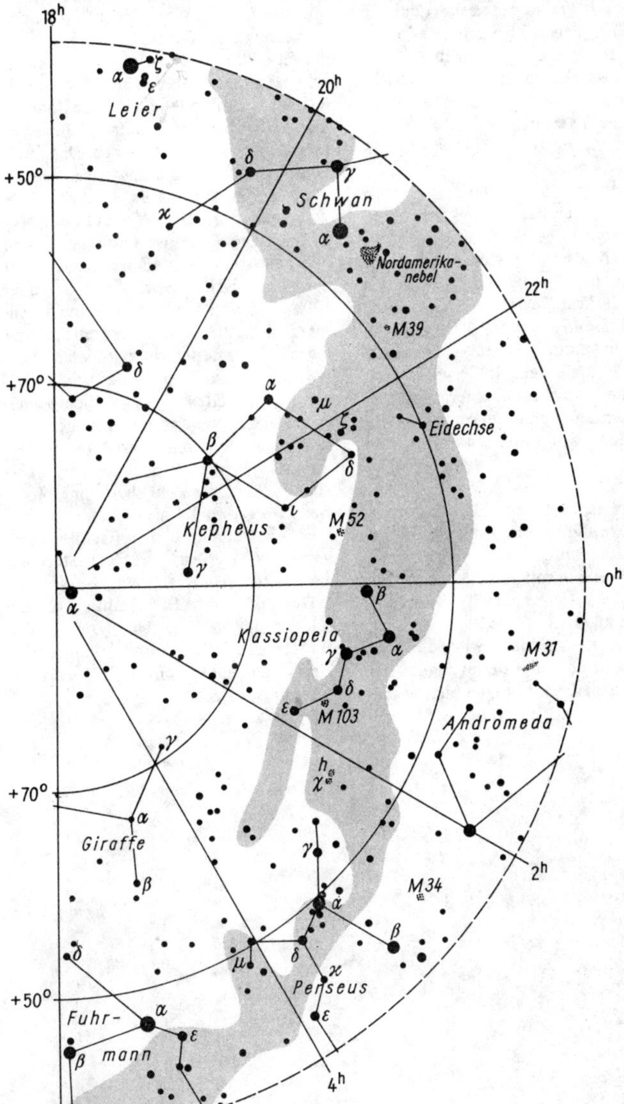
18h
20h
22h
0h
2h
4h
6h
+50°
+70°
+70°
+50°
Leier
Schwan
Nordamerika-nebel
M39
Eidechse
Kepheus
M52
Kassiopeia
M31
M103
Andromeda
h
χ
Giraffe
M34
Perseus
Fuhr-mann

7. *mittlere* ↑ *Energiefreisetzung* (gibt an, wieviel Energie von 1 g Sternmaterie in 1 Sekunde freigesetzt werden kann)
8. *Schwerebeschleunigung an der Oberfläche* (in m/s^2)
9. *Rotationsdauer* (in s, h oder Tagen)
10. *Magnetfeldstärke* (in Tesla ↑ Magnetfelder)
11. ↑ *chemische Zusammensetzung* (meist angegeben durch das Häufigkeitsverhältnis Wasserstoff : Metalle).

Viele Zustandsgrößen sind miteinander verknüpft; derartige Beziehungen werden durch *Zustandsdiagramme* (↑ Hertzsprung-Russell Diagramm, ↑ Farben-Helligkeits-Diagramm, ↑ Masse-Leuchtkraft-Beziehung) dargestellt. In verschiedenen Fällen kann auch aus mehreren gegebenen Zustandsgrößen eine weitere errechnet werden (z. B. aus Radius R und Masse m die mittlere Dichte $\bar{\varrho} = 3m/4\pi R^3$).

Bei den meisten Sternen bleiben die Zustandsgrößen über sehr große Zeiträume (viele Mill. Jahre) gleich. Man kennt aber auch Sterne mit veränderlichen Zustandsgrößen, sie werden ↑ Veränderliche genannt.

Als **Zweikörperproblem** wird die Aufgabe bezeichnet, die Bewegung zweier Massen zu beschreiben, die sich gegenseitig unter dem Einfluß der Massenanziehung beeinflussen. Die ersten beiden ↑ Keplerschen Gesetze sind Lösungen des Zweikörperproblems. Das 3. Keplersche Gesetz ist lediglich eine Näherungslösung, da in ihm die (gegen die Sonnenmasse allerdings sehr kleinen) Planetenmassen vernachlässigt werden. Das Zweikörperproblem ist ein zentrales Problem der ↑ Himmelsmechanik.

Zwergenast im HRD ↑ Hauptreihe.

Die **Zwerggalaxie** ist ein sehr kleines ↑ Sternsystem. Sein Durchmesser liegt bei 2 kpc; die Leuchtkraft ist über 100mal geringer als die einer durchschnittlichen Galaxie. Zwerggalaxien treten oft als Begleiter einer größeren Galaxie auf; z. B. wird der ↑ Andromedanebel von 2 elliptischen Zwerggalaxien begleitet. Wegen ihrer geringen Leuchtkraft sind solche Systeme in größeren Entfernungen nur schwer beobachtbar; wahrscheinlich ist ihre Zahl aber sehr groß.

Der **Zwergstern** ↑ Hauptreihe.

Zwillinge oder lat. *Gemini* (Genitiv *Geminorum*), Abk. *Gem*, heißt ein Sternbild des nördlichen Himmels, das zum ↑ Tierkreis gehört. Es kulminiert Anfang Januar um Mitternacht. Die beiden Hauptsterne ↑ Kastor und ↑ Pollux markieren gemeinsam einen Eckpunkt des ↑ Wintersechsecks.

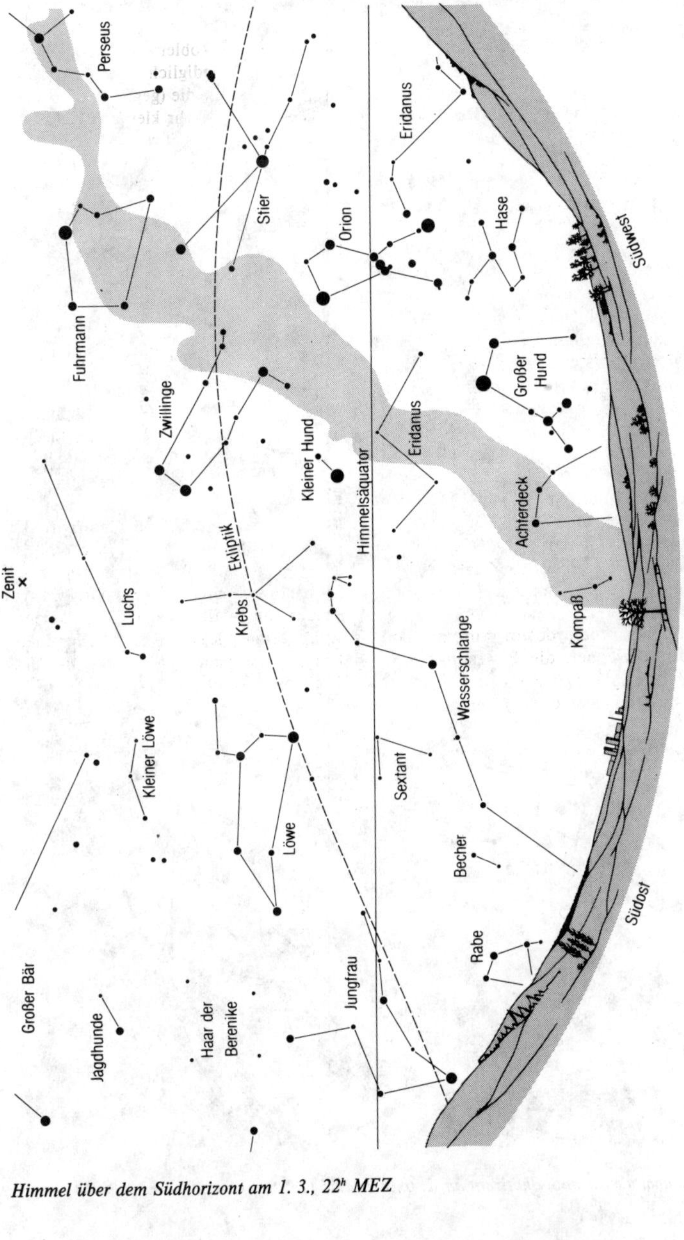

Himmel über dem Südhorizont am 1. 3., 22ʰ MEZ

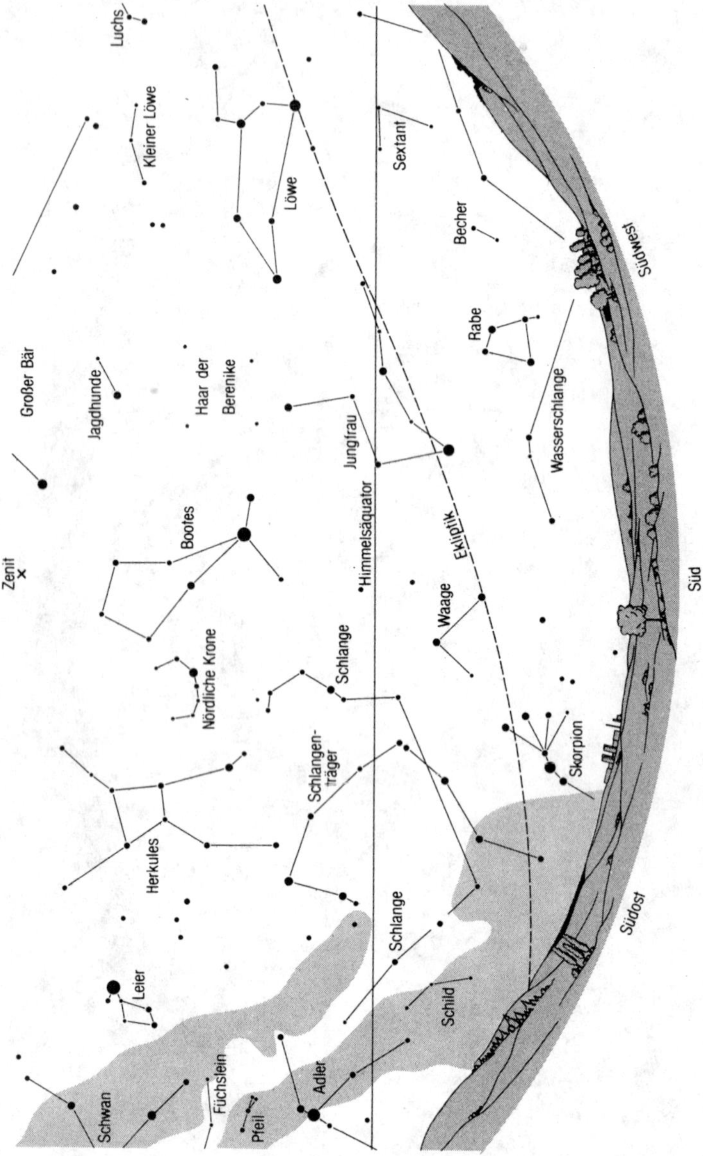

Himmel über dem Südhorizont am 1. 6., 22ʰ MEZ (23ʰ Sommerzeit)

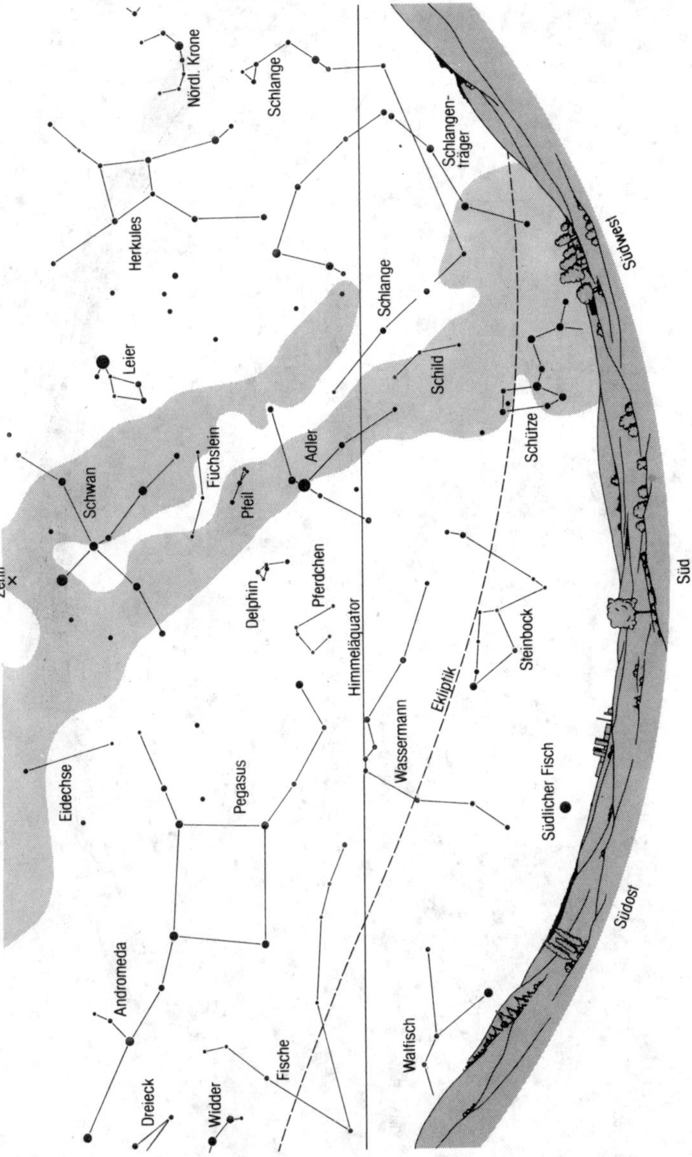

Himmel über dem Südhorizont am 1. 9., 22h MEZ (23h Sommerzeit)

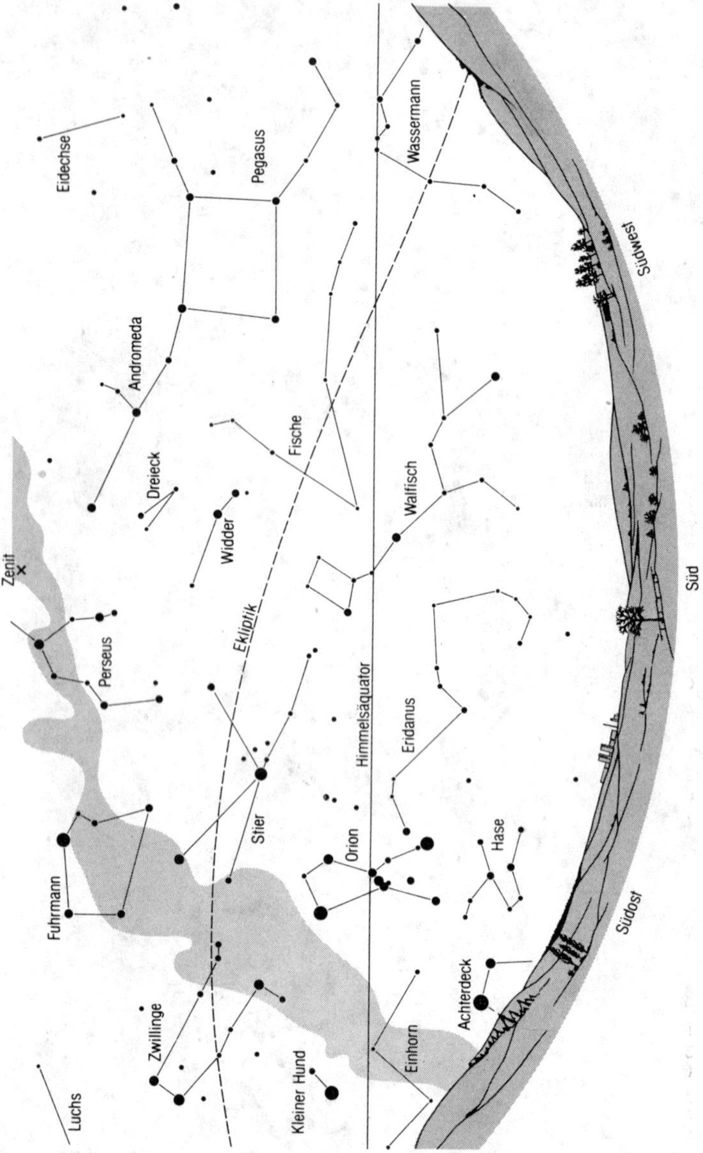

Himmel über dem Südhorizont am 1. 12., 22^h MEZ